大 BIM 4.0
——连接世界的生态系统

BIG BIM 4.0：Ecosystems for a Connected World

BIM 经典译丛

大 BIM 4.0

——连接世界的生态系统

BIG BIM 4.0：Ecosystems for a Connected World

[美]菲尼斯·E. 杰尼根 （Finith E. Jernigan） 著

赵雪锋 鲁 敏 刘占省 李 业 译

中国建筑工业出版社

著作权合同登记图字：01-2018-8274 号

图书在版编目（CIP）数据

大 BIM 4.0：连接世界的生态系统 /（美）菲尼斯·
E. 杰尼根（Finith E. Jernigan）著；赵雪锋等译 . —
北京：中国建筑工业出版社，2022.10
（BIM 经典译丛）
书名原文：BIG BIM 4.0：Ecosystems for a
Connected World
ISBN 978-7-112-28010-0

Ⅰ . ①大… Ⅱ . ①菲… ②赵… Ⅲ . ①建筑设计—计
算机辅助设计—应用软件 Ⅳ . ① TU201.4

中国版本图书馆 CIP 数据核字（2022）第 179200 号

本书经美国 4Site Press 出版社正式授权中国建筑工业出版社独家翻译、出版

丛书策划
修　龙　毛志兵　张志宏
咸大庆　董苏华　何玮珂

责任编辑：段　宁　董苏华
责任校对：王　烨

BIM 经典译丛
大 BIM 4.0
——连接世界的生态系统
BIG BIM 4.0：Ecosystems for a Connected World
[美] 菲尼斯·E. 杰尼根（Finith E. Jernigan）　著
赵雪锋　鲁　敏　刘占省　李　业　译
*
中国建筑工业出版社出版、发行（北京海淀三里河路 9 号）
各地新华书店、建筑书店经销
北京雅盈中佳图文设计公司制版
河北鹏润印刷有限公司印刷
*
开本：787 毫米 × 1092 毫米　1/16　印张：20¾　字数：449 千字
2023 年 1 月第一版　2023 年 1 月第一次印刷
定价：**98.00** 元
ISBN 978-7-112-28010-0
（39754）

中文版序一

改革开放 40 多年来，我国工程建造快速发展。数据显示，我国已超过美国，成为全球建筑资产规模最大的国家，在建筑、桥梁、铁路、隧道等领域创造了诸多的"世界奇迹"，在"一带一路"倡议走出去的过程中发挥了重大作用。但建造行业粗放式、碎片化生产方式，带来了产能性能欠佳、资源浪费较大、安全问题突出、环境污染严重、生产效益低下等问题，亟须转型升级，实现高质量发展。

伴随新一轮信息技术革命机遇，5G、大数据、云计算、物联网、人工智能、BIM 等新技术的不断赋能，信息化已实实在在成为建筑企业提质发展的重要途径。2020 年 7 月，住房和城乡建设部等十三个部门联合印发《关于推动智能建造与建筑工业化协同发展的指导意见》，指出要以大力发展建筑工业化为载体，以数字化、智能化升级为动力，创新突破相关核心技术，加大智能建造在工程建设各环节的应用，形成涵盖科研、设计、生产加工、施工装配、运营等全产业链融合一体的智能建造产业体系。《关于推动智能建造与建筑工业化协同发展的指导意见》确立了中国建造应该走新型建筑工业化之路，同时确立了智能建造的战略地位。这是建筑业迎接科技革命的重要举措，对行业的高质量发展有着重大意义。智能建造是智能技术与先进的建造技术深度融合的一种新的建造模式，其技术基础是人工智能。今后，建筑业将向融合基建发展，利用智能技术为建筑行业带来一系列的变革——即产品形态数字化、经营理念服务化、商业模式平台化，建造方式工业化和行业治理现代化。

BIM 作为智能建造重要使能技术，值得我们深入探索和广泛实践，其中重要的一个探索途径就是学习、消化、吸收国外先进的思想理念和实践方法。赵雪锋等人翻译的由菲尼斯·E.杰尼根（Finith E. Jernigan）撰写的《大 BIM4.0——连接世界的生态系统》就是借鉴学习国外先进技术的一个很好实践，体现了以下鲜明特点：

一是体系完整。本书旗帜鲜明地将数据绑定在软件建模工具中，并将基于文件进行交换的 BIM 应用系统定义为"小 bim"；而将数据或信息能在模型和系统中自由流转，并进行基于数据或信息协同的 BIM 应用系统定义为"大 BIM"，并且构建了大 BIM 体系的底层理论和实现方法。

二是思考深邃。本书对于 BIM 研究和应用过程中很多领域和现象有独到的思考。不论是以终为始和初值敏感的目标导向，还是"以人为本，而非技术为上"和"关注资产，而非项目"的价值导向，以及"共享和协作"和"流程胜过产品"的过程导向都能给我们带来很多思考。

三是实践丰富。本书不但有理论探讨，还有丰富的实践案例。书中系统介绍了美国联邦总务署、加利福尼亚州社区学院等大 BIM 应用体系，以及类似德尔玛儿童剧院这样的典型案例。

我们已经迈入数字化、网络化、智能化的新时代，随着 BIM 等智能技术与建筑业的加速融合，建筑业必将产生新的发展动力和活力。相信本书对广大业界读者把握现代信息技术新机遇具有重要的参考价值，对促进建筑企业提高信息化水平将产生积极的作用。

中国工程院院士

2022 年 4 月 12 日

中文版序二

建筑业当前的发展形势主要可概括为"五化"：国际化、数智化、工业化、一体化和集成化。这"五化"的发展为建筑业的发展带来了许多机遇，也带来了巨大挑战。

"竞争环境国际化"不仅意味着我国企业"走出去"，参与"一带一路"建设，而且要考虑境外企业进入我国市场参与竞争。建筑市场的进一步开放，将会对国内企业造成较大冲击。

"管理手段数智化"正在对建筑业产生巨大影响。BIM（Building Information Modeling）、大数据、人工智能、工业互联网等数智化技术已经在与建筑业发生碰撞、融合，对建筑业的转型升级产生了很大影响。通过数字建筑驱动，可以实现产业全要素、全过程和全参与方重构，通过数字化、在线化、智能化形成新的生产力，以新设计、新建造和新运维为代表，最终形成产业新生态。

"建造过程工业化"内涵非常丰富，不仅指集成化设计、装配化施工，还包括科学化管理、数字化应用等。全过程工程咨询、工程总承包等均属于"实施模式一体化"。"建造过程工业化"和"实施模式一体化"将会使管理范围和内容发生本质变化，也会引发建筑业管理发生根本性变化。

"目标管理集成化"是指在工程建设全过程中，工期、造价、质量、安全、绿色低碳等目标要素的集成管理。从工程造价角度考虑，不仅要考虑建造成本，还要考虑工期成本、质量成本、安全成本、绿色成本等。

在"五化"发展视角下，要跳出技术窠臼来看待 BIM 技术。BIM 技术不仅是建筑业管理的重要底层支撑技术，而且也是建筑业实现流程再造、管理模式变革、实施价值管理不可或缺的核心技术。我很欣喜地看到，赵雪锋等人翻译的由菲尼斯·E. 杰尼根撰写的

《大 BIM4.0——连接世界的生态系统》就有着这样的视野。

首先，本书清晰地定义了"小 bim"和"大 BIM"两种 BIM 应用模式。其中，"小 bim"是将数据绑定在软件建模工具中，只能进行文件级交换的 BIM 应用系统，无法进行更小颗粒度的数据或信息的流转；而"大 BIM"能将数据或信息在模型和系统中自由流转，并进行基于数据或信息的协同。整本书的基调不是为了 BIM 而 BIM，而是为了工程应用而 BIM。

其次，书中有大量 BIM 与工作流程、承发包模式、项目阶段、项目组织方式、BIM 组织方式、项目成本、项目价值、项目区域大小、多种技术融合、数据交互方式等方面的深入探讨，对 BIM 在工程项目中的深度融合和有效应用进行了非常有意义的探索。

最后，本书的原作者和译者都具有丰富的 BIM 实践经验，书中有很多具体的案例，包括正在运行的美国联邦总务署项目群级别的大 BIM 应用系统，以及诸如西点军校营房重建的单个项目案例，甚至还有德尔玛儿童剧院这样失败的案例。书稿翻译贴近作者原意，这对于促进 BIM 系统在我国建筑业更加广泛地应用具有很好的借鉴作用。

2022 年 1 月 19 日，住房和城乡建设部发布了《"十四五"建筑业发展规划》，其中提及 BIM 有 18 次之多。相信本书能提供一个可借鉴的"他山之石"，为我国建筑业有效应用 BIM，促进建筑业各类企业提质生效，进而促进建筑业转型升级提供有价值的参考。

北京交通大学教授、博士生导师

2022 年 4 月 28 日

译者的话

历经 2019—2022 年四个年头的《大 BIM 4.0——连接世界的生态系统》翻译工作终于结束了。中间经历了几轮疫情，几位当初参与翻译的学生已经毕业了。在接到翻译任务之初，就有几位好朋友告诉我，翻译外文专业书籍是一件吃力不讨好的事情，比自己写一本书还要难，也不如发表 SCI 文章实惠。但是随着对原著的深入阅读，我深深地被这本书所吸引，并坚信翻译本书尽管艰难，但正确而有价值。

本书首先创造性地提出"小 bim"和"大 BIM"两个概念。小 bim 系统数据绑定在软件建模工具中，信息交换基于文件进行；大 BIM 系统数据能在模型和系统中自由流转，信息交换基于数据进行。这两个概念能非常恰当地描述 BIM 原生软件的应用和 BIM 平台化应用。难能可贵的是，作者还深入地探讨了大 BIM 的众多方面，包括它的数据管理模式、评判标准、工程管理模式的影响、应用边界、实现技术方法和组织模式等，构建起了大 BIM 的基础理论体系和实施方法论。其中很多问题的描述独到而深刻。例如对于 BIM 技术应用边界的探讨，作者将人们所面对的问题划分为简单问题、复杂问题、疑难问题和艰巨问题四个类别，而 BIM 应用解决问题的边界仅限于简单问题和复杂问题，对于疑难问题和艰巨问题，BIM 只能是快速而准确地将实际情况和问题呈现出来，而不能直接解决问题。这种深刻的技术观给我带来深深的震动。

本书不仅构建了理论体系，还列举和剖析了大量生动的实践案例。就大 BIM 系统案例而言，大到美国联邦总务署和美国海岸警卫队等全国性的大 BIM 系统，小到类似于西点军校改造等具体项目的大 BIM 系统，中间还有类似加州社区学院这样的区域大 BIM 系统，作者甚至分享了失败的大 BIM 案例。另外，书中还介绍了一个让读者可以亲自动手创建自己的大 BIM

系统的 ONUMA 系统，并介绍了操作方法。对于大规模协作条件下大 BIM 系统如何进行创建，书中介绍了"BIM 风暴"以及"黑客马拉松"等特别的方式，甚至编写了一个国际重大"BIM 风暴"的编年史。这些鲜活的案例使读者能更加具象地感知和思考大 BIM 系统，拉近了读者与大 BIM 的距离。

近年来，我国住房和城乡建设部以及国家其他部委各项政策的出台，把建筑领域的数字化、信息化提高到了前所未有的高度。特别是 2020 年 7 月住房和城乡建设部等十三个部委联合印发的《关于推动智能建造与建筑工业化协同发展的指导意见》，指出以数字化、智能化升级为动力，创新突破相关核心技术，加大智能建造在工程建设各环节应用的力度，形成涵盖科研、设计、生产加工、施工装配、运营等全产业链融合一体的智能建造产业体系，这促使我国的 BIM 应用迅速由原生软件走向平台化应用。平台化应用不仅是一个技术问题，还涉及社会、经济、文化以及法律等多方面的要求，是一个社会体系。本书从理论和实践多个层面为我国建筑信息化的提升提供了非常好的参考和借鉴。

本书的出版首先要感谢北京建筑大学的张俊、北京华筑建筑科学研究院的周志、美国哥伦比亚大学的常羽、英国帝国理工大学的刘双诚和中设数字的杨之楠，他们在翻译过程中提出了许多宝贵意见；感谢我的研究生侯笑、李梦璇、张萌、黄玲莉，他们做了大量的文字工作；还要感谢中国建筑标准设计研究院的张志宏与中国建筑出版传媒有限公司的董苏华和段宁，他们非常细致的校核工作，给了我莫大的帮助和指导。特别感谢我的硕士研究生导师，华中科技大学丁烈云院士和我的博士研究生导师，北京交通大学刘伊生教授在百忙之中为本书作序，他们都是将论文写在祖国大地上的有实际作为的学者，他们犹如灯塔一直引领着我前进的方向。最后衷心感谢家人一直以来的支持和默默付出！

不得不说个人水平有限，翻译和表述中还会存在很多错误和疏漏，请大家不吝赐教，热情期待您的反馈和指导！

赵雪锋

2022 年 5 月 22 日

于北京萧太后河畔

目　录

天哪，菲尼斯又来了！他的第一本书《大 BIM 小 bim》（BIG BIM-little bim）是一本对设施行业具有开创性的书。这一次，在一本 400 来页的书中，他介绍了 25 个案例研究、操作实践和工具，把我本想写的下一本书结合在一起，同时介绍了 ONUMA 系统以及业内几乎所有其他伟大人物的惊人想法。对于那些可能认为我们已经从 BIM 中榨干了所有能榨干的东西的人来说，这本书是必读的，它会让您明白我们甚至还没入门。对于那些还在试图弄清楚 BIM 是什么，并认为它只是一个软件或增强的 CAD 的人来说，如果您不读这本书，您将错过一个巨大的机会。这本书真实地记录了在接下来的 10 年里，建筑设施行业将会变成什么样子。感谢菲尼斯为设施产业转型所做的一切努力。

　　——达纳·肯尼什·德克·史密斯（Dana Kennish "Deke" Smith），美国建筑师协会资深会员，美国国家 CAD 标准之父，building SMART 联盟的第一任执行主任（他致力于建立美国国家 BIM 标准，以推动 BIM 技术在国际上的普及应用）

本书旨在成为链接数据、信息建模和集成业务流程的指南，并且反映截至出版日前的最新成果。然而，本书并没有包括那些可从其他渠道获得的能够指引向链接数据和建筑信息模型过渡的知识，而是对这些知识进行了补充、扩展，同时，还对其他知识做了补充。

为进一步了解那些为本书出版作出贡献人员的信息，在本书后面包含了致谢、作者简介和对菲尼斯著作的评论。我们敦促您阅读所有可用的材料，尽可能多地了解网络空间和物理空间之间的联系，以便根据您的个人需求定制信息。如要获取所需信息，请参阅参考文献中的资料。

出版商和作者不提供法律、保险或会计服务。如果需要法律或其他帮助，您应该寻求其他专业人士的服务。

本书所引用的引文仍然是其原作者的知识产权。我们不支持任何引文的版权索取。引用原作者的话并不表明他们支持或者认同我们的观点。作者和出版社均不对任何个人或实体就本书所载信息直接或间接造成的或声称已造成的任何损失或损害承担责任。

图片来源：Unsplash.com（Mario Purisic / Roman Arkipov），Design Atlantic Ltd．，Onuma Inc．，familia Corazon，已获许可。

绪 言

您能想象使用纸质或 CD 上的价目单,通过旅行社,用电话预订下一次旅行的行程吗?您要多长时间完成预定?当您需要寻找其他选项时,会发生什么?旅游业目前已经允许在任何有互联网的地方预订行程。

只需确定旅行的时间、费用和质量,而不需要了解其背后的复杂性,您就可以实时访问大量的相关数据,并会看到所需要的恰到好处的信息。

类似的事情在各行各业随处发生。建筑业什么时候会发生?您准备好了吗?

本书构建出建立互联生态系统的系统方法,并提供了如何成功使用 BIM 来改善整个建成环境的案例,包括建筑、桥梁、道路、能源系统、水利系统、航空运输、轨道交通、公路

图 0-1 城市建筑群

交通或我们建造的任何东西。尤其在建筑业中，需要使用大量的能源和水。

本书包含专题案例研究示例，以及供实践的工作文件。本书揭示了许多大公司、研究机构和政府机关使用的方法，以及小型企业使用的方法。借助这些方法，几天之内，而不是几年之内就能利用生态系统内的各种工具建立起信心。

9 致读者

当我撰写第一版《大 BIM 小 bim》时，大 BIM 还只是一种使用信息时代工具的概念上的方法和实现多个目标的流程。当时只有少数人以系统和有益的方式使用建筑信息模型。

大 BIM 不再只以概念的形式呈现。那些在建筑业中坚持旧的信息观念的人——使用不同独立系统并通过数据文件进行信息交换——正在错失 21 世纪的机遇。

谷歌和优步是动态的。它们模糊了技术和现实世界之间的界线，并且正在引领第四次工业革命。大 BIM 是建成世界对物理、数字和生物领域融合的回应，而实现这些跨领域融合是当今最成功企业的标志。

大 BIM 远远不止影响到了建筑物及为我们资产做规划的人员。现在，所有人都参与进来了，甚至那些与建筑业没有任何联系的人。我们的工作方式正在迅速改变。

当走近一座大楼时，您的手机会直接引导您前往上午 10：15 的约定地点。当您到达时，生态系统会指示门自动开锁（在它确保没有人潜伏在附近后）、打开空调，并提醒医生准备在约定时间开始您的检查。由于您和您的医生提前预约了，操作序列将自动触发。

我们可以从根本上改善每个人得到他们所需东西的方式、时间和地点。幸运的是，很长时间以来人们一直在系统地思考如何使它成为可能。在研究生院，我有幸与巴克敏斯特·富勒（Buckminster Fuller）和阿尔文·托夫勒（Alvin Toffler）一起学习。他们的理论和思路仍然是理解网络和物理世界如何互动的最佳方式之一。

10 早在我与富勒和托夫勒合作之前，他们设想的系统就与今天我们所有人都普遍使用的系统非常类似。阿尔文·托夫勒是最早推广大规模定制（Mass Customization，MC）和即时生产（jusi-in-time，JIT）理念的人之一。1969 年，巴克敏斯特·富勒编写了《地球号太空船操作手册》（Operating Manual for Spaceship Earth），为今天我们采用 BIM 技术要做什么指明了道路——那就是编写《建成环境操作手册》。

富勒对人类如何在地球上生存进行了探索，倡导用更少的资源做更多的事，用更全面的眼光看世界。他的一体化前瞻设计技术的概念现在就已经是实际可达成的，通过使用信息模型可以使我们免费实现大量数据的可视化。富勒预测出各专业之间将会出现重叠，而这些重叠已经引起了领先专业组织对相互关联的业务流程的关注。他教我们如何借助技术使用更少的资源预测和解决问题。

今天，我们可以践行 20 世纪的理论和言论。我们可以利用技术，在天赋和专业知识的指引下，以更全面的方式看待我们的世界。伴随着我们把影响我们世界的建成环境和社会问题分解成容易解决的小问题这个过程，托夫勒和富勒的理论正在成为现实。我们正在把技术联系起来，实现用更少的资源做更多（更好）的事情。可以把本书看作实现这一目标的用户手册。

本书指明了我们目前所处的发展阶段，阐述了如何避免常见的误区。书中举例说明了哪些方法行之有效，并配有一些实操的指导。本书将帮助您建立一个目标驱动的生态系统，并帮助您实践实现这些目标的步骤。

祝您成功！

菲尼斯·E. 杰尼根（Finith E. Jernigan），美国建筑师协会资深会员

大 BIM 生态系统

> 混搭多个来源的信息创建新生事物，而这些新生事物在生成原始数据时可能没有预料到。例如，人们可把设施条件（来自工作场所管理）、空间使用（来自调度）、施工状态（来自施工）、运营成本（来自会计）和一个平面图（来自小 bim）混聚到一个基于网页端的地理信息系统卫星视图（来自谷歌地球），用来呈现支持地理空间相关决策所需的背景信息。

在 20 世纪 80 年代初首次出现虚拟建筑模型技术的基础上，BIM（建筑信息模型）于 2002 年开始普及。BIM 利用安装在兼容的硬件系统里的软件描述建成世界的虚拟规划、设计、施工和管理。

"大 BIM"和"小 bim"这两个术语是在我的第一本书中提出来的，目的是帮助读者在进行 BIM 讨论时不至于概念不清。小 bim 是指单独的软件程序和相关流程，这些程序之间往往不能很好地链接，需要依赖于某种形式的文件进行数据交换。

大 BIM 是一个由应用程序和相关流程组成的生态系统，它允许通过数据交换共享信息，并让专家和其他利益相关者在建筑或设施的整个生命周期中使用信息。

大 BIM 关注的是建成世界未来信息化的发展，会超越常规业务，拥抱物联网时代的变化。大 BIM 充分体现了建成环境正在发生的业务流程再造。

数据和信息是最重要的。动态数据来自分布式、共享性及可互操作性的数据库，这些数据库相互链接，包含关于资产的所有内容。

在全球化背景下，大 BIM 将来自世界各地的数据、流程、技能和技术连接起来，以增强人们对自己正在从事的行业的理解。将业务需求、建筑业数据、地理信息，以及实时运营和维护信息汇集在一起，借助为个人用户实际需求量身打造的工具，可以支持互联决策。这就是新兴的互联时代，第四次工业革命。

12   第一次和第二次工业革命利用蒸汽和水，产生了装配线，并教会我们如何使用电力大规模生产产品。信息时代，或者说第三次工业革命，出现了互联网、无处不在的通信和自动化。新兴的互联时代正在模糊现实世界和信息世界之间的界线。规划、设计、施工和运营各个阶段都是相互关联的。

　　只要有足够的时间和精力，任何资产的虚拟表达都能具有与实物一样多的属性。我们共享信息并创建混搭系统以深入理解世界。数据的收集、更新和使用都是自动化的。工具的使用和流程的优化终结了重复作业。它们最大限度地提高了设施使用效率和运营效率。

无须编写代码或设计电子线路，本书将向您展示如何与其他正在使用第一、第二和第三工业革命时代工具向虚拟环境和真实环境互联世界过渡的人员一道工作

图 0-2　工业革命

　　这不再是对未来某种涅槃的渴望。大数据、人工智能、物联网、自动驾驶汽车、3D 打印、预测分析、纳米技术、机器人技术、生物技术、材料科学、能源和量子计算只是列举的每天都有突破的少数几个领域。利用现代科技，人们能够创造一个更可持续的相互关联的环境，并在这个过程中获得利益。

13   大 BIM 里面包含了一套对设计和施工至关重要的小 bim 工具和流程。虽然小 bim 通过在电脑上进行 BIM 建模和分析，取代了"平面 CAD"，使建筑业的业务得到了迅速而显著的改善，但大 BIM 带来了更多的好处。

　　小 bim 一直在实践中使用不同的软件工具和业务流程来共享信息。熟练掌握小 bim 软件和流程是很重要的。但使用软件并不是最终的目标，它只是活跃生态系统的一小部分。

大 BIM 专注于数据交换,小 bim 专注于使用单一软件产品线的更先进图形表达和基于文件的协同。

尽管工作产出和效率提高,但这些改进是项目内部的;通常只不过是升级版的计算机辅助绘图。优化建模、冲突检查、成本建模和过程模拟,这些小 bim 的核心功能只不过是在一个项目接一个项目中的重复操作。

有一个误区:认为将一个小 bim 工具集标准化就可以很简单地进入大 BIM 世界中。大错特错!依靠单一的软件产品、应用工具集、单一供应商系列产品或内部开发的系统,几乎可以保证您会一直被锁定在小 bim 范式中。不要被软件供应商和销售的说辞所欺骗。

交付大 BIM 的组织会在可持续的流程里使用大量的标准工具协同创建和操作数据。相反,那些专注于小 bim 的组织虽然也会合作,但是只会使用有限的一组面向文件的软件产品,单一的硬件平台,或者单个品牌的软件,往往会忽视或误解大 BIM 生态系统带来的生命周期效益。

在这两种情况下,BIM 的目标都聚焦于在提升人类家园的可持续性和韧性方面所需的人员、环境和组织变革上。对于所有事物的可视化表达,让情况更直观和明确,能让人们就复杂的问题更能达成共识。

活动与指导

电锯的出现在大大提高了生产效率的同时,也增加了不当操作割断手指的风险。使用本书中有关工作流程和案例研究的内容去实施大 BIM,风险会很小甚至没有风险。

本书里有丰富的实操和指导,旨在让您接触到全新的经过验证的工具和流程并教您如何使用它们,为您指明下一步的实践,指导您发现新流程,并提供一个从错误中体验和学习的机会,而不影响实际项目。理解这些工具和流程有助于预测出使用大 BIM 的潜在好处。

您可以使用本书中的练习结果来证明大 BIM 的好处。用所学到的东西向客户和利益相关方证明:他们可以更早地看到项目进展,可以作出更好的决策,可以对结果更有信心。有了经过验证的结果,他们将会接受这些概念。

关键功能

为了帮助您跨越到大 BIM,本书的后面有一个"特别补充"。它包括了操作指南,旨在消除人们的疑虑。通过完成操作,您将接触到真实的大 BIM 生态系统,从而把握贯穿全书的主题。阅读新话题是学习过程的开始。自己动手是在新领域建立竞争力的第二步。当您准备从阅读过渡到可触摸的、实操的、有指导的实践时,请参阅"特别补充"。

对许多人来说，大 BIM 要求有一个逻辑上的飞跃。跨越这个鸿沟需要学习互联系统原理。通过学习，您可以找到问题的答案，例如：如此复杂和包罗万象的东西怎么会比我们熟悉的工具更容易使用呢？大 BIM 是如何实现的？或者，在未来某个不确定的日子里到底会发生什么？尤其是当一些技术专家告诉我们这只是个白日梦的时候。本书为您提供了回答此类问题所需的信息，您可以依此自己去做决定。

大 BIM 生态系统需要一个中心枢纽——大 BIM 服务来管理数据的输入输出，包括各种类型工具数据的输入输出。大 BIM 生态系统中心枢纽必须解决两个关键问题：

15　　1. 大 BIM 不应该对用户施加硬件或软件的限制。大 BIM 也不应该局限于那些受过高级培训的人。工作是通过网络可访问的、非专用的虚拟服务器或云计算进行的。用户可使用任何能够访问网络的设备访问系统，使用不同操作系统的台式机、笔记本电脑、平板电脑和智能手机都可以。

2. 大 BIM 应该按照基于规则的规划，以新颖的、意想不到的方式链接各种权威数据，能够快速进行智能成本评估、寻找不同的数据集之间的链接、大数据分析以及找到最佳解决方案的模拟。系统必须以开放的方式透明地提供对核心数据的访问，以允许空间数据能为所有人查看、处理和维护。

这些问题将在本书后面详细讨论。如果没有这些关键的能力，BIM 将无法为人们提供在大 BIM 生态系统中所需要的东西。今天，Onuma 系统独特地证明了它符合这些标准。在市场支持上没有其他系统的情况下，Onuma 系统满足了这种需求。我们不是要把 Onuma 系统强推给您。使用大 BIM 的目标是使用最好的工具来完成手头的工作，而不是只使用一种工具。

有些人很容易忽视 Onuma 系统，认为它只是目前存在于建筑信息建模领域的数百种软件工具中的又一种。许多批评者不明白大 BIM 和小 bim 之间的区别。另一些人嘲笑说，这个系统只不过是一个集成的仪表盘或一个缺乏创新技术的面向对象的 Javascript 平台。即使他们说得不错，但也是没有抓住重点。

在与主要的小 bim 系统进行了详细的技术比较之后，加州社区学院等企业客户有充分理由选择使用 Onuma 系统。运用本书的知识，结合书末"特别补充"中的练习，您也会作出尝试使用大 BIM 决定的。

16　## 附加说明

本书关注的是当您向前迈进成为互联世界的积极分子时需要考虑的事情。这些问题非常复杂，涉及的主题如此之多，以至于无法将它们全部囊括在一本书中。正因如此，本书的重点在于引导人们理解开发和使用大 BIM 生态系统的关键问题。

在一个大 BIM 生态系统中，一切皆有可能。为了实现相互链接的生态系统的目标，各类人员、工具和各种流程共同协作。正常运作的大 BIM 生态系统能够实现链接，本书介绍了部分功能但不是全部。随着互联时代的逐步成熟，其他软件工具、交付方法、指标、标准等也将成为生态系统的一部分。

Web 功能服务（WFS）、关键绩效指标（KPI）、Omniclass 编码、作业订单契约（JOC）、信息交付手册（IDM）、数据字典、分类法、语义 Web 和本体只是浮现在脑海中的一些会融入生态系统的事物。

这并不是说它们不重要，只是其他的东西对于理解大 BIM 生态系统和我们在这个过程中的角色更重要。除此之外，大 BIM 正处于每天都有突破的增长模式中。

所有的工具、方法和标准在大 BIM 生态系统中都受到欢迎和接纳。但是，每个应用程序都必须能够与其他应用程序连接和共享动态数据。仅仅声称有数据接口是不够的。每个应用程序都必须证明其链接能力。无论其营销材料多么华丽，都应要求供应商展示应用程序如何输入输出数据，坚持这一点很重要。

由于以下几个原因，本书没有就哪种小 bim 工具最适合您给出建议。首先，要列出的太多了；其次，选择小 bim 工具是高度个性化的决策，有许多不错的选择，已有一些导则能够帮您作出决策。对软件过于关注会削弱本书的整体观点。

开干!

在一个大 BIM 生态系统中，许多互操作性问题就不存在了，而使用的小 bim 工具也变得不那么重要了。可以选择您认为最有效的工具来完成工作。

当试图解释什么是大 BIM 时，人们会一愣，因为这对他们来说并不重要。这个概念可能很简单，但看起来太复杂了。为什么要浪费精力解释什么是大 BIM？直接开干就好了！

为了有效地使用强大的 BIM 工具和流程，行业专家面临着许多困境。他们力求完美，他们努力保持领先。担心如果他们不进步，其他人就会超过他们。他们公开分享自己的理念和创新并承担因此可能带来的风险。他们应对风险的策略是谨慎行事，逐渐他们就会变得害怕冒险了。

幸运的是，大 BIM 提供了一个解决方案来解决这些复杂的、多维度的问题。不幸的是，建筑业问题十分复杂，需要仔细斟酌，以避免陷入误区，使大 BIM 夭折。

信息建模所解决问题的复杂性容易产生对 BIM 的误解，让人们很难理解正在发生的事情。甚至很难确定什么是创建信息模型的最佳方法。这种复杂性导致人们继续以传统的方式工作，尽管这种方式并不见得奏效。依赖销售技巧并不是一个成功的策略，推销价值而非工具和流程，胜率会上升。

18 BIM 不是……

> 在没有经验，且对大 BIM 生态系统如何运作缺乏深入了解的情况下，推行大 BIM 是危险的。要避免这种风险，请使用本书中的工作流和其他相关内容。使用它们可以向客户和利益相关方证明，这可以为他们带来好处。人们只想得到好处，而不在乎如何实现它们。

虽然 BIM 可能离很多人的现实还很远，但是需要了解 BIM 是什么。理解 BIM 的一个方法就是搞清楚什么不是 BIM。

BIM 不是单一的建筑模型或单一的数据库。供应商可能会告诉您所有的东西都必须在同一个模型中才是 BIM，但这不是真的。将 BIM 描述为一系列相互关联的模型和数据库更加准确。这些模型可以是多种数据格式，同时保持关联并允许相互提取和共享信息。单一模型或单一数据库描述是 BIM 的主要困惑之一。

BIM 不是 Revit、Tekla、Navisworks、Vectorworks、SketchUp、ArchiCAD、Bentley 或任何其他产品。它也不是增强版的 CAD。那些不懂技术的人认为 BIM 和 Revit 是一回事。他们和那些认为 AutoCAD 就是 CAD 的人是同一群人。当他们用（美能达）复印机时他们仍然会说（施乐）影印。软件公司在市场营销方面做得很好。这些软件工具都是优秀的小 bim 解决方案，而不是大 BIM 解决方案。您可以使用它们中的任何一个，但不是在做大 BIM。

BIM 不仅仅是三维的。三维软件可以用于对几何图形建模，是创建可视化模型的理想工具。三维建模极大地提高了我们交流思想的能力。三维模型的输出是图像，本质上只不过是长度、宽度、高度和表面材质图像。图像不是 BIM，三维充其量只是 BIM 数据库的视图。即使使用三维可视化，仍然必须解释事物的含义、它们与其他事物的连接方式以及它们的空间定位。建筑信息模型包含所有这些信息。大 BIM 知道如何以共享和标准驱动的方式建立事物之间的联系。

19 **BIM 并不完美**。人们手工输入数据，他们输入数据的次数越多，错误就越多。最小化数据输入允许您迅速获取信息，并减少重复输入可能造成的错误。权威来源提供的数据可以最小化手工输入错误。使用大 BIM，只需要输入一次信息，这样出错的概率就会更小，而且错误更容易被发现。

BIM 不必一定是三维的。电子表格可以用来帮助生成 BIM。例如一个表示某一空间需求的电子表格，它包括空间名称、楼层、平面尺寸、高度、部门名称和其他细节。数据以标准化的格式存放。这是一个有用的工具，但还不是 BIM。当将这个电子表格导入大 BIM 系统中时，每个单元格里的数据都作为空间数据块保存起来，以便进一步分析使用。这些数据块形成了大 BIM 系统的底层数据（可参阅书末的"特别补充"）。

BIM 离不开人。在很多情况下，支持 BIM 的数据会作为生命周期中的副产品积累起来。

评估这些数据的价值需要人们独特的解决问题的能力。人的参与永远是必要的。发现模式、设计解决方案、进行明智的决策都离不开人。这将事半功倍。通过减少单调的数据输入和其他乏味的任务，BIM 让我们人类比以往任何时候都更聪明地工作，出错更少，速度更快。

BIM 并不完整。它也没有必要是完整的。有些人强求完整性和一致性。另一些人则认为，在 BIM 成为生命周期解决方案之前，所有的标准和工具都必须到位……如果我们第一步做得比较完美，我们就可以做第二步，以此类推。还有些人则认为 BIM 是不可能的，除非流程涉及的每个人都参与其中，并且能够使用这项技术。这些观点都是不合逻辑的。

BIM 不只有一套标准。没有单一的标准或方法可以包揽一切。今天有效的任何方法明天都会改变。BIM 需要足够灵活的标准和流程，以便在实际工作中应用。但所有的规则都必须随着我们周围世界的变化而变化。事实上，我们生活在一个不断变化的世界里，在这个世界里，各种各样的标准使我们能够做我们需要做的事情。

BIM 与我们昨天所做的无关。我们昨天学到的东西和完成的事情可能会影响我们今天要做的，也可能完全不相干。您需要敏捷的头脑和方法厘清您要采取的每个行动。我们正以飞

20

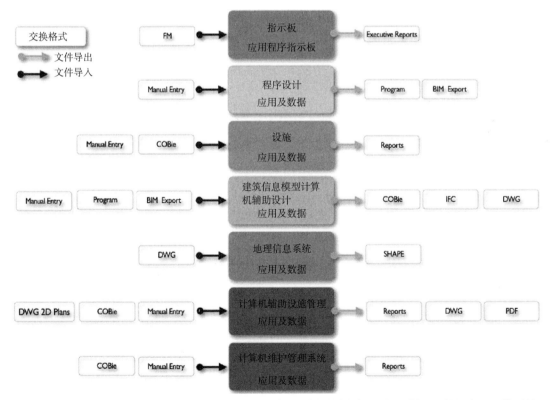

无论是通过 IFC 还是其他方式的文件交换（如上图所示）都是短期的解决方案，不会达到大 BIM 的级别。一旦模型被打印或存档，其与实时数据的连接就会断开（无论是文件、纸张、可移动媒体还是本地或云服务器），它就不再是大 BIM 生态系统可以依赖的可靠信息来源。动态数据必须是持续实时的和可链接的，而且项目的工作流不能建立在依赖手动导入、导出数据对模型进行维护的计划之上

图 0-3 基于文件交换的解决方案

快的速度进入一个信息世界与物理世界相连的时代。

大 BIM 是一个理解我们正在创建的建成环境生态系统的框架。我们通过动态地将专业知识与用户需求联系起来，以促进创新和生产力提升。迈向一个更包容、更紧密相连的生态系统，需要用新的视角和态度去处理客观世界的模糊性。人们需要以足够的深度了解其决策的背景和影响，以便与更大的生态系统建立联系。所有这些都在一个框架内，这个框架使人们在需要的时候、在需要的地方能够获得所需的信息。

21 用户手册

> 无论您是谁，都可以将本书作为任何建成环境方面指引未来成功的路线图。无论是构建新的事物还是改进已有的事物，适当地应用这里总结的原则，将使您尽早获得惊人的成果。

大 BIM 使众多、多样化和广泛分布的利益相关方群体能够使用可链接的数据来管理建成环境，同时进行实时或异步的协作。如果想让小型业务或组织作为一个团队进入 BIM 世界，本书可以作为建立团队章程的资料来源。类似地，中小型企业中的小型团队可以使用本书中详细介绍的原则，在试验项目中试水互联业务流程和基于 web 的工具，从而使整个组织受益。

本书提供了将建筑信息模型与您的工作方式联系起来所需的指南。它展示了如何在不是从头开始的情况下做到这一点。将您当前的经验带到这个过程中是成功创建一个大 BIM 生态系统的初始要求。您将学习如何以可视化的方式创建计划，并将您的洞察力和专业知识封装到助您项目成功的建筑信息模型中。

模型中封装的信息比模型的外观更有价值。虽然现实情况是，三维可视化对设计师和施工人员的工作至关重要，然而对于其他大多数人来说，可视化查看模型所含数据可能更为重要。您最大的价值在于把原始信息输入软件后，帮助实施和管理您所从事的规划、设计或施工业务。

充分利用大 BIM 最大的挑战是文化，而不是技术。使用基于 web 的软件和移动终端创建建筑信息模型，以便您可以轻松地与许多其他人共享您输入的信息，这是关键。

技术上的挑战是您必须在项目中使用各种类型的工具集。使用多种工具和流程取得现阶段可能的最佳结果是必要的，也是可取的。熟练使用许多工具是很有价值的。

22　　首要的文化挑战是人类对变革的抵抗。幸运的是，大 BIM 非常适合简练地提升现有实践，允许团队保留有效的做法，同时提升或替换无效的做法。本书的目标是帮助个人和任何规模的团体探索并展示我们多年来从使用大 BIM 中学到的东西。

本书是围绕着在探索过程中需要关注的 8 个问题而编排的。在这 8 个关键领域中，我们将分别讨论形成大 BIM 生态系统基础的理论和实践。每个问题包括对常见误解的描述、建议的解决方案、检查清单、成功案例研究以及与原理相关的具体操作，以为将学到的知识应用到工作中提供指导。

问题 1. 以终为始

根据需要快速调整方向。

问题 2. 战略思考

探索并接受新的工具和业务流程。

问题 3. 尽量简单

系统太复杂、太完善、太难掌握。

问题 4. 以人为本，而非技术为上

解决长期困扰建成环境的问题。

问题 5. 关注资产，而非项目

拓宽视野，改进决策。

问题 6. 共享和协作

规模不再能决定我们的成就。

问题 7. 流程胜过产品

人们混淆了流程和产品。

问题 8. 初值敏感

基于事实的信息可靠；传闻和先例不再可靠。

第1章

以终为始

在世纪之交，随着信息建模的普及，人们开始关注如何精通 BIM 软件。各种理由强调只使用一个 BIM 程序是可以理解的。人们对建模是新手，硬件处理能力有限，用户界面图形策略刚刚开始等，这些因素影响着我们如何与新工具交互。软件供应商们在展示其软件能为传统流程带来的好处时，很乐意解答"这对我有什么好处？"这类问题。

许多看起来做得不错的项目都是使用单个 BIM 建模工具完成的。但是，事实证明，建筑信息模型与其他软件程序共享信息的能力限制了这些项目及业主真正的、大范围的成功。如果一个项目的规划、设计和施工信息不能很容易地传递到项目的运营和管理中，那么在项目过程中获得的很多信息就会丢失，就像用纸质文档和 CAD 文件完成的项目一样。

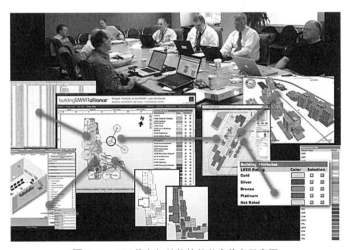

图 1-1 BIM 信息与其他软件共享信息示意图

25 ## 共享愿景

> 大 BIM 带来的经济价值和效率使我们更具竞争力。我们可以访问和使用非结构化的信息来作出明智的决策。BIM 能提高效率，并使您有能力更好地支持您所服务的对象。大 BIM 涉及所有类型的关联。搞清楚什么是 BIM，什么不是，并实践本书末"特别补充"中"现实世界的大 BIM 步骤"中的工作流，就可以向他人展示大 BIM 的价值了。

成功的企业正在抛弃原来使用的等级森严的、单一的系统和流程，正在就如何用技术激发创新以更好地为客户服务并进行革命性的反思。这种新的思维方式的出现，是因为企业意识到，在不影响其智力资本或专有信息的情况下，它们有很多有价值的东西可以分享。

在 BIM 和互联流程出现之前，很少有团队会试图处理建筑业中更宏大的系统问题。解决问题的努力往往局限于一个小组或一个项目，而解决方案很少在整个行业中推广。很少有专业人士试图分享他们在其他地域找到的解决方案。

在我们今天看到的高速互联网、全球化社区和无处不在的通信出现之前，每个社区、州和国家都认为自己的问题是独特的。这些问题很复杂，但我们可以花时间去计划、研究并找到本土化解决方案。每个人都只关心影响自己的问题，而把其他问题高高挂起。

这在很多层面上几乎没有变化。人们仍然相信他们的困境是独特的。局部更改仍然比全局更正更容易实施。拼凑的解决方案效率低下。

建成环境缺乏韧性、浪费、低效，而且维护成本过高。建筑业对如何前行没有统一的战略愿景。在世界各地，人们都在积极寻找解决方案。然而，如何解决这些问题的统一愿景尚未出现。事实证明，找到行业问题的解决方案是困难的。

26 各种全球性问题普遍影响着我们所有人，无一例外。用传统方式做生意已经不够了。有些领域需要进行系统性改革。我们面临着执行不力、成本失控问题，而且要意识到传统流程正在失效。

与此同时，项目复杂性增加了变更的速度和数量。在行业拥抱更多技术创新的时候，由于响应这些变化的业务资源是有限的，采用的技术应当具有适应性和易于部署。现有和新兴系统的数量和复杂性已经达到了需要多个专家参与才能选择可行解决方案的程度。需要有新的工具和方法来保持对新素材和系统的学习和追踪。

建筑业需要改变经营方式以应对这些系统性问题。我们面临的一个复杂而棘手的问题是，每朝向解决问题迈出一步就会暴露出新的问题，而且看不到尽头。传统方式并不能解决问题。我们需要一种更好、更有效的工作方式。

与历史有关

过去 30 年间，信息时代里软件开发和基于文件系统的许多事情，并非今后的发展方向。一种结构性的改变已经发生，并牢牢地把握住了 20 世纪的趋势。建筑业尚未获得应该获得的巨大好处。

历史也许不能提供最好的框架来帮助我们适应正在经历的变化。从历史的角度看，我们应该对许多事情提出质疑。互联网的爆炸式增长如何影响建筑业？谷歌、脸书、艾派迪（Expedia）*、亚马逊和其他 web 服务的成功与建成环境的未来相关吗？为什么建筑业的组织在疯狂地试图保留其流程、软件和数据的旧方法价值的同时，又急于重新定义自己？

回答这些问题的基础是认清那些继续改变当今建成环境的关键现实问题：27

- 获得及时和准确的设施数据已成为当务之急。
- 可验证的可持续性和韧性已是必选项。
- 有形资产的运行信息对组织的功能至关重要。
- 消除浪费和效率低下不能再等了。
- 没有事实依据的商业决策会给团队带来灾难性的后果。
- 大型和小型设施所有者需要展示领导力和能力，以有效地规划、管理和运营他们的资产。
- 物联网、移动设备、建筑信息模型（BIM）、设施管理和地图工具正在融合。

在一个大 BIM 生态系统中，建筑业可以用现有的工具管理这些现实问题。通过阅读本书您可以看到我们是如何最好地应对它们的。

跨越鸿沟

常识告诉人们要封锁自己的信息，因为专有知识是有价值的。对许多人来说，提供信息就意味着提供价值。由于这个观点，许多建成环境程序被设计用于保留信息，而不是与其他程序共享信息。然而，矛盾的是，充分无限制地分享信息是取得巨大成功的先决条件。

其他行业的领导者们已经在朝着一种更紧密联系的方向努力，这会带来好处，也会产生问题。那些接受变革的公司变得更具竞争力。虽然这些企业经历了因变革对业务带来的干扰，但变革也带给他们客户价值的增加、服务的改善、质量的提高和成本的降低。可以预测，建

---

*　艾派迪是全球最大的网络旅游公司。——译者注

筑业也将出现类似的颠覆和重生。

我们面临着一个重大机遇——面对这种颠覆性的变革，如何继续持有有价值的信息，以维持（或改善）我们在建筑业的地位？

28   人们已经进行了许多将现有信息扩展延伸应用的尝试，以尽量减少文档的重复创建和数据的重复录入。建筑业历史悠久，创新迭出。一旦信息采用新格式表达，创新就能产生显著的改进。

大多数创新提供了渐进式的改进。但是这些面向未来的建筑业信息尝试，迄今为止还缺乏在全生命周期中都支持使用实时数据的能力。

项目信息总是有价值的。所有者需要坚持他们的项目信息而不是存储数据的软件，才是资产的真正价值所在。软件总是在进化和变化。将数据锁定到专有软件中不再符合任何人的利益。

您在软件上的资金和时间投资都有风险。在任何时候，您的软件都可能因为一个新的 APP 的出现而过时，因为这个 APP 可以让每个人都能更快、更有效地执行相同的业务流程。这是软件公司很难告诉您的。但这是我们面临的现实。

产业转型

如果按时、不超预算地完成工作，意味着除了使用建筑信息模型外，还必须使用纸笔或"二维 CAD"。本书的目的就是帮助您以一种适合的方式，一步一步地选择。

让您的工程信息在 web 上整个生命周期内都可访问，从而可将工程焦点从设计和施工上转移开，让运营和维护变得更加重要——这是正确的。这是大部分资金流入的环节，也是可持续性和韧性的最大需求点所在。当您在大 BIM 生态系统中向使用建筑信息模型过渡时，离不开合同规定的或立法要求的或其他许多理由所要求的既定程序。学会将建筑信息模型插入工作流的新策略，因为项目必须使用可用的资源按时、按预算完成。

29   让我们接受这样一个事实：由于种种原因，整体上建筑业仍然因循守旧。对变革的抵制、陈旧的法律要求、对未来可能性的缺乏理解，以及其他原因使许多人只以以前固有的方式做事，而没有利用当今互联工具和流程的动力。

不要认为只要用了小 bim 方法中的一个程序，就满足了所有的 BIM 需求。"一个人能做所有事"的方法会使工作流程从开始计划之时起就不会有变化了，这可能会有一些好处，但是这种方法很难发挥出 BIM 的最大价值，也不支持 BIM 的全生命周期方法。

采用大 BIM 方法可以将信息从专有的限制中解放出来，并以基于 web 的面向服务的体系结构提供共享。此方法利用了移动设备作为工具，以使用您创建和管理的信息。

关注结果

> 大 BIM 的探索需要进行深入思考，可从观察与使用新工具、新流程相关的情感和社会问题开始，因为社会和情感问题可能是最难解决的。这些信息的组织将会形成反映个体需求的模式，使用这些模式可以搭建一个推进大 BIM 应用的业务框架。

在深入探索大 BIM 之前，重要的是要了解您希望通过使用互联时代的工具和流程干什么。可以使用工具，如思维导图软件，来捕捉您对以下问题的答案。类似发布在网站上的亚历山大·奥斯特瓦德（Alexander Osterwalder）等人编写的《商业模式新生代》（*Business Model Generation*）和《价值主张设计》（*Value Proposition Design*）的学习材料能指导您的探索进程。

这些需求可能看起来很明显，但是通常只有通过深入研究才能找到真正的需求。用全新的眼光看待您的企业，您会学到一些有趣的东西。倾听您的客户，他们会说出他们的担忧。探寻并找到客户最期望从您这里得到的东西。很少有人提出深刻而具有洞察力的问题，这类问题的答案就更少了。

下面列出了一些需要思考的问题。当您找到答案时，请打一个勾：　　30

- 我为什么要这么做？这与我在建筑生命周期中的角色有什么关系？
- 为什么客户要我这么做？他们在乎吗？
- 我们如何销售给利益相关方？销售给员工？销售给供应商？
- 我必须抛弃所有重新开始吗？我们还能使用 AutoCAD、Microstation 或其他二维 CAD 工具吗？我的 CAD 人员告诉我，我们现在的技术已经可以搞定，为什么我的客户说的是另一回事？我们可以 3D 制图，它们看起来也很好，然而……到底出了什么问题？
- 这对我有什么好处？这对我的顾客有什么好处？
- 在哪些新领域，我们可以看到应用这些技能对相关方有好处？
- 客户在改善他们的资产方面缺少什么？
- 我们能为新市场带来哪些未实现的收益？
- 这些努力和精力投入值得吗？对我？对团队？对客户？
- 新市场中那些人的痛点在哪里？我们如何向新客户解释这个转变？
- 在日常办公环境中，这个新流程有何不同？受影响的是谁？我们能缓解哪些尚未解决的问题？
- 我们该怎么做？我们应该是专才还是通才？
- 我们的技能是什么？新市场的价值是什么？我们能提供什么产品和服务？
- 我们可以做的能改进我们工作的前五件事是什么？

- 您如何更改项目实施方法？您能用新的眼光看世界吗？您能够超越原有系统所造成的人为限制吗？
- 我们如何评估我们在新市场上的价值？我需要什么样的人力资源来做这件事？我们如何才能最有效地工作？实现这个流程会为我们节省什么？为客户节省什么？
- 我们当前的业务模型需要如何改变？
- 当我们开拓新市场时，会发生什么变化？我们如何做出新产品，让客户有足够的兴趣去购买？我们能在竞争中脱颖而出吗？以利益相关方能够理解的方式？

31
- 如何修改设施管理系统以消除培训和支持的需要？
- 如何从基于文件的、绑定软件方法转向移动 APP ？传统业务如何在不放弃市场份额和影响利润的条件下变得敏捷？

掌握

在未来的互联世界中，依赖于多年前所学的知识而产生的差距会直接导致失败的实施和"BIM 洗脑"（BIM Washing）。在这种环境下，熟练掌握（这些）是领导能力的支柱。请参阅第 4 章中对"BIM 洗脑"的描述。

建立一个大 BIM 生态系统需要组织中能胜任此项工作的人积极、持续地参与进来。为了获得开发大 BIM 生态系统的好处，领导者至少需要具备基本的大 BIM 能力并且遵循大 BIM 原则。

一个人不必精通一个系统的所有部分。然而，要组建一个大 BIM 专家团队，领导者需要成为内在原则方面的专家。当一个大 BIM 生态系统适当地建立起来，将允许每个利益相关者访问他们恰好需要的数据。CEO 可以使用仪表盘来完成他或她的工作。同时，使用相同的数据集，中层管理者可以管理工单；工程师可以做分析；助手可以通过电子表格输入其他数据；建造师可以检查是否存在冲突。

要领导别人，就必须学会如何分配任务。有些任务是高级领导在理解了基本逻辑或自己尝试并学会如何做之后才分配的。任务的分配方法会因人而异。

对任何类型的 BIM 的理解都不能只来自听讲座或基于间接知识。要对自己的学习负责，努力消除知识空白。不要满足于仅仅理解 95% 的所学知识，不然您会碰壁，这对您的业务、员工或项目都不利。无论您的职位有多高，都不要跳过这一步。

32
有一些杰出的领导者让其他人为他们创建模型或做其他工作。对于领导者基于旧知识进行决策的企业，这种方法损伤了公司及其客户的价值和利益。这种方法让人难以苟同。您应该学习如何用您自己的双手、头脑和电脑来做某种形式的大 BIM。

本书中的"工作流"将有助于解决这个问题。花点时间，逐渐熟练，这样您就可以掌握在大 BIM 生态系统描述世界的概念。此后，即使精力不全在这上面，您也可以表现得好像您理解并知道自己在说什么。

可操作的动态信息

当您找到通往大 BIM 的道路时，要接纳、指导和支持新同事。将您的贡献转变为有意义的数据，并在您参与建设的任一工程项目的整个生命周期中使用它们。本书中有一些可重复使用的工作流，您可以与同事一起使用它们并检验它们的兼容性。

对我们大多数人来说，接受有关我们工作的信息正迅速成为我们工作中最有价值的部分这一事实并不容易。但在互联时代就是这样的。大多数人习惯于从他们工作的项目中，而不是从整个项目生命周期生成的数据中获得最大的价值。在建筑业焦点的转变中，蕴藏着最大的机遇。寻找从未来信息应用中获取价值的方法仍然是大 BIM 的终极目标之一。

如果您发现有人对探索项目的长期收益感兴趣，那么您将更容易充分利用互联时代的工具和流程，并从中获得优势。弄清楚当前的同事是否也想从事体现生命周期使用实时数据的价值的项目，或者会见其他对探索基于 web 的业务流程感兴趣的人。

由于流程中有很多更改，您将希望建立一个在新工具和流程启用时能快速适应它们的团队。随着系统、方法和工具的发展，寻找致力于采用新功能的团队成员。您有很多可以利用

这个流程允许控制关键部件。建筑模型包含的细节为我们提供了手段来管理一个复杂的融资方案，去说服市议会继续确保额外的资金来满足项目的需求。能够非常快速地查看详细信息，在流程的早期能够有效地管理预算。每个人都明白完成这个项目需要什么，因此很早就开始排除难点，这样它们就不会成为问题。

——副消防队长威廉·戈迪（William Gordy）

图 1-2 索尔兹伯里消防部门

的资源来培养志同道合的专家团队。

考虑到团队中的每个人都有不同层次的经验，几乎没有人能熟练掌握所有可能的选项，因此每个人都将自学并寻找前行的道路。

33　　随着行业的不断转型，您所探索的某些内容乍一看似乎与直觉相悖。这就是从工业革命过渡到信息时代，现在又进入互联时代的特征。一些在早期工业时代有价值的思维方式、工具和过程，在这个第四次工业革命时代可能会成为一种负担。

幸运的是，专门的专业知识和作出关键决定的能力永远不会成为您的负担，因为您关注的是最有价值的可交付信息。

34　# 一个新焦点

> 专注于成为软件专家似乎比成为信息专家更自然。然而，只有当信息可得并真正在每个资产的整个生命周期中实时使用时，才能带来真正的变革性好处。就像现在基于互联网的交易一样。

许多人只在小 bim 环境中继续工作，这个环境涉及传统设计和施工，使用以文件为中心的工作流为传统流程生成文档。而且这种情况不太可能在一夜之间消失。

建成环境是复杂的，相互作用异常繁复。我们需要支持复杂性的解决方案，同时提供一些简单的方法，让人们可以直接使用可得数据。可以创建一个系统，将服务器、数据和许多可用工具连接在一起，形成一个统一的、松散连接的整体，支持更好的决策，并不断改进整个生命周期的规划。

为了充分利用 BIM 的力量，行业需要采用像互联网那样工作的业务流程，而不再采用 20 世纪那种一刀切的、独立的、与软件绑定在一起的方法。当我们都可以在建成环境中创建、共享和复用我们所关注领域的信息时，就可以作出更好的决策，并且可能会有显著的改进。

帮助小 bim 专家共享建成环境信息的一种方法被称为工业基础类（Industry Foundation Classes，IFC）。然而，IFC 目前是一个复杂的开发环境，许多专家发现应用的困难远远大于好处；当被要求创建符合 IFC 要求的新应用程序时大家非常抗拒，将现有应用程序重新调整为兼容 IFC 标准时就更麻烦了。

IFC 是一个国际标准，用于规范建筑信息模型数据的互操作性。IFC 模式或数据组织系统使有关房间、空间、椅子、桌子和与建成环境相关的任何实体信息能够在任何兼容的软件程序之间交换。IFC 允许共享几何、拓扑、结构元素、空间、地形、结构、系统、家具、时间、约束、分析、人员、工作计划、成本、外部数据及其之间的关系。

35　　IFC 可能成为长期使用的共享和管理建成环境数据的核心格式。然而，按照目前的结构，

IFC 仍然专注于基于文件（以及单次输出）的流程，而且不太可能成为核心标准，除了在无法复用实时数据的小 bim 交换中。

经过打磨后的 IFC 有潜力支持所有建成环境领域的信息共享。然而，经过二十多年的发展，IFC 的概念表达依然不是那么全面。

直到最近，IFC 才开始扩大国际应用。IFC 仍然是一种以文件为中心的方法，其应用场景只适用于该行业的一小部分业务。用 IFC 进行文件交换是复杂的，需要大量的协调和对使用人员进行培训。它是信息时代的标准，而不是互联时代的标准。

这并不是说 IFC 不好——它为许多 web 服务、BIMxml 和其他东西设定了标准，并形成了基础。人们坚持用 IFC 或什么都不做可能都会产生问题。在某些领域，对 IFC 的坚持已变得如此极端，以至于业主要求团队用 IFC 提交所有交付物，致使团队手工将所有数据塞入 Revit；有时甚至需要从优秀的数据库中向外提取数据。

他们将数据注入模型，然后再以 COBie IFC 的形式将数据取出，这通常是一场灾难。收到的反馈是：哦，COBie 不行。这是一种疯狂的做法。

让我们设想有些人可能只想要某件设备的信息，或者这件设备的二维码或者任何其他类型信息。web 服务和其他方法允许在不需要了解 IFC 的情况下以多种方式访问和使用数据。

一边倒的方法正在损害行业，造成混乱，并大大降低了 BIM 带来的效益。使用 IFC 唯一的方法，就像有人说的那样，查看 BIM 平面图的唯一方法是读取计算机代码，而不是查看图形视图。

在连接建成环境数据之前，人们必须了解其复杂性。这一要求使得 IFC 看起来很像一种凸显建成环境复杂性的专有格式。

尽管一些传统的软件平台最近取得了一些进展，但对业内大多数人来说，IFC 依然很神秘。 36
由于 IFC 的复杂性，它仍然远远不能满足行业复杂和多样化的总体需求。迄今为止，IFC 用的最好的也不过是用少数与 IFC 兼容的软件共享一部分已定义的行业数据。IFC 并不是唯一在用的开放标准，也不太可能是满足行业需求的唯一标准。许多支撑 web 技术、地理信息系统和数据库系统的标准也适用于大 BIM 的需求。

为了充分发挥大 BIM 的潜力，用户需要能够使用数据，而不需要成为了解深层复杂性的专家。关键是要采用灵活、即插即用的方法，将数据释放给所有使用面向服务体系结构或其他松散耦合、灵活且可扩展框架的软件程序。

使用类似于支持互联网、web 服务和移动设备的标准，可以随时随地将信息分发给需要的人。对 IFC 应用有利的一种方法是将基础数据与软件或其他组件分开。

事实证明，建筑业摆脱长期以来以文件为中心的方法，将数据和组件从捆绑式软件中分离出来，会带来巨大好处。这个举措最大化了 IFC 和其他开放标准带来的好处，同时增强了我们共享和复用整个建筑业生成的大量数据的能力。

我们需要鼓励简单的解决方案，同时不断开发能够指导流程复杂且不易定义的快速变化环境下的标准。

今天，系统已经提供了很多这样的功能。通过将 IFC 当前的功能子集与其他标准连接起来，并将松散耦合的数据连接起来，软件就可以支持前期规划、业务决策和生命周期信息管理。在大多数基于云的环境中，数据可以从任意一个点链接到其余任何地方，同时与当前生产正在使用的以文件为中心的操作兼容。

在这种方法中，终端用户遵循与其他基于互联网系统相同的规则。这样的系统使那些很少或没有接受过技术培训的人能够体验到大 BIM 所提供的增强决策支持。

buildingSMART 联盟和他们的思想领导小组委员会通过各种倡议广泛传播这一概念。

即使我们每天都使用移动设备，我们中的大多数人也需要亲自体验大 BIM。如果没有体验过来自开放标准和基于云的系统的强大功能，很少有人能够了解这些系统所创造的潜力和机会。

- OpenBIM 等团体和 program2BIM 等工具帮助业界认识到，通过促进透明、开放的工作流，我们可以让所有人都参与到大 BIM 中来。联系 buildingSMART 联盟，访问他们托管在 GitHub 上的开源原型 BIMplan Viewer 概念；还可以搜索 xBIMTeam 托管在 GitHub 上的开源 Xbim 工具包项目。

降本和增效

您可能会发现小 bim 带来的经济效益属于成本规避，而不是直接降低工程成本。预计大部分成本规避的好处会在设计和施工期间得到。成本规避和降低成本的好处都将在稍后的章节中论述。

当人们第一次考虑使用 BIM 时，他们自然会寻求量化使用新工具和业务流程所带来的好处和节省的方法。在过去的 20 年里，在大西洋设计有限公司（Design Atlantic），我们发现我们的客户在他们的第一个项目上为节省 8%—15% 的花费积极地使用 BIM。在重复性业务中，成本规避可以减少高达 35% 的支出。

一些减少是实实在在的节省——更低的费用、更低的成本和更高的效率。有些减少是以其他形式完成的，如更好地改进生命周期分析、增强项目管理，以及更好地理解结果等。剩下的是未使用的应急资金、更少的错误、更好的执行力，以及减少的计划外的变更。

几乎不可能得到一个经过科学验证的关键绩效指标（KPI），它准确地说，我做了这个……它节省了那个。有很多关于小 bim 价值的轶闻趣事和证据：早期识别系统冲突几乎消除了变更单；减少了因尺寸精度造成的材料浪费；由于连接到可视化关系数据库而同步更新的绘图方式，节省了时间。这些只是许多人看到好处的其中几个。

当一个人试图把所有的好处都联系在一起创建一个放之四海而皆宜的成本降低公式时，就会出现问题。由于涉及的领域和企业太过多样化，没有办法实现。

实现和维持一个有效的大 BIM 生态系统需要一些有意义的考核指标。做一个 web 搜索，找到并确定关键绩效指标（KPI）。当您在实现大 BIM 战略目标、小 bim 活动、精益施工、集成项目交付和许多其他主题方面取得进展时，KPI 能帮助您度量项目进展、成功或失败。关注那些考核您在大 BIM 生态系统中工作情况的相关指标。

当您开始您的大 BIM 之旅时，需寻找或创建与您和您的工作方式相匹配的指标，并创建一组您个人的关键绩效指标。可是工作完成得更快，问题就更少了吗？您的成本更可控吗？您的客户对这个过程满意吗？这些问题的答案将是衡量您是否成功的真正标准。

在大多数情况下，增强性能分析、更好的过程管控、更少的工程变更和更周到的服务似乎能弥补价格的下降。由于目标是取得更好的结果，曾经很少受到关注的领域现在可以包含在项目服务中。有些好处很难归类。未使用的意外事件费用就是其中之一。当您不为计划外的变化花费意外事件费用时，这是成本节约还是成本规避？

无论采取何种形式的削减，项目中的每个人都会节约。这些节省是由于复用信息、更早获得更多、更好支撑决策的信息、更好的初始阶段分析，以及在运营和维护期间获得更准确信息的结果。

很多公司都有内部指标来跟踪对他们来说重要的结果。花点时间来决定您想衡量什么。确定每个客户或利益相关者为了更好、更早作出决策所喜欢的成本数据类型。然后，使用本书帮助您建立可重复使用的方法去创建响应用户需求的建筑信息模型。

现实世界大 BIM

> 人们不会给 Expedia 网站发传真预订机票，也不会用铅笔和纸张发送电子邮件。同样，小 bim 有限的工具也不能代替大 BIM 生态系统的链接。这些允许人们在互联网上进行协作的工具，也允许人们在整个建成环境的生命周期内实时地规划、创建和管理数据。

有关 BIM 的讨论中充斥着理论和猜想，它的可能性是无限的。尤其是当大 BIM 出现时，很难区分是现实世界，还是虚拟的。大 BIM 似乎难以捉摸，令人向往。我们自然会问，大 BIM 真的存在吗？

一些供应商和自诩为大师的人认为，大 BIM 将在未来某个不确定的时候出现。他们会让人相信，在今天，只有小 bim 是可能的。其他供应商和专家宣称他们有唯一的方法来实现大 BIM，同时他们常常把大 BIM 等同于大项目。通常，这些误解的发生是因为某些人的全部收入都来源于销售给您的某种形式的小 bim。

除非深入研究细节并仔细观察，否则很难对这种说法提出异议。研究这个问题，然后就这个话题作出决定。理解大 BIM 的唯一方法就是通过实施去探索今天存在的大 BIM。本书包含了旨在帮助您进行探索的工作流。

本书的工作流和案例主要使用 BIM 的信息来管理来自许多不同来源的数据。通过对工作流的探索，可以亲身体验大 BIM。使用工作流可以了解到如何在需要的时候和需要的地方创建支撑决策的可靠信息。

工作流涉及的主题包括：

● 从电子表格创建大 BIM。

● 从一个大 BIM 模型生成 COBie 电子表格……只需一步。

● 将信息和图形从电子表格创建的模型移动到 Revit，以便进一步开发。

● 将信息和图形从谷歌地球创建的模型移动到 ArchiCad 或 Revit，以便进一步开发。

● 在 web 上构建数据丰富的生命周期模型，包括家具、固定装置和设备，可以在您桌面工具中使用。

40 ● 要使用大 BIM 工作流，需要进入一个大 BIM 生态系统。可以使用本书末"特别补充"中的 "现实世界的大 BIM 步骤"，去配置大 BIM 生态系统。

红点

> 如今，很少有商业上可用的地理设计系统和人 BIM 系统。探索当前可用的工具，使用不同软件程序之间的基于 web 的信息交换技术，创建类似于那些在本书各章节中的工作流。

地理信息系统（GIS）和建筑信息模型（BIM）的信息融合对建成环境的未来有着巨大的影响。在地理领域，这种融合被称为 GeoDesign 或 GeoBIM。在建筑信息领域，它是大 BIM 的基础。

成功的大 BIM 生态系统包括一个基于 web 的桥梁（或大 BIM 服务器），允许来自许多不同专业的软件实现数据共享。关键是要有使用不仅连接应用程序，还连接人员和流程的数据共享方法的软件。位于电脑地图上的红点现在可以将您与整个建筑连接起来，包括里面的活动，以及几乎无限数量的信息，以便在移动设备上实时使用。

红点可以引导您进入一个体量模型。该模型开始表示建筑物的形状和大小，或与建筑物相关的车队或资产集合，或任何东西。再次点击并放大，体量模型就可以开始代表一个基于真实地理环境的既有或新建筑的更真实的版本。

通过适当的桥梁，构建在地理空间模型上的信息模型将成为公开可识别的图形界面，用于共享建成环境的关键信息。通过这些界面可交换信息并根据上下文连接信息。

该技术可以创建出任何东西的，在现实世界中能看到的任何级别细节的虚拟图像。您可在本书末"特别补充"中"以全球视角进行探索"部分，亲身体验红点模型。

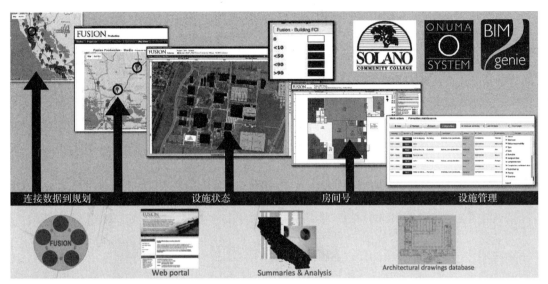

可以对从地标或红点（左上角）开始连接许多可信来源数据的工作流程进行混搭，以支持企业完成规划、应急准备、基础设施评估和许多其他任务。这种跨所有信息域共享和使用数据的能力是成功连接流程的一个模型，可以从在基于 web 的地图上放置一个连接的红点开始

图 1–3 数据连接流程

语境中的信息

> 当专注于数据时，推动大 BIM 的概念就变得简单了。

使用松散耦合、灵活和可扩展的方法实现基于 web 的信息共享，在建成环境中还没有得到广泛的应用。这种方法可以用来编纂和连接任何学科的知识。例如，Expedia 要求您告诉他们您想去哪里旅行、什么时候旅行，以及一些其他的偏好。在后台，它们连接到航空公司预订系统、座位预订系统、酒店和租车预订系统等。几秒钟后，它们就会向您提供您需要作出决定的信息。

通过灵活定义软件程序如何访问所需的数据，我们可以实现许多基于事实评估的自动化，这些评估驱动建成环境的规划、设计、施工和运维。专业人士越来越适应这种业务流程的强大功能。

从建筑业的传统角度来考虑这样的系统，这似乎是不可能的，也不实用。从互联网的角度来看，这些系统是建筑业长期以来运作方式的自然延伸。

42

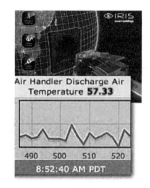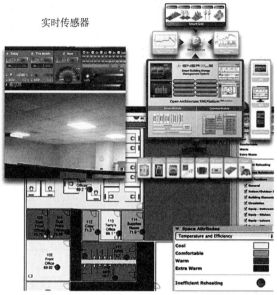

实时传感器

支持开放标准驱动的
传感器和易于与信息
模型接口控制系统

红点模型允许使用来自多个数据源的数据根据实际背景理解世界。既有数据、小 bim 中创建的数据、传感器数据、财务数据，以及许多其他数据可以通过使用红点实现可视化

图 1-4　传感器与模型连接

这样的系统形成了一个基础设施，支持服务重用、知识捕获、通用访问和透明的最佳实践。这与脆弱且维护昂贵、紧密耦合的一直以来作为行业核心技术的网络形成了鲜明对比。

模型可能只是地图上的一个小红点，人们用它定位餐馆。红点可以是很多信息的入口：一个选择菜单；自动预约系统；脸书（Facebook）的链接；一个电话号码；为喜欢 Email 交流的人准备的一个通用的电子邮件地址，或任何其他数百件事中的一件。一个简单的接口可以与多个权威数据源绑定，为用户创建价值。虽然这只是一个简化的例子，但是大 BIM 的工作原理大致相同。

这座建筑物消耗多少能源？下午 1∶30 我的会议在什么地方开？这栋楼在哪里？我到的时候在哪里停车？我们需要多少预算才能纠正延期维修？我刚看到一个弹出窗口，它告诉我，我的实验室温度是 87 ℉（约 31℃），我该向谁求助？

除了这类信息，红点模型还可以提供更多信息。该模型提供了更高层次的信息，可以快速地可视化校园、建筑、空间、组件或其他任何东西。

43　　　红点模型和类似的概念帮助我们思考建筑业应如何利用信息世界来为我们的利益相关者管理信息。它们成为一个接口，允许在进行更详细的设计和分析之前，根据上下文将信息连接到多个体量模型，然后再连接到草图软件，以便在每个步骤中都获得更大的价值和收益。

从任何地方，甚至逼真的渲染图上创建简化的数据访问，可为顾客带来新价值。来自小 bim 的图片过去只是漂亮的图片，现在开始以任何人都可以使用的方式支持规划、设计、制造、施工、调试、运营和管理。

基本概念

在过去，业主为等待更好的信息，被迫推迟决策。或者他们用很少或不可靠的数据作出决策，导致灾难性的、现实世界的失败。大 BIM 方法使利用信息创建虚拟生态系统成为可能，在这个虚拟生态系统中，通过模拟早期的虚拟失败可以避免后期的现实世界的失败。

关注在整个项目生命周期中支持业主使命的信息共享需要一种看待业务的新方法。退后一步，看看驱动您业务的第一原则是什么。

您的技能和经验如何与您对 BIM 的认知相适应？您的经历在哪里最有影响力？您的哪些内部流程和步骤能够很好地映射到大 BIM 工作流上？

基于 web 的移动设备上的实时信息对您的业务有何影响？看看在其他行业中成功的管理系统中发生了什么。其他人在哪里经历过成功？

从 1997 年初开始，我的公司（大西洋设计有限公司）就进行了这样的探索。探索的成果促使我们创造了"大 BIM"这个术语来描述我们所确定的流程生态系统。为了克服老工作方式的不足，我们正式使用这个流程。我们决定看看这个世界是什么，它可以是什么，而不是捍卫我们被教导要相信的东西。概括地说，我们构想了一个基于 8 个基本概念的体系：

1. 尽早作出决策：聚焦决策。从一开始就着手，目标是消除决策后流程中的隐患。收集 44 可靠的决策信息。使用技术在正确的时间获得高质量的信息。

2. 长远眼光：使用系统方法。要明白，转变工作方式是一个过程。任何人都可以定义和管理任何流程，请记住，这是可能的。

3. 约束管理：约束是来自任何影响您工作的东西。您可以通过管理业务上的约束来管理复杂的流程，从而改进您的工作效率。最先要管理主要约束。如果希望管理建成环境中的工作，那么成本是要解决的关键约束。

4. 合作：拥抱自由和开放的交流。要知道，当人们被告知正在发生的事情时，他们会工作得更好，并能作出更好的决定。接受能够以有效方式尽早提出所有观点和技能的流程。

5. 适应和回应：没有两个业主（或项目、讲座、流程、研究、替换等）是相同的。保持敏捷，适应每一种需求。您开发的系统（或任何系统）将始终处于不断演化的状态。但如果没有发展，那就另辟蹊径。

6. 优化流程：没有一个工具可以完成所有要做的工作。完成任务的方法总是不止一种。为每项任务配备最合适的工具和方法。理解工具和流程背后的基本概念，并确保您有最大的机会解决问题。

7. 管理风险：责任管理至关重要。要明白，通过尽早解决问题并主动管理流程，可以将风险降到最低。在整个团队中公开讨论并公平分配风险。尽可能使用受益共享、损失分担的概念。

8.共享信息：共同使用坐标系就是一种共享。保护知识产权很重要，但不是最重要的。分享信息可以帮助自己完成任务，也可以为他人提供便利。拥有自由流动的信息是成功的大BIM 生态系统的基本要求。没有共享的信息，BIM 和互联流程将永远无法发挥出其真正的潜力。

45
● 接受这些基本概念，并根据自己的需要进行调整。我们的客户发现，在正确的时间对可靠信息的全面理解更容易作出正确的决定，无论这个过程多么费解或复杂。

全新视角

> 大多数人想要简单易用的工具和流程来完成手头的工作。流畅、精确和易于使用的技术消除了人们的恐惧，并使变革成为可能。

用全新的视角，您可以发现帮助业主实现他们的使命并能显著改善结果的方法。为此，我们必须超越我们认为最舒服的传统方法。潜在的好处太大了，不能再像往常一样继续下去了。

越是努力维持现状的人，他们造成的问题就越多。通常的方法可能会延缓痛苦，但它不会阻止推动当今不可避免的变革。没有一种简单、无痛的解决办法能解决当今的经济、社会、政治或商业问题。

出于善意试图维护既有工具和流程的人正在犯错误。在政府项目领域，情况尤其如此。太多的资源被用于强迫现有系统做它们不适合做的事情。通常情况下，那些存在内在缺陷的系统，不管花多少时间和金钱试图修补它们的漏洞，未来都不会好用。旨在升级旧的和有缺陷的系统的拼凑解决方案很少奏效。它们化费太多，收益太少。

46

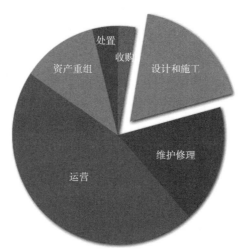

研究表明，在全球建筑业每年约 7.2 万亿美元的支出中，设计和施工仅占 18.2%。现在是时候把我们的注意力重新集中在优化剩下的 81.8%，这包括了在设计之前和竣工之后的内容。在建成环境资产的处置、收购、维护、维修、运营和资产重组方面的 5.89 万亿美元中存在着最大的节约机会

图 1-5　全球建筑业支出构成比例

上一代人的工具使用过程太复杂，实施起来花费的时间太长。他们生产的工具并不总是解决当今问题的最佳方式。人们没有时间、兴趣或资源来理解这些工具所包含的复杂性，创建越来越复杂、功能越来越丰富的工具并不能解决大多数人的问题。还有让人成功并增强竞争力的更好、更有效的其他方法。

谷歌＋、脸书和 Expedia 等网站成名是有实际原因的。它们易于理解、使用简单，并且隐藏了潜在的复杂性。它们克服了人们对改变的抗拒，不需要与专家互动。

一个人可以通过一对一、一对多和多对多的沟通来实现目标，不管您的技能或知识如何。变化的速度和程度相当大，以至于传统方法已经不能满足了。

我们再也没有能力以传统方式回应，因为事情变化太快了。在当今这个敏捷、快节奏的   47
世界，我们必须重新考虑我们所做的每一部分。业界对设计和施工的关注是一个值得考虑的例子：

详细的设计和施工只占建成环境的一小部分，但它们却得到了最多的关注。它们是媒体和政客们最喜欢讨论的话题。但是，大多数人并没有直接参与设计和施工。

我们必须扩大我们的视野。设计和施工只是影响更广泛行业的流程的一部分。房地产、规划、运营和维护以及其他环节是大多数人与建成环境交互的地方。在这些地方，人们需要方便地获取信息，以对世界产生更大影响的复杂问题制定解决方案。

一个新的动态

> 花时间找出为什么您的软件程序不能以有用和有效的方式共享信息是值得的。

下一阶段的重大改进将发生在运营和维护方面。意识到这些机会，业主正努力成为更好的资产管理者。效率、性能和韧性只是他们正在努力以新的、更好的方式跟踪和响应的几个领域。

建成环境及其使命都在不断变化。建筑重新定位，新租户的到来，新的强制性法规的实施都会发生。工作外包和居家办公蔚然成风。建筑物的居住者和功能都在改变。

新的业务模型会更改优先考虑的评价指标。国内外政策要求考量一些新的、无法预测的东西。大多数的改变都是渐进式的、缓慢的，潜移默化地影响业主，另一些变化则会导致危机。

无论如何，在线共享信息的流程是动态的和多样化的，理想状态下这非常适合这种情况；但建筑业问题很复杂，有许多微妙之处。业主们很快就明白了这种做法的潜在好处，但他们对这种炒作持谨慎态度。业主问：这只是另一种时尚吗？是什么问题？这样的东西各种厂商已经卖了很多次了，我都数不清了，他们从来没有成功过。

48　　　　由于业主们接收到的信息混杂，以及经历过的技术失败，业主们理所当然地有点厌倦了。原有系统经常出现故障，供应商掩盖了这样一个事实，即他们的系统无法满足实时共享信息的需求。这需要从消除错误的期望、更好地满足现有的信息需求、学习软件程序如何交换数据等方面起步。

案例研究：BIM–GIS–FM 融合

　　　　加州社区学院基金会的研究和测试证实了他们的担忧。使用基于文件的小 bim 程序无法快速扩展以满足他们的需求。他们决定采用 ONUMA 系统作为提供他们所需解决方案的唯一选择。

图 1-6　BIM–GIS–FM 融合示意图

49　　　　这个案例研究的有趣之处是什么？

- 可扩展的、开放的、敏捷的系统，可以快速地使 5200 栋建筑变成模型，并支持 112 个校区的 240 万学生，这是世界上最大的高等教育系统。
- 所有社区学院设施和 GIS 数据现在都与建筑信息模型相连接。
- 创新为世界范围内的其他解决方案奠定了基础。
- 展示了做大、保持简单、在短时间内实现以及迭代式开发的价值。

地点：加利福尼亚州，美国

　　　　很少能找到一个在整个投资组合（无论大小）中创建一致数据的业主。很少有人达到这个目标。加州社区学院（CCC）基金会从 2002 年开始提供基于 web 的数据供所有地区用户实时查看、编辑和更新。使 GIS 与 BIM 混搭成为一项简单的任务。

该基金会长期以来一直提倡并使用基于开放标准的技术方法。当他们发现所有的因素使大 BIM 生态系统成为可能时，即对数据妥善维护并使它们能够相互连接。他们从正式评估和测试可用的主要 BIM 工具开始。

一个地区的初步试点始于 2010 年末，并完成概念验证，证明了将 FUSION、GIS 和 BIM 结合在一起是可能的。原本，下一步计划在更多的地区测试系统。由于初步试验的成功，决定直接在低层次的细节上连接学院的各个区域。它奏效了！

建筑、工程、施工、所有权和运营（AECOO）行业存在着巨大的浪费。专有的和昂贵的工作解决方案制造了信息孤岛。现状是各种软件应用程序互不连接。

AECOO 是世界上最大的行业，消耗的能源和资源比交通运输还多。即使随着新技术的爆炸式发展，支持这个行业的工具和流程仍然被锁定在传统范式中。技术、文化、法律和其他障碍阻碍创新。如果不迅速改变建筑业，世界的资源将继续以远远超过必要的速度枯竭。

- 学院系统的接口在谷歌地图中将 72 所社区学院中的每一所呈现为一个地标。通过在地标上悬停或单击，用户可以获得指向更详细数据的链接。用户可以从这一层一路向下进入家具和设备视图。

50

加州社区学院创建的大 BIM 生态系统使用户能够管理和链接设施的建筑、工程、施工、所有权和运营（AECOO）的数据。使用实时混聚工具，可让不同级别的用户进行交互并作出决策。

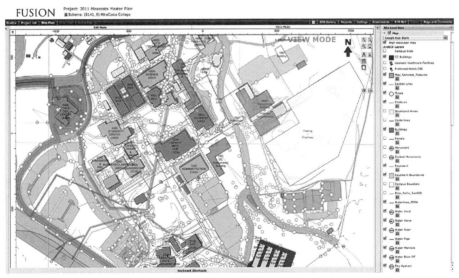

业主空间信息混聚到 BIM 中。该系统展示了为什么没有一个软件可以解决 AECOO 行业中的所有问题。云计算、互联网和开放标准是解决方案的基础。加州社区学院对 AECOO 问题的回答是将建筑信息建模（BIM）、地理信息系统（GIS）和设施管理信息联系起来，使创新不受自身组织体系限制。对于建筑师和建筑业来说，机遇是巨大的，但这需要 AECOO 行业运作方式的结构性转变。这场革命正在发生，并开始于加利福尼亚州

图 1-7 融合 BIM 的 GIS 地图

小结

加州社区学院系统是世界上最大的高等教育系统。他们创建的框架允许项目生命周期任何阶段的信息链接到流程的其他部分。互操作性、开放标准和可扩展性是驱动学院生态系统的关键。

51

这个高度灵活的系统很快就实现了。在 9 个月内，所有地区都完成了与符合标准的大 BIM 的连接。在这 72 个地区中，有 15 个地区已经增加了更详细的项目，以表示对运营生命周期的完整规划。其余 57 个地区正在增加越来越详细的模型和数据，因为项目还在进行中

图 1-8　FUSION、GIS 和 ONUMA 融合示意图

整个系统没有正式的竣工日期或使用日期。这是一个自我反馈的流程。该系统管理现有设施，规划新服务，并支持募集资金。规划定义新项目后，开始施工，然后交付项目。当循环重复时，数据被反馈回系统用以支持运营。

可以将系统看作管理建成环境相关信息的用户界面，以便在建成世界的任何方面实现更好的决策和可视化。

通常，可用的用户界面默认为数学/统计方程、电子表格和图形/图表。对于那些在专业领域受过高度训练的人来说，这些界面可以很好地工作。然而，对于其他可能受益的人来说，他们往往会感到"挠头"，不知道专家们在说些什么。他们几乎没有有关界面的背景知识，因此，他们发现自己会误解甚至漏掉关键信息。这种方法导致了太多决策失误、资源错配和各方冲突。

52　　　需要清晰、易于使用的界面是系统寻求解决的问题之一。通过将信息链接到环境中，系统就可以更容易地理解正在发生的事情、可能存在的重要约束，了解哪些有效、哪些无效。链接信息的价值是令人能恍然大悟的问题，许多这类问题都是在 BIM 研讨会上得以解决的。当一个人在一个简化的图形界面中看世界时，弹出一个显示热点相关数据的窗口，决策点会变得更加清晰。

规划现在可以连接到整个生命周期中。来自现有设施的数据可用于生成实时场景。最终的决策将以 BIM 和 GIS 的形式传递给项目团队并实施。然后，将结果推回到学院系统中，再重新开始这个循环。

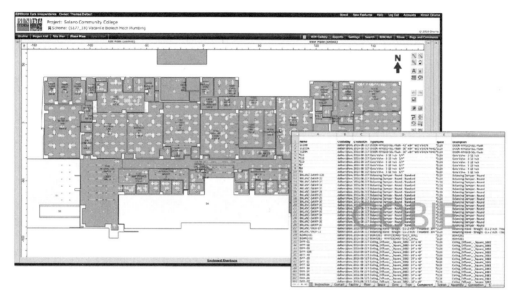

流程中捕获的数据符合 COBie 标准，可以用于支持建筑产品的采购和管理

图 1-9　BIM 导出符合 COBie 的标准数据

伴随实际建设项目和运营项目，需要不断创新、测试、实施、研究和开发。学院的平台向整个行业开放，来自世界各地的 129 名参与者使用真实的项目数据，在为期两天的快速 BIM 风暴活动中汇聚了完整的生命周期场景。

BIM 风暴已经成为不完全受合同制约的行业流行做法，从而允许快速创新、探索和测试。 53 这种链接是一个例子，说明大 BIM 方法可以提供显著的好处，使您能够跨越小 bim 集中于单个软件工具的局限性。

- 该基金会的领导者认为 BIM 是克服 FUSION 局限的合乎逻辑的方法。然而，他们无法看到一个基于小 bim 文件的系统如何扩展到所需的水平，他们也无法解决如何以一种经济的方式将现有的 5400 栋建筑全部纳入一个小 bim 软件程序的问题。

历史

加州社区学院基金会为 113 个校园系统提供了设施和建筑数据服务。尽管加州社区学院基金会管理着全州 7240 万平方英尺的设施数据，但每个地区在决定如何使用这些信息和工具时都是自主的。为社区学院提供的服务包括地理信息系统（GIS）协作和名为 FUSION 的设施管理系统。

在 2003 年 FUSION 系统上线之前，存在的问题是无法在全州范围内持续聚合信息。每个地区都按照他们认为合适的方式使用系统，从电子表格到专有数据库，再到基于 DOS 的系统。通过 FUSION，大学可以在整个投资组合中以一致的方式实时管理数据。

FUSION 是一个设施数据库，用于跟踪基本建设项目的条件评估和开发成本模型。该系统使加盟的成员学院能够规划预算并管理债券融资。FUSION 带来的好处是多方面的，但很多因素限制了系统的实现或使系统的价值得不到充分优化。例如，仅使用 FUSION 链接到图形格式来显示数据中的错误是不可能的。

此外，地区需要工具在高度受限的环境中进行适当的操作。他们没有时间等待整个建筑组合被增量地插入一个小 bim 软件程序中。预算限制、人口变动、能源问题以及这些因素的动态性质正给系统运行带来巨大风险和麻烦。需要新的战略和解决办法。

54 通过开放标准的应用，加州社区学院大 BIM 生态系统天然支持 buildingSMART 联盟标准，并使加州社区学院的数据以 IFC、COBie、KML、BIMxml 和 RESTful web 服务的形式在不同 LOD 级别上可用。最终的结果是节省了大量的时间，信息的固有准确性和支持加州社区学院地区的价值不断增长。

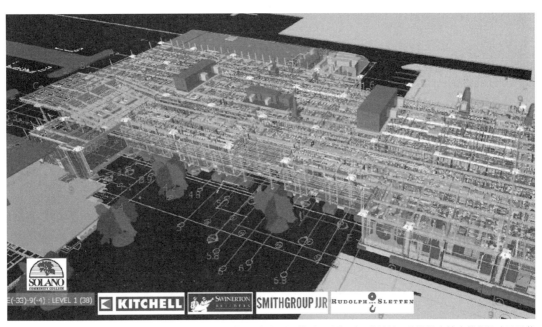

这种链接使数据能够以多种格式、多种 LOD 级别被人们广泛地使用。人们可以选择用一种最能支持决策的格式显示信息，这种格式可以是实时或三维显示的表格、图表或者图形。这里，数据被整合到 Navisworks 中以支持施工

图 1-10 多种数据整合示例

2010 年，学院系统开始为曾经提供的服务添加重要的功能。以前只能以表格数据格式提供的信息变成了二维或三维建筑模型。系统允许快速的模式识别、更好的决策，以及改进的设施和资产的会计核算。

似乎就在一瞬间，大学从破碎的系统转向了大 BIM。方便访问和利用企业数据的能力只是其中的两个好处。学院系统扩展了学院有效管理和规划物理空间的能力。该系统将设施利用、空间库存选项网（FUSION）—— 一个设施和区域的完整库存，与学院的 GIS 协同数据结合，通过开放标准和支持 web 的数据共享能力相互链接，创建了一个高度可行的大 BIM 生态系统。

在线平台使所有人都可以实时获得数据，而不需要用户在集成的系统中安装或更新软件。 55 BIM 数据以最标准格式导出给承包商和建造者。跨平台兼容性允许施工完成后轻松更新。用户可在当地制作项目建议书和初步进行计划，比以往更节省成本。可以用多个 LOD 层级查看 FUSION、GIS 和 BIM 数据。地图不仅仅是静态表示，在全州范围内、校园范围内、建筑物或房间级别上都是如此。报表使用户能够在这些级别上聚合数据。该系统允许用户查看和编辑家具、设备等。

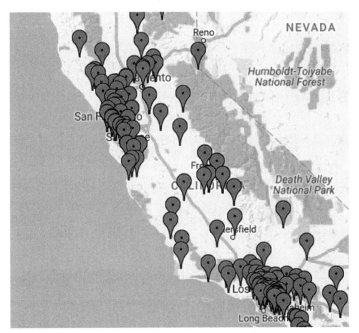

加州社区学院系统中的小红点模型。每个地标允许用户深入了解关于资产的更详细的信息。在第 9 章"更多案例研究"中有更多关于加州社区学院系统的详细讨论

图 1-11 加州社区学院系统中的资产红点模型

特性和机会 56

- 技术并不是实现大 BIM 的最大障碍。克服与变革相关的文化冲击是一个机遇。保持事情简单、快速实施、使用听众的语言至关重要的，而这正是学院系统中正在发生的事情。

- 复杂的解决方案需要被分解成一小块一小块的，这样就不会遇到文化障碍。整体解决方案往往非常宏大，试图连接多个断开的流程。例如，在讨论教室安排时，

人们会问为什么要提到 GIS、BIM 或标准，即使这些工具是驱动我们在平面图上实现教室安排可视化的引擎？

● 加利福尼亚州资源非常有限。在资源有限的环境中，有效地利用信息是至关重要的。这种对效率的需求推动了加州社区学院在 BIM、GIS 和设施管理中采用开放标准的兴趣。

FUSION 系统是为满足学院对设施信息的需求而设计的。FUSION 为通过 web 服务链接到其他系统奠定了基础，从而最大化基础数据的价值。

学院的新系统就是这样产生的。该系统的框架迫使公开讨论其他解决方案如何支持基于开放标准的链接。正在与其他设施管理系统、计划系统和能源管理系统的使用者进行讨论，以包括所有地区所需的功能。

任何系统都涉及加利福尼亚州独特的物理和政治问题。通过链接 BIM、GIS 和 FM，加州社区学院以与谷歌、Expedia 和其他知名网站相同的方式提供数据。

● 大 BIM 涉及工具、过程和态度，它们影响着建成环境中的一切。实现人员和技术的最佳组合是困难的。最近大多数 BIM 和数据的实施都局限于项目和关于项目的数据。这种强调是未能优化大 BIM 等式两边的最明显例子之一。虽然项目数据在短期内是相关的，但从长期来看，企业数据是至关重要的。

57 实时资产

即插即用的模块化链接方法是一种可扩展方式，可以支持现在规划未来的功能。消除重复的数据和工作，以及以简单的方式方便地访问复杂的信息，创建了一组成本更低的解决方案。

现在，您可以根据指定的时间表来制定旅行计划，预订机票、酒店和租车。合同和付款是在网上协商和完成的。当发生更改时，您将接收自动更新，以允许快速响应。您的记录可以在任何位置从许多不同的设备上访问。旅行结束后，您可以访问个人或某项业务的旅行成本信息。您可以看到要查找、选择和决定的可定制数据子集；不直接与底层的复杂数据交互。

只有当建设环境项目能让信息持续可得，就像旅游计划信息可以在网上访问一样，真正的大数据／大 BIM 生态系统才有可能实现。

当有关建成环境的信息可以实时用于规划、设计、制造、施工、调试、运营和维护时，项目不再是主要焦点，而资产价值最大化就成为人们关注的焦点。

关注一个资产（任何建成资产）的整个生命周期，可以更直接地关注问题的本质。在大 BIM 思维的倡导者——美国海岸警卫队中，就有这样的话："如果您不能理解您的工作如何与营救溺水人直接相关，那您就不可能全力以赴地去营救。"

当 BIM 软件程序使它们的信息实时可得时，它们就向所有利益相关者释放了他们的权利。实时访问信息允许每个相关人员在建筑物的整个生命周期中作出贡献。

我们今天所做的许多信息管理更类似于存储在文件柜中的纸质文件，而不是始终可用的实时数据的管理。每个人都知道当丢失了文件柜里的重要文件时会发生什么。同样，不能被所有利益攸关方轻松访问的电子文件中的信息也存在同样的问题，甚至更为严重。随着万维网的发展，安全共享和重用信息给人们带来了巨大的好处。

● 我们将在后面的章节中进一步探讨，重点是资产，而不是项目。

COBie 检查

58

> COBie 让 BIM 保持可靠。您可以拥有一个完美的小 bim，但是如果没有通过下面列出的任何一个测试，那 COBie 的输出就是毫无价值。在这种情况下，那么就要对您的模型提出质疑，因为它只表示图形信息，在项目的生命周期中不会完全供将来使用。

COBie 标准是为了规范记录设计阶段创建、施工安装过程中补充完善的设备信息，以便移交给运维使用。COBie 标准由美国陆军工程兵团（US Army Corps of Engineers）和美国国家航空航天局（NASA）开发，如今得到了美国 buildingSMART 联盟和英国 BIM 任务小组的积极支持。美国许多大型政府项目都采用了这一标准。COBie 的修改版本是英国政府资助项目中 BIM Level 2 的核心内容。

COBie 最初是一个面向电子表格的结构，支持将信息导入计算机辅助设施管理和运营软件。

如果组织得当，可以将设计和施工数据先导出到 COBie 电子表格中，然后再将数据传输到 Maximo 或 ArchiBus 等设施管理工具中。一些 BIM 建模工具也允许在设施管理方面做出改变后返回数据。这种在设计、施工和设施管理之间双向传递信息的能力是建成环境中链接流程的关键，但在当今大多数小 bim 中是不可能实现的。

COBie 最初是一个变通方案，使适用于设施管理的数据子集能够从设计和施工小 bim 中转到非 BIM 的计算机辅助设施管理（CAFM）系统中。后来小 bim 和 CAFM 之间的双向信息流成为主流。虽然 COBie 是积极的第一步，但它并不是建设和运营之间的最后一步。在大多数情况下，使用 COBie 需要人工干预和主动管理（两者都容易出现人为错误）建筑信息模型中的数据。

要在 BIM 环境中使用 COBie，首先要验证模型并提出两个基本问题：

1. 每个房间或空间都有编号吗？

59   2. 房间号码是否重复？大多数从小 bim 导出的 COBie 数据都无法解决这些问题，即使是功能强大、看起来很酷的三维 BIM 建模软件也无法解决这些问题。如果两个问题都没有通过，就没有理由再检查 COBie 的遵从性了。如果通过了前两个问题，那么下一个问题是：

    3. 所有的构件或设备是否与一个唯一的房间号相关联？许多小 bim 也没有通过这个测试。对于那些艰难通过前三项测试的，您应该问：

    4. 所有构件都有唯一的 ID 吗？

    5. 是否所有构件都有关联的类型？

    6. 是否使用了正确的分类？

    7. 这些空间建模正确吗？

    8. 相关文档或属性是否被正确引用？

    上面描述的所有信息都不是不寻常的。同样的信息应该保存和管理在一个有良好文档记录的施工文件夹中，无论是手工创建的还是电子格式的。

    在大 BIM 环境中，COBie 可透明地从您的数据中输出，并且需要最少的人工干预。一旦您的模型底层数据结构是正确的，在大 BIM 和小 bim 中都会发生神奇的事情：可以将数据移动到其他系统，在生命周期维护实时数据，更好地支持业主的长期使命等。

管理和运作

> "系统是由相互依赖的组件组成的一种网络，这些组件共同工作以实现系统的目标。一个系统必须有一个目标。没有目标，就没有系统。系统中的每个人都必须清晰地知道系统的目的是什么。"
>
> ——爱德华兹·戴明（Dr. Edwards Deming）

    当设计、施工和设施管理在生命周期中是完全独立的任务时，项目采用线性方法：规划—设计—招投标—施工—运营。传统和先入为主的观念支配着一切。每一步都有不同的参与者阵容，很少重叠。在每一个步骤中，参与者都像他们的祖先（数千年前）一样，以一种非常谨慎的方式交付产品。

60   其中一些步骤经过了几代人的有效调试，而其他许多步骤则是过时且浪费的。每个参与者都只做自己的事情，很少有人关心接下来会发生什么。每个参与者和每个组件都专注于自己的领域，每个人的行为都好像是独立于其他人的。很少有人做那些可能建立一个相互依赖的网络的事情。

61   他们的行动几乎没有显示出对整个使命达成一致意见。每个人都专注于自己的使命，很少关注他人的使命和由此产生的体系。一个大 BIM 生态系统依赖于通过流程中每一步的持续的信息流。要做到这一点，必须做两件事。

在本书末"特别补充"中的"从无到有创建大 BIM 步骤"部分，您将创建一个非常简单的建筑信息模型，其中包含多个符合 COBie 要求的空间或房间。完成工作流程后，使用系统导出 COBie2（Excel/XML）文件，然后返回并使用您学到的知识评估您的模型

图 1-12 大 BIM 系统工作步骤示例

　　首先，项目业主需要确定系统的最终目标；其次，项目领导者必须连接（或集成）每个组成部分，并通过在整个系统中共享信息，使它们相互依赖。这两点都需要业主花费时间，而且没完没了。

要将建筑业的各个部分连接起来，需从一个经过周密研究和规划的流程起步。这是一个包括长期可持续性和韧性的流程。通过结构化和协调的信息模型与 web 可访问数据库中的数据交互，模型可提取数据以支持决策、可视化和分析，项目变更后返回数据，以持续完善和扩展数据库。随着时间的推移，数据变得更加准确和有价值。这项工作应尽早开始，并贯穿到设施运营中。

这些流程对长期可持续性至关重要。理想情况下，数据是双向流动的，是实时可用的，并且在创建时几乎不需要额外的工作。伴随项目的设计和施工，数据透明地流向下一步——同时组织起来支持未来的决策。这是 web 服务和应用程序、数据和设备的无缝链接的世界。用于信息交换的基础设施，例如面向服务的体系结构，允许将应用程序插入生态系统中。

稍后，我们将探讨使这种网络成为生命周期所有阶段共享信息长期解决方案的细节和核心概念。这种方法已经改变了其他行业，并开始影响建成环境。

- 有关 COBie 的材料，以及与设计和施工相关的运营，可以在美国国家建筑科学研究院（NIBS）的网站上找到。找到"手段和方法"页面，在 COBie 数据区域下载 COBie 职责矩阵。在"NIBS 整个建筑设计指南"（WBDG）资源页面上查看免费软件列表。阅读所提供的信息并观看一两个视频。底部附近是一个名为"样板和附加资源"的组。

62
- 转到 Examples 链接并下载其中一个文件。打开电子表格，浏览选项卡，了解 COBie 结构。从 Onuma 网站下载 COBie2 验证器。注意，web 搜索会引导您访问其他验证和组织 COBie 数据的产品。在 WBDG 或 Onuma COBie 页面上，也可以下载 COBie 示例文件。使用验证器和示例文件操作和理解 COBie 做了什么，以及如何利用它。

连接信息

优步（Uber）的每日行驶里程比传统出租车多。维基百科（Wikipedia）取代了在印刷前就已经过时的百科全书。旅游网站让我们在任何适合我们的时间和地点，以更快的速度和更少的钱预订和支付旅行。我们订购的医疗设备，如眼镜，无须验光师参与。这些只是互联网的冰山一角。

保持灵活，利用颠覆性技术为您的利益服务。您不必把自己仅仅限制在建成环境这一领域。

与建成环境相关的许多行业都没有利用提供了与平台无关的实时数据带来的变革性好处。可重用性、实时性以及动态数据的概念是与许多 BIM 工具供应商的软件设计理念相违背的。供应商一贯坚持将信息安全地嵌入程序内部，使得文件交互共享其用户生成的数据成为所必需的。

事实是，现在大多数 BIM 软件仅以专有的方式存储信息，只有同一供应商开发的不同软件才可以共享信息。我们有可能创建一些应用程序，让数据免费实时使用。如果这样的话，我们每天使用互联网时所体验到的所有好处就会随之而来。

使用可用的实时信息会对任何行业造成颠覆。之所以会出现这种剧变，是因为互联时代的工具和流程能够如此迅速地向决策者传达重要信息，以至于许多不确定性和时间延迟都消失了。不再需要专家出面指导我们做正确的事情。现在，专家的帮助通常来自创造性地使用可用的数据资源，而不是来自活生生的人。

在建筑业，颠覆可能会以多种形式出现。很快，只需点击一个按钮，人们就可以安全地签订合同并在建成环境中完成任务。

系统地消除浪费行为将以出乎意料的方式加速设计和施工。全球团队已经开始尝试新的工作方式，可能会取代传统的设计和施工团队。

这些试验结果不免会让人们猜测一个典型项目的时间表会发生什么变化。举一个假设的例子：

- **在项目启动时**：业主的项目协调员将大 BIM 投标请求传递给一个预先设定的分布式交付团队。协调员同时授权以大 BIM 生态系统为使命的团队成员参与项目。

- 然后，里约热内卢的一名通才设计建筑师花 6 个小时生成一个完全符合大 BIM 招标文件给出的项目需求的小 bim 概念模型。

- **在 8 小时内**：小 bim 的视图在生态系统中被捕获，以便业主、投资者和债券机构能够审查和批准投资组合和全球背景下的参与。来自最终用户、运营和维护组织以及其他方面的输入将反馈到生态系统中，以确保满足利益相关方的需求。

- 在生态系统中，批准和其他决定被做出、捕获和响应。资金的分配和担保决策是基于连接到国际金融门户网站的大 BIM 生态系统中的数据。同时，主管部门监控项目并签发许可。

- 概念模型将交由芝加哥的建筑师和纽约的建造商进行协调和进一步细化。同时，模型的访问权被传递给赫尔辛基和杜塞尔多夫的工程师，他们在 22 小时内向都柏林的成本经理提交图纸。

- 布达佩斯的一家生产公司将团队的小 bim 模型和来自大 BIM 生态系统的其他数据打包，为构件添加了细节，这样成本控制经理和团队的其他成员就可以根据需要参与进来，执行适时生产的质量保证任务，对发现的任何问题作出回应并予以纠正。

- **在 48 小时内**：某服务发布中标公告，该服务使用大 BIM 生态系统中的数据管理

63

团队的收益共享、风险同担协议，将制造资源投入生产，并采购分包服务，以填补项目团队的不足。

- **60小时**：奠基仪式举行；构件开始到达现场，施工开始……

这样的场景是令人向往的，在不久的将来，它就会进入大 BIM 生态系统的范畴。每一个关键步骤都在给定的时间框架内通过原型证明是可行的。充分利用大 BIM 优势的团队将会看到业务流程的显著改善。

最初的颠覆是从狭隘地关注项目的各个阶段转向资产生命周期所有阶段的共享信息。随着所有利益相关方获得对生命周期信息的访问权，它们将开始对长期项目结果产生更直接和积极的影响。

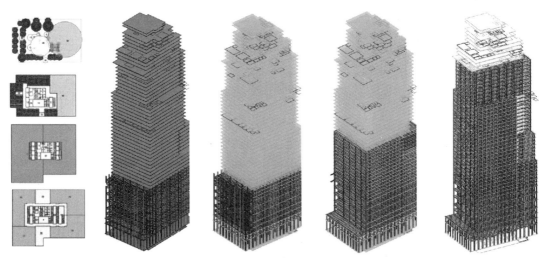

BIM 风暴已经被用于由不同地域专家团队承担的基于原型、快速推进的项目。在 24 小时内，上图的高层结构从左上角的图开始设计，逐渐发展到右侧详细的建筑、结构和机电系统

图 1-13 BIM 风暴中模型的演进

这种颠覆将对当前的业务既有积极影响也有消极影响。从负面来看，由于种种原因，一些老牌大中型企业将无法适应。从积极的方面来看，以资产为中心的观点将使建筑业长期以来的特征——盛宴与饥荒交替的周期最小化，同时可以为能增加就业的新兴企业及未来企业的发展创造机会。

今天很少有实践者考虑到所有的可能性。使用颠覆性技术可以在更广泛的背景下充分发挥您通过培训获得的技能。有了这个目标，您就有可能把您的设施、设备、车辆、基础设施、财务等连接到大 BIM 生态系统中，并让接入系统的每一个人都明白您在说什么。

第 2 章

战略思考

大多数在建成环境中工作的人的行为模式几十年来没有改变，而买单的用户则要求他们改进。我们再也不能依赖旧的方式而忽视我们周围的变化。

幸运的是，当今最好的工具在设计时都考虑到了易用性。这些工具的复杂性隐藏在视线之外，不需要我们具备专业知识来使用它们。可行的策略是大处着眼，小处着手。

了解在旅游、音乐、出版、零售、有线电视、电信、金融服务、制造业等行业发生了什么。类似的颠覆将很快影响到建筑业。深入了解其他行业以前的发展状况，能够加强您的战略思维。关注那些能够预料到的一个新的、以信息为中心的建筑业的类似情况的发生。

拥抱那些获取知识并将这些知识连接起来以获取收益的系统。将您的注意力从项目的不同阶段转移到管理支持您所服务项目生命周期的信息和资产。

图 2-1 增强现实（AR）眼镜下的中国香港街市信息

信息孤岛

在其他行业中，质量管理和改进的历史悠久，但建筑业尚有差距。利用从其他领域的成功和失败中吸取的经验教训，我们可以打破目前制约建筑业的信息孤岛和不连贯流程。

我们有能力和工具做出必要的纠正，打破业主、租户、贷款人、建筑师、承包商、业主、会计师、律师、保险专业人士和其他人之间相互沟通的信息孤岛。我们需要的大部分都已到位；第一批采用者已经开辟了道路

图 2-2 筒仓

在行业层面：

● 交易方式和旧有的工作方法造就了非常死板的系统工作流程，流程中每个参与组织在每个阶段都需要重新创建信息。

在组织层面：

● 各部门强制实行断开链接的信息系统，且各职能部门之间几乎没有共享信息；而信息强制断开会降低效率并对企业产生负面影响。

在项目层面：

● 测量员为设计团队完成工作，并输出一份现场调查报告，设计团队重新创建信息，以便在建成环境使用地理信息。

68

● 设计师创造一个概念，准备招标材料，并将文件交给施工人员报价，施工人员在他们的系统中重新创建工程量和实施信息。

● 建造者建造项目，准备竣工文件并交给业主，业主随后为多个内部系统重新创建信息，以运营和维护建筑。

● 业主财务部支付支票；维修部负责设备的正常运行；运营人员负责订购燃料并协调供应商；然而，每个部门都维护自己的记录和数据集，部门之间很少有或根本没有重用数据。

传统上，应对信息孤岛需要一个共同的目标、扁平化的层级结构，以及在整个供应链上增加内部和外部网络。在建筑业，将需要做更多。我们将需要对系统进行分配，使其显而易见地利用个体自身利益，以推进新的工作方式，使信息共享对所有相关方都有益处。

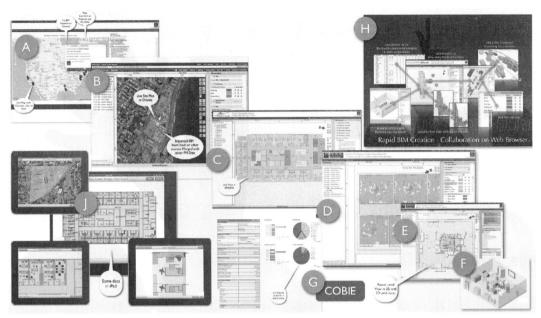

如果您能制作一个红点模型（上图 A），并且已经完成了书末的"现实世界的大 BIM 步骤"，那么您已经迈出了第一步，可以在建筑业即将面临的混乱中生存下来并可在其中茁壮成长。红点模型利用 BIMxml 颠覆了工业基础类（IFC）的基于文件的方法

图 2-3　逐步信息展开的红点模型

当前形势

> 到目前为止，通过协调文档、冲突检测和其他方式，小 bim 软件尽管已经创建了能提供一定程度好处（甚至可能更多的好处）的引人注目的可视化效果，但它没能使免费信息更易于使用。

传统的项目交付过程缺乏合作且信息共享不畅，每一步都会浪费资源，容易出错。早期工业时代的标准和交易协议约束了这个过程，使其结果是不可靠的。我们将信息存储在基于文件的软件系统中，非专家人员就很难访问这些系统。其他行业也意识到，将数据作为服务，提供给任何可以通过互联网发送和接收信息的软件，都能带来好处。

您不需要学习任何有关航班时刻表、租车可用性或酒店入住率的软件来设计您的假期。您可以访问 Expedia 或 Travelocity 网站，并使用 web 服务访问免费的信息。本质上，像 Expedia 这样的系统，是一个实时的招标和采购系统。输入您的信息（姓名、目的地和旅行日期），系统就会提供满足您要求的一系列方案。选择一个选项，然后付款，您的购买行为就被记录下来并得到核查验证。与 eBay、Amazon、iTunes、Amazon Prime、Google Express 和许多其他系统非常相似，Expedia 也是一个在建筑业中提供类似功能的概念验证工具。

虽然建筑业中的一些人多年来一直在推动这种类型的功能，但其他人只是才刚开始将这种功能应用到 BIM 软件中。使用经过验证的、基于标准的工具（如我们在互联网上使用的工具），可以用来解决建筑业面临的问题。当我们超越小 bim 以图形和文件为中心的做法，转向捕获和重用实时信息时，我们就可以克服许多障碍。

对我们大多数人来说，回到旅行社、印刷报纸、纸质账单以及互联网出现之前普遍使用的一些技术的时代是不可能的了。

70   当我们设计、施工一座新房子或与城市建筑部门互动时，我们的行为就好像互联网根本不存在一样。的确，我们使用计算机来画线和交换文件，但其大多数好处并没有体现在建筑业中。为什么建筑业会如此滞后？这是一个复杂而棘手的问题。

当前问题

> 园艺并不复杂。翻土、播种，然后期望。人们需要有很多期望，因为生长是复杂的。人们必须应对许多不确定因素：阳光、雨水和杂草，而这些都是已知的，还有许多未知的。人们可以计划很多事情，比如可以选择合适的时间种植，也可以合理利用土地，但是天气、虫害和其他无法控制的因素决定了成败。

今天的战略思考必须考虑到建筑业专业人员面临的四种问题：常规问题、复杂问题、疑难问题和艰巨问题。常规问题可以用简单明了的陈述很好地定义。具备解决常规问题的能力是提升专业技能和熟练程度的一步。当通过测试获得专业执照时，就可以解决一些日常常见的问题。

复杂问题是困难的，但是用知识和方法可以解决。建造建筑并不简单，也不高深，但它是复杂的。复杂的东西通常很难直接生产，可能需要很长时间来构建，但是它们能够被详细地描述——甚至一块砖、连接件或门。设计和施工可以被精确地表达和实施，因此对于那些不理解自己在建造什么的人来说，如果按照那些知道自己在建造什么的人所描述的建造过程和设计的说明文字去做的话，就可以进行建造。若要是没建造成功，就是没按照说明文字去做，或这个说明文字不够完善。

我们用我们的专业技能和知识解决复杂的问题、制定流程、创建计划，并使用它们来实现解决方案。复杂和疑难的区别，除了我们无法控制的因素外，还在于不确定性的程度和各因素相互作用的数量。

疑难问题现在无法解决，或许根本没有解决方案。我们周围的许多问题是这类问题。

71   解决饥饿问题、人口增长、整顿建筑业和气候变化是影响我们所有人的疑难问题。然而，疑难问题不一定是普遍存在的问题。

以曲棍球为例。曲棍球教练不能预先安排好每一个动作。今天，一个对方球队的弱队员可以打出她最好的比赛，甚至上演帽子戏法。

您怎么能计划呢？在其他事情发生之前，您不可能知道事情的发展方向，有些事情很可能发生在您不知道或无法控制的情况下。疑难任务所特有的未知性和不确定性使它们难以用传统工具解决。通过改变领导行为、管理结果和采用适当的契约模型、系统思维技巧、经验学习，您就可以应对预知的未知；而要管理不能预知的未知，就要为意外做些准备。

疑难问题的未知性和不确定性使它们难以用传统工具处理。敏捷系统、众包和管理事物如何交互的工具为我们提供了解决疑难问题的最佳方案。

艰巨问题没有单一的离散解，每一个明显的解都会导致新的艰巨问题。 气候变化预测是一个经典的艰巨问题。不完整的、矛盾的和不断变化的需求使得艰巨问题难以分类，甚至难以识别。

我们使用一阶工具和技术来解决常规问题和复杂问题，这些工具和技术帮助专业人员遵循规则，并专注于以正确的方式做事。

一阶工具和技术是专业知识和过程遵从性的基础。 今天我们所熟悉的大多数基于纸张的工具（如清单），以及基于桌面和文件的设计软件和相关业务流程都是一阶工具或技术。甚至标准打印的规格也是一种一阶工具，就像 Primavera 或 MS-Project 这样的项目计划系统一样。通过资格考试的基础是记住一阶规则集。

一阶工具帮助创建了一个令人惊叹的建成环境，但不足以解决世界面临的一系列日益具有挑战性的问题。

疑难问题和艰巨问题需要二阶工具和技术，这些工具和技术的重点是系统思考、适当的领导力和灵活性，以适当地响应不断变化的情况。

二阶工具和技术利用实时共享数据，支持快速灵活的评估和响应。 二阶工具和大数据的非线性使用导致以人为中心的解决方案，最大化资源利用和最小化错误产生。允许人们快速地对方案建模并预测结果。

像 Sim-City 这样的软件是一个二阶工具的早期例子，它用模拟市民、商业和其他东西为虚拟社区建模，并观察随着时间的推移会发生什么。

当今重大问题往往令人沮丧，解决方案似乎遥遥无期。许多专业人士仍然认为，如果他们将掌握的一阶工具和技术应用于当前的问题，就会得到一个解决方案。新闻媒体每天都在宣传失败，并报道这些失败项目的局部优化结果。这种情况经常发生，因为有人试图基于一阶工具的应用，将一个离散的解决方案强加到一个复杂而棘手的问题上。

从这个角度来看，项目失败可能不是由于管理者的无能和管理不善，更有可能的是由于僵化组织坚持使用线性思维来解决未被识别的艰巨问题。艰巨问题没有终点。没有证据表明，一个人已经解决了一个艰巨问题。艰巨问题通常只能用好或坏而不能用对或错来描述。每个艰巨问题本质上都是独特的，因此没有可重复的解决方案。

　　建筑业的废弃物处理、社区规划、城市社区的执法、环境、能源、可持续性、相互关联的建设过程，以及影响我们未来的大多数其他问题，可以说都是艰巨问题。即使毕生都在努力钻研专业知识的专业人员，他们仅仅使用一阶管理工具来处理这些问题并不能产生我们所希望的结果。如果问题很严重，传统的方法就不管用了。规定的线性方法不能解决艰巨问题。

　　与任何线性步骤序列相比，解决艰巨问题的方法需要更多的交互。要解决一个艰巨问题，不如让各方共享对问题和候选解决方案的理解和探究。要成功地解决棘手的问题，协作和沟通比创造力更重要。

73　　　解决问题的二阶方法使人们重新关注沟通、系统思考和协作。创造力、洞察力和创新是共享知识和共担责任的自然结果。

- 看看您所做的工作，研究您的项目和客户，您面临的问题中有多少是常规或复杂的？有多少是疑难的或艰巨的？本书编写了示例、案例研究和工作流，以便深入了解其他人管理各种类型问题的方法。在处理所面临的问题时，探索用可用的工具和技术来构建系统。请参考维基百科和其他资源，以便对这些问题有更深入的理解。许多人多年来一直在全力诠释这些概念，还有大量的额外信息可用来支持您对该主题的研究。

业主呼唤改进

　　　小 bim 工作流使高速生产成为可能，同时掩盖了使质量控制变得困难的问题。业主发现，即使有小 bim 的承诺，他们也无法再依靠传统的制衡来确保结果。研究表明，85% 的项目业主都经历过项目进度延期和成本超支。对于一些小型 bim 项目来说，情况要好一些，但大多数情况并非如此。今天，这些问题依然存在。

　　面对日益复杂和棘手的问题，业主们要求改进，这是理所当然的。要找到问题的根源并不容易。建筑业的复杂性和碎片化使得互操作性成为（并将继续成为）一个主要问题。然而，在过去的十年里，一个又一个的项目和团队使用小 bim，已经取得了显著的成功。

　　通往更广泛成功的道路依赖于大 BIM 和采用新的、更高阶的工具。需要进一步开发和采用二阶工具和流程，以改进方法来解决当前建设单位面临的复杂和艰巨的问题。解决整个行业的问题需要正确的工具和方法，专事专办。

　　业主继续要求他们的顾问提供纸质或基于文件的图纸和规格说明书用作招标材料。然后，承包商重建信息以支持施工。当施工完成时，设施经理再次重建信息以支持运维。这甚至在使用 COBie 和其他工具的小 bim 项目中也会发生。

传统的项目交付过程缺乏合作和信息共享。每一步都会浪费精力，并且容易出错。传统、 74
古老的标准和事务协议掌控着这个过程，使行业效率低下，漏洞百出。

核心知识

> 由于设计和施工公司还没有找到有效的方法来获取知识并将其提供给他们的团队，缺乏熟练员工所造成错误的情况变得更加严峻。即使是在优秀公司，新人发现他们自己必须从头开始。通常，无论在何时何地，几乎没有动态的企业知识是可用的。

业主提出的部分问题来自核心知识和智慧的流失。建筑业正在迅速失去经验丰富的员工。这些损失导致具有管理当今复杂和动态环境所需的健全判断力的人减少了。在整个行业中，知识资源在大衰退中减少了；随着有经验的人退休，也造成知识资源减少。

一些调查预测，50% 的高级经理将在未来十年退休。公司已经受到这些损失的影响。每年都越来越难找到有经验的高级职员。知识工人的流失、效率低下和缺乏协调的工作流将持续困扰整个建筑业。

找到培训新入行人员的方法是一个重大机遇，长期学徒制的模式已不再可行。那些对行业背景知识知之甚少、缺乏或没有专业经验的人，正在从事许多传统上只留给那些拥有重要核心知识的人的工作。我们要求员工进入行业和雇主都是全新的环境。通常没有足够的支持和计划。在许多情况下，"随学随用"已经成为标准行为。

基于知识的系统都是部分答案。我们需要找到获取行业经验的方法，并用它来构建（或补充）下一代所需的知识。

解决方案的一部分是获取离职人员知识的二阶工具和技术。只有接受这样一种方法—— 75
从老员工的头脑中获取知识，然后将这种经验与新员工的需求联系起来——我们才能阻止行业的剧烈变化。

可以从能够捕捉大量的和死记硬背知识的机器学习开始。这些系统使用算法对已知事实和我们在生活过程中生成的非结构化数据进行训练。通过机器学习，计算机可以从我们的数字碎片中推断出关于我们的各种事情。

使用来自二阶工具和技术的基于规则的系统来补充机器学习系统，可以帮助您捕获核心知识，以便在整个建筑业中持续使用。这样的新系统并没有消除对人类经验的需要。

计算机在处理新任务时表现不佳，需要大量过去的数据来支持机器学习。人类更善于将从未见过的解决问题的线索连接起来。在大多数职业中，都存在（并将继续存在）需要使用特定学科知识和专业知识来解决我们从未见过的问题的关键任务。这些是您应该集中精力的地方。

● 牛津大学的研究预测，今天的工作中有二分之一有被机器取代的危险，了解机器学习的局限性是至关重要的。因为需要人类专业知识的事情和机器可以完成的事情之间的界线正变得越来越清晰，并向人类纵深领域推进。

基于规则的系统

使用机器学习的系统可以预测未来的结果。小心使用这种预测能力，因为这是一种黑箱方法，没有简单的方法来确认机器的推断是否正确。没有任何方法知道是否关键的事情已被排除、意外的偏见已被添加。认识到机器学习系统需要审核，以确保算法不会选择错误的问题。不要把责任外包给计算机。相反，要坚持您的价值观和道德观，使用机器学习算法来增强人类的决策能力。

基于规则的系统使用数据来解释信息，并在信息之间建立链接，从而模仿人类实施的一些典型决策流程。

76　　　基于规则的系统可能捕获对一组数据起作用的公式。例如，系统建立了一个面积为 25 平方英尺，体积为 400 立方英尺的立方体作为每个一年级学生的工作空间，就能进一步创建出一个面积 500 平方英尺、8 英尺高的可容纳 20 名学生的粗略模型。

使用 web 服务和面向服务架构的基于规则的系统使我们能够探求事物之间的关系。这使重复的、低级的决策能够快速自动化。这样的系统可以近似得到人们从经验法则假设中得到的输出，或者得到接近人类操纵相同数据的结果。一切都取决于所用算法的复杂性和先进性。

在所有层级上，对于所有类型的项目，连接分布式系统中的数据都有直接的好处。通过从可靠和权威的数据源传输可重用数据，通过可靠的基于规则的系统，我们变得更快、更高效。然后，系统可以处理大量的信息，并以洞悉复杂和严重问题的事实的方式表示结果。突然之间，我们可以快速评估企业或投资组合潜在的问题，而不是一次只评估一个项目。

到目前为止，许多基于规则的系统都是独立的，可以创建成为中间件系统，从许多来源中调节数据并使输出以多种格式呈现。

虽然连接设施清单（而不是一个基于规则的系统）的加州社区学院系统是在锚定其 7240 万平方英尺的建筑和空间基础上向定义新项目需求迈进了一小步，但已使其成为世界最大的基于云计算的建筑信息建模（BIM）+ 地理信息系统（GIS）+ 设备管理（FM）平台。

通过生成基于规则的结果，您的工作将可以加以利用。没有渊博知识的人，也可以获取智慧。许多靠死记硬背的工作曾经是资深员工的工作，现在每个能作出正确决策的员工都可以做。

小 bim 中的大部分数据都保存在文件中，并且只有一次性输出，比如 PDF、文本文件和图像，从保存的那一刻起就可能过时。编目和管理数千个这样的文件以便即时访问是不现实的，特别是对于大型或历史悠久的组织。

在这种形式下，使用这些文件中的数据是有问题的。实时数据支持信息重用，从而支持 77
使用基于规则的系统等新的机会，而基于文件的数据则不支持。继续使用基于文件的系统会
导致将来无法访问有价值的业主资产数据。

随着链接实时数据的新方法的出现，像加州社区学院系统这样的业主开始认识到，不可
直接读取的、非结构化的、过时的、锁定在难以访问的文件中的数据没有什么长期价值。随
着对可共享知识价值的认识的增长和一些使用数据系统的成熟，业界开始看到数据可用性的
快速改善。您已经接触到一种从大处着眼、从小处着手的模型创建方法，这种方法开始改变
我们围绕建筑物开展业务的方式。

使用开放标准，比如那些驱动互联网的标准，可以有效地组织建筑信息模型数据，从
而允许开发人员创建工具，以便在众多应用程序之间共享数据。其中一个用于 BIM 的标准
BIMxml 与无处不在的 XML 标准有着相同的概念，后者优雅地压缩数据，使在线信息交换成
为可能。BIMxml 已经在实际项目中被证明能够促使模型健壮、功能强大，这些模型可以帮助
解决复杂而棘手的问题，比如加州社区学院所面临的问题。

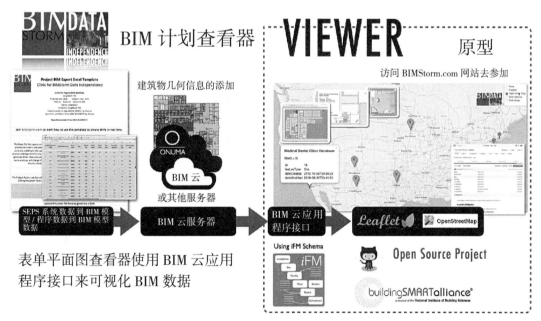

在本书写作即将完成时，buildingSMART 联盟的思想领袖们宣布了开源的 BIM 云。该原型基于 BIMxml 和 FEDiFM，允许
对 COBie、USACE（美国陆军工程兵团）设施数据工作簿和其他数据集进行 BIM 数据的实时访问和更新。原型 BIM 云服务器
装有一个 MIT 许可，允许其他人自由使用和修改代码。访问相关网站以探索 buildingSMART 联盟的 GitHub 知识库

图 2-4 BIM 计划流程

这样的模型可以改变小型或大型实体的业务方式。如果能大幅削减开支，变得更有韧性，
就可能走向未来。

正如本书开头所讨论的，工业基础类（IFC）为与建筑业相关的各类型的数据建立了分类。对于大多数用户，该标准侧重于基于设计和施工文件的交换。一旦 IFC 发展到利用松散耦合、可伸缩和灵活的方法实现基于 web 的数据共享，它将能够参与到一个全生命周期的大 BIM 生态系统中。除非 IFC 公开接受实时的、基于 web 的数据交换，摆脱脆弱、紧密耦合、复杂和昂贵的实现方法，否则它将被困在小 bim 中，只能通过变通方法和文件交换，借力一点大 BIM 的优势。

- 在本书末"特别补充"中"以全球视角进行探索"部分，用户可以访问大 BIM 数据。红点内的链接指向在实际项目中使用 BIMxml 的模型，这些模型从计划开始到整个生命周期都为业主服务。在本书前一部分的早些时候，加州社区学院的案例研究采用了这种工作方式。

更好服务业主的路径

现在，大 BIM 使任何人都能够将大部分信息链接起来，这在以前只有像 Heery、CRS 和 CM 事务所这样的大公司在创建流程时才能做到。这些有远见的人创建的方法和理念是使用 BIM 更好地满足客户需求的一个稳定的起点。如果仅仅使用这些工具来链接类似早期代理施工经理（ACM）的流程，那么以 BIM 为中心的组织的客户将会对结果有更多的确定性，并且会有更顺畅、更高效的项目。虚拟设计工具支持的链接方法提供了将他们的想法带到更高水平的途径。

在一个不断变革的世界里，人们需要拥抱变革来跟上时代的步伐，而不仅仅是技术的变革。我们的探索涉及我们业务的每一个方面。我们很快就认识到，与技术方面相比，人员方面是更重要的变量，需要更多的关注。

79　经验丰富的设计和施工服务消费者告诉我们，工程设计施工总承包商和代理施工经理（ACM）总是以最少的争议解决他们的问题。他们认为，工程设计施工总承包商和代理施工经理关注的是他们的利益，而建筑师和总承包商往往不是。他们告诉我们，他们正在寻找更好的方法来理解和管理他们的项目。他们厌倦了承担风险和成本超支。他们的意见让我们开始思考：

- 工程设计施工总承包商和代理施工经理使用什么系统来定位自己以更好地控制项目？
- 为什么有经验的建设单位相信工程设计施工总承包商和代理施工经理能够为他们的最大利益服务？
- 是什么让工程设计施工总承包商和代理施工经理在这些建设单位眼中如此成功？

● 为什么有人会经常在和建筑师交谈之前直接去找设计施工工程总承包商和代建项

目经理？他们提供了什么，让老练的客户首先打电话给他们？

我们解构了工程设计施工总承包商和代理施工经理的工作方式，研究了他们用于为客户提供打包服务的工具，研究了他们设计和施工方法的根源。

我们发现，包括 George Heery、Caudill Rowlett Scott（CRS）公司及其附属的 CM 事务所在内的一小群个人和组织所奠定的基础，在这个探索的背景下，具有了新的意义。大约在 20 世纪中叶，他们创造了建筑管理这个职业，因为他们试图纠正那些我们目前在设计和开发过程中遇到的相同问题。

对于我们采访的那些人来说，以最高质量的方式满足需求、优化客户的时间和资金投入更为关键。需要管理风险并控制项目的结果——从所有的角度——时间、资金、法律责任、美观、质量、可服务性等。

这些探索确定了一个过程，我们称之为定义形成框架。框架中包含了胜任的设计人员和 80 施工人员交付满足客户需求的项目所需的所有条件。该框架包含一个设计理念，成功设计所需的一切，一个项目成功的客观定义，一个主要策略，以及使解决方案成为可能的进度和成本控制系统。所有这些都有足够的细节，使团队能够在工作进展的过程中理解和实现。

定义框架形成的过程是决策加速和基于生命周期思考的早期形式，目的是在建设单位花费大量资金用于设计和施工之前识别和消除潜在的问题。项目的每个方面都开放给设计、施工和运营团队讨论和审查。

通过早期识别问题，以业主为中心的方式，开创性的代理施工经理和设计施工工程总承包商为他们的客户创建了一个可以交付这个产品的过程。通过在规划阶段预想项目，然后基于一致的目标管理项目，他们发现可以更好地控制项目风险、成本和时间。他们为那些接受这一方法的人取得了更好的项目成果。

● 我们采访的许多人都认为，建筑师和规划师没有处理对项目早期决策至关重要的

问题。建筑师和规划师过于强调美学和他们个人对项目的看法。

连接价值

> 当价值观被清晰地表达出来的时候，它本身就是一种财富。有关如何将价值观应用于大 BIM 的更多信息，请参阅第 5 章。

围绕使用大 BIM 生态系统的战略思考包括将价值与业务流程相联系。价值体系是日常决策的框架，成功的业务流程从这些价值开始。没有一套明确的价值，就很难坚持到底。

当没有一套明确的价值时，人们往往会偏离轨道，或者回到舒适的做事方式。要在战略

思考中阐明价值，需考虑以下十个问题：

81   1. 规划资产的生命周期。从长远来看，要知道这会影响短期收益。灵活应变，适应业务中不可避免的变革，这是未来建筑业的常态。

2. 在过程中尽早解决问题。在人力、生产和资源的各个层面上都要尽量减少浪费。

3. 使用技术服务于人和流程。最大限度地提高效率，快速高效地生产多种不同的产品。

4. 让客户参与进来。对成功有一个好的、客观的定义。根据已证实的结果作出决定。

5. 让人们做最好的自己。培养领导者。每个人都是终身学习者。

6. 承担责任，敢想敢干。把质量放在首位。

7. 利用共识和快速决策来了解潜在的需求。

8. 团队的成功是衡量成功的标准。倾听——开诚布公地沟通，了解期望。

9. 在一开始就定义成功，并设定适当的期望。早期的决策对最终的产品有很大的影响（而且成本最低）。

10. 共享风险、成本和信息。与信任的人建立伙伴关系。共同努力，为各方创造共同利益。

使用相互链接的流程价值清单来创建业务价值清单。根据每个人的意见制定清单。当价值清单一旦拟好，把它贴出来让所有人都能看到，并经常审视这个清单。许多小事情，如果处理得当，并始终如一，就会取得伟大的成果。

我们要吸取的教训是，许多小步骤只要正确关注，就会产生重大影响。每个人都分享结果，任何人都可以停止流程以纠正问题。避免竞争既不可能，也不符合业主的长远利益。但是，破坏性或扰乱目标的竞争是不能容忍的。确保这一点的责任在于业主和有远见的领导者，他们着眼于长远。

82   ● 使用最好的技术、流程和工具，找到适合您和您客户的解决方案。无论您是一个人的工作室，还是大型公司的一部分，相关的流程都可以更容易地解决项目中出现的问题。

案例研究：BIM 风暴

BIM 风暴要求人们共享数据，以实现快速和全面的决策。这种力量来自创建一个所有人都可以使用的通用操作场景。当那些经历过这个过程的人努力解决问题并创造解决方案时，信任就建立起来了。有关已完成的 BIM 风暴实例的详细时间线，请参阅第 9 章的"案例研究：BIM 风暴年表"。

BIM 风暴的有趣之处是什么？
● BIM 风暴让人们对分布式流程的能力和可能性有了亲身体验。

- 自 2008 年以来，已经进行了超过 35 次不同项目侧重点的 BIM 风暴。当时具有创新性的概念正在成为主流方法并在全世界得到应用。
- 随着云计算和 web 服务的蓬勃发展，BIM 风暴的每一次演变都让我们看到了更多即将发生的事情。
- BIM 风暴推崇专业知识和实践经验。对聚焦于某区域的预先确定的建筑业问题，国际和当地的专家交流、研究，并提出解决方案。
- 团队受益于来自世界各地的专业知识，为 BIM 风暴解决方案提供了全球视角。
- 在 BIM 风暴期间，参与者使用规则驱动的系统、业务度量、连接的决策支持、地理信息系统，以及云端建筑信息模型。参与者使用自己选择的工具，以熟悉的方式访问 web，为团队项目贡献他们的信息和专业知识。

地点：全世界

BIM 风暴是一种网络头脑风暴，它运用建筑信息模型进行实践工作，让人们聚集在一起，体验基于 web 的信息共享的美妙和强大。它们是实战型的大 BIM 和大数据。

BIM 风暴专注于分享建筑信息模型中的信息，它们的力量来自权威来源的实时链接数据。 83 这是一种包容性很强的方式，允许任何人参与。BIM 风暴往往是一到三天，以表明在短时间内当每个人都在一个互联的信息共享环境中一起工作时，奇妙的事情就会发生。

有时，BIM 风暴会持续几个月，让参与者体验更纵深和更复杂的现实世界工作流。

BIM 风暴让人们卷起袖子，以一种直接而经济的方式体验真实的信息建模。足不出户也可以证明您有能力与世界各地的人一起工作。BIM 风暴几乎是零碳事件；因为一切都发生在云端，没有人必须外出旅行才能参与其中。

2008 年，在洛杉矶进行了第一个公开的 BIM 风暴。这个开放的演示展示了使用面向服务架构方法来实现全世界人同时共享信息是可能的。该活动提供了一个大 BIM 生态系统的第一手经验。

在 24 小时内，由 130 名参与者组成的多个团队创建了 400 多个建筑信息模型。来自世界各地的人们用信息模型和许多开放标准软件程序进行实时协作，这样，或许未来的东西就被证明是可能的了。

洛杉矶的 BIM 风暴是一个分水岭事件，让世界看到了大 BIM 的可能性。这次活动获得了美国建筑师协会 BIM 奖，以表彰其在 web 上使用 BIM 的创新方法，这在当时是非常新颖的。

今天，我们回首过去，会因 BIM 风暴初始时技术的简单而哑然失笑，那时云计算和 web 服务才刚刚开始蓬勃发展。大 BIM 是一种愿望。对许多人来说，建筑信息、地理信息和设施管理的交汇是概念性的；然而，参与者们却证明了这一点，他们在谷歌地球上，将他们的模型放在了洛杉矶道奇棒球场附近。

84

BIM 风暴以多种形式出现，并聚焦于世界各地的项目。它是不增加参与者成本的现场活动，参与者只需要带上他们的热情、专业知识和在新事物上合作的意愿。BIM 风暴是了解和体验如何使用大 BIM 的最佳方式。参与者只需投入时间，剩下的就交给免费的 BIMStorm.com

图 2-5 BIM 风暴规模

多年来，BIM 风暴已经发生了变化。首先，BIM 风暴使综合设计和行业分享成为可能；其次，BIM 风暴涉及了建筑师、工程师和那些主导设施管理的人。因此，这些人很快就转向到涉及更广泛的设计和行业分享。

早期的 BIM 风暴旨在让人们清楚地了解技术的发展方向，在一个比过去更加互联和协作的世界，使人们更容易规划自己的转型。

自 2010 年以来，支持客户需求的商业性 BIM 风暴一直很受欢迎。商业性版本的 BIM 风暴已被用于规划组织变革（EcoDistricts 公司、主要设施、全州学校系统和卫生保健设施）。来自社会各阶层、各专业的成千上万的人经历了一场形式多样的 BIM 风暴。

85   由于 BIM 风暴使用开放标准和可互操作的数据，专家可以在流程的任何阶段使用传统或创新工具快速提取他们需要的信息。然后，专家参与者可以发布他们对问题的专业看法，以丰富生态系统的数据。同时，其他用户可以提供评审、发布输入和监控进度。

人们开始理解为什么我们必须转向一个大的 BIM 生态系统方法，而不是依赖于文件和孤立流程。BIM 风暴展示了我们每个人如何成为大 BIM 解决方案的一部分。BIM 风暴通过提供明智的决策对个人、环境和公众的需求作出反应，而不是人们习以为常的充满政治色彩的流程。

设计构思：切萨皮克湾 BIM 风暴

> "设计构思，不是虚构小说，而是一种超前思考的技巧、预测未来的技术、潜在的主导政策，但最重要的是通过辩论进行方案比选。通过这种方式，场景化可以作为一种工具，帮助设计未来的社会和技术，让公众也有发言权。"
>
> ——兰开斯特大学设计研究实验室

在美国海岸警卫队、加州社区学院和美国退伍军人管理局等富有远见的组织的带领下，大 BIM 生态系统的发展缓慢而稳定。云链接系统逐渐成为建成环境管理系统的关键，也可能存在处理社会最紧迫问题的手段。

BIM 风暴只是原型化和调试系统的工具之一，它使大 BIM 生态系统的力量能够应对我们社会中的艰巨问题。BIM 风暴为人们提供了一种能力，可让他们利用自己的能量和技能干更大的事业。接下来的切萨皮克湾 BIM 风暴的愿景是为 1300 万生活、工作和娱乐在切萨皮克湾地区的人们提供机遇。

这个提议致力于模拟思维，并为如何在没有单一的、明确的解决方案而只有更好或更糟的选择的环境中使用 BIM 风暴来取得结果提供一个愿景。

切萨皮克湾 BIM 风暴为我们提供了一些线索，告诉我们 BIM 风暴如何提高我们处理复杂社会和环境问题的能力。它的目的是为了说明相互关联的 BIM 风暴如何将人们聚集在一起，为我们面临的一些最令人烦恼的艰巨问题找到解决方案。 86

切萨皮克湾地区被严重的问题所困扰：这些问题涉及改变数百万人、数千个组织的行为和思维方式，以及众多的个人观点。这些问题不断变化，其解决方案不能简单地定义为正确或错误。这些情况要求信息随时可用，以使人们能够作出明智的决定。

近年来，没有对持不同观点和需求利益相关方的诉求作出响应的项目，通常都以失败而告终。在这种环境下，联邦和州的强制措施充其量只能取得微不足道的效果。BIM 风暴将人们联系起来，让人们参与其中。

通过赋予人们决策的权力，并相信群众的智慧，BIM 风暴提供了处理棘手问题的工具。切萨皮克湾 BIM 风暴项目始于四个相互关联的 BIM 风暴，它们的重点是渔业、捕蟹业和贝类产业，而这些产业长期以来一直是该地区的支柱产业。

切萨皮克环境 BIM 风暴 关注可持续发展和环境政策，为那些关注能源、温室气体和其他自然资源保护问题的人提供了一个论坛。

切萨皮克空气与水务 BIM 风暴 是在前面 BIM 风暴的基础上发展起来的，专注于饮用水和工业用水资源以及废水和雨水。生物脱氮、雨水修复和含水层保护只是这个 BIM 风暴处理的几个问题。

切萨皮克农业 BIM 风暴、切萨皮克渔业和水产养殖 BIM 风暴专注于这一地区的农业和海产品产业，寻求保持和改善这些资源的方法。

接下来的三个互联 BIM 风暴，重点是基础设施：切萨皮克基础设施 BIM 风暴、切萨皮克公用事业 BIM 风暴、切萨皮克运输 BIM 风暴。这些 BIM 风暴的参与者主要来自道路、公共交通、重要地区公用事业部门以及支持该地区生活的其他设施系统相关部门。

87　　七个相连的 BIM 风暴之后是四个 BIM 风暴，旨在解决影响该地区的关键问题。每一个问题都是一个艰巨的问题，困扰着那些致力于解决地区问题的人们，每一个 BIM 风暴都建立在前四个 BIM 风暴发现的独特问题的基础上。

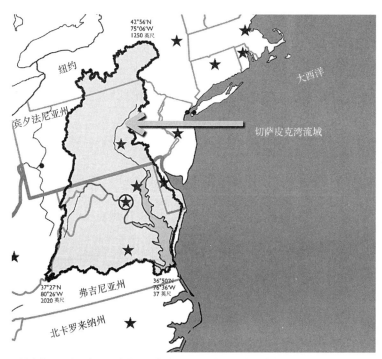

在所有的 BIM 风暴中使用的方法都极具代表性，依赖于群众的智慧。每个参与者在决策中都有发言权。切萨皮克湾流域所有州（马里兰州、弗吉尼亚州、宾夕法尼亚州、哥伦比亚特区、纽约州、西弗吉尼亚州和特拉华州）的居民都参加了这项活动

图 2-6 切萨皮克湾流域示意图

切萨皮克工业 BIM 风暴着眼于区域增长模式。团队分析当前的开发模式，并寻找改进的机会以更好地支持复苏工作。这一区域的大部分地区已工业化多年。这些工业加重了切萨皮克湾存在的问题。

88　　● 采矿、天然气水力压裂以及整个流域的废弃工业用地是切萨皮克工业 BIM 风暴的一个关键主题。长期以来，远离切萨皮克湾的污染源经常给该地区带来严重污染。工业污染源是最有可能纠正的污染源之一，尽管它们需要大量的资源来清理。

　　*切萨皮克住宅 BIM 风暴*解决了复苏切萨皮克湾区域能力的另一个主要问题。该地区有许多措施，旨在巩固住宅发展，并把住宅发展从毗邻海湾及其支流的敏感地区迁出。马里兰州的智能增长计划、切萨皮克湾关键地区项目以及其他一些项目在寻找解决方案方面取得了进展。

- 该地区过去的住房项目很少取得巨大成功，部分原因是其只对一个州（或德尔马瓦半岛等地区）提出了要求，而允许其他州照旧。有相互矛盾的标准。切萨皮克住宅 BIM 风暴的目标是改变这种模式。只有通过协调当地的需求来实现整个流域的合规，才会发生真正的变化。

　　*切萨皮克安全与响应计划 BIM 风暴*的重点是使该地区的人民和资产更安全、更可持续，并对未来的事件更有韧性。应急服务专业人员通常会发现在设计人员和规划人员完成工作之后很久才轮到他们对当地的应急服务需求作出规划。

- 切萨皮克安全与响应计划 BIM 风暴使应急服务计划从被动模式转变为主动模式。设计人员和规划人员与当地应急人员一起创建解决方案。最重要的是，国际专家以一种非常节俭的方式帮助迅速推进这一过程。该方法彰显了即使是小城区也可以使用的真正解决方案，并允许应急服务专业人员在互联规划中体验最先进的技术。

- 切萨皮克湾的复苏需要很多年。在这个过程中会有很大的增长。紧急事务规划人员必须找到最经济和有效的解决办法来处理每一个步骤。切萨皮克安全与响应计划 BIM 风暴流程为参与其中的应急服务人员提供了显著的优势。他们可以从正在进行的设计和规划中确定提供紧急服务的需求。他们会在关键和高风险区域的开发过程中进行可视化评估。

- 应急规划人员可以创建与社区规划目标相关联的分阶段和相互关联的应急服务计划。在这一过程中，他们为流程的每个阶段提取设备和人员需求，以优化投资、运营成本和资金需求。他们创造了一个引擎，允许未来具有灵活性和改变规划好的未来。

- 当设计和规划团队创建解决方案时，切萨皮克安全与响应计划 BIM 风暴团队评估了需求的涨落。团队随时评估关键需求（人口密度、人口类型、功能 / 建筑类型的临界性、通道模式的更改等）。

- 根据这些数据和新兴的设计理念，切萨皮克安全与响应计划 BIM 风暴小组重新部署了应急服务设备、人员和设施。团队为设施设计和施工制定时间表，并制定资金预算。制定临时计划以应对支出增长。与此同时，团队建议信息发布到其他 BIM 风暴团队，以同步他们的概念。

　　*切萨皮克社区 BIM 风暴*处理了该地区城镇特有的问题。各小组开始全面解决影响切萨皮克湾的各种问题。这种 BIM 风暴要求团队在探索整个区域的可能性时，使用不同详细程度的模型。

- 在某详细程度模型上，团队评估绿色通道、交通系统和分区模式的变化。在另一个详细程度模型上，团队会放大模型来评估和开发单个建筑的解决方案，从而锁定更大的机会。在某些情况下，小组为本地化问题提出解决方案。

- 团队创建最适合解决该地区数百万相互关联问题的选项。随着问题解决方向的出现，数千名监控进度的人员将审查、分析和评论团队的工作。当可行的选项出现时，团队对它们进行建模，以发现失败点，进行纠正，并提交结果以供评论。最大群体接受的选项将向前推进，以供进一步审议。

最后两个 BIM 风暴致力于将早期 BIM 风暴的工作打包到实施程序中；有明确的预算，下一步的策略和正在进行的行动计划。如果没有明确的未来行动计划，投入项目中的时间和精力可能没有什么长期价值。

切萨皮克湾 BIM 风暴是 BIM 风暴的峰顶，它将每个正在进行的 BIM 风暴链接起来，创建一个主信息模型。在此 BIM 风暴中，对其他 BIM 风暴的工作进行了评价，对各种选项进行评估，开始确定优先次序。我们的目标是就下一步行动、优先事项和经济复苏方法达成共识。

既然这些问题已经摆到桌面上，该区域的参与者可以就每一方案的优点进行辩论，并找到方向。

*切萨皮克复苏与治理 BIM 风暴*是最后一个公开的 BIM 风暴，它关注的是广泛的、区域范围的规划、设计问题和伴随全面实现复苏的治理问题。

90

- 切萨皮克湾 BIM 风暴的愿景，与"设计构思：科克点 BIM 风暴"（参阅第 9 章）中描述的工作流和方法结合在一起，定义了一个构思 BIM 风暴的框架。该框架具有在透明、协作的环境中解决一些社会最棘手问题的潜力。

第 3 章

尽量简单

复杂性可能成为陷阱。真正的价值来自简单易用的建模系统。大多数人不必成为专家就能从大 BIM 中获益。

在获得所需要的大部分东西时，并不需要高度专业化的系统或训练有素的专家。对大多数用户来说，BIM 的复杂性是隐蔽的。大多数人需要必要的信息来完成手头的任务，而不会接触到 BIM 的复杂性。通过简单的信息模型，我们可以使建筑业变得更可持续和更有韧性。这个系统对任何人都有益，不用考虑培训或具有专业知识。

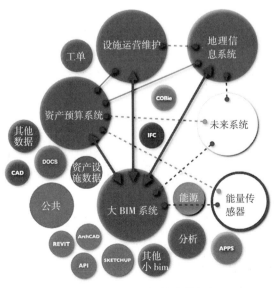

图 3-1 系统之间的关联性

93 ## 现在就开始

开始是重要的，不应该是复杂或令人畏惧的。保持简单，并这样开始大 BIM：

- 做中学。不要花太多的时间去思考、讨论、分析和忧虑，否则什么也做不成。不要等到上过课以后才行动，因为技术变化太快了，必须每天都学习新的工具和方法。
- 利用现有的信息。不要等待更多或更好的数据。
- 清除不良工具。只使用有用的工具。
- 提前考虑并决定想要达到的目标。
- 使现在所做的与计划相吻合。不要无缘无故地浪费时间。
- 用所学到的来改变工作方式。
- 实操本书中的一些工作流程，并遍历每个工作流，然后重复该过程。

数据就在我们身边

在这个行业中，很多关键人物都不知道如何适应这个新兴的互联时代。这些关键人物可能是规划、建筑、工程、施工或其他数百个专业的专家，但是，当涉及建筑信息模型和互联流程时，他们就会不得要领。要认识到，许多专家只使用小 bim，并做了大量尝试。他们继续专注于使用信息时代的工具进行设计和施工，而这些工具无法胜任手头的任务。他们不在乎地重复着同样的错误，以为他们凭借在其他领域的专业知识就可以通达大 BIM。但通常而言，这不可能。

每天，我们都在使用各类产品，这些产品已经走上了互联互通的道路。买东西的杂货店是联网的，当地的汽车保养店是联网的，银行系统是联网的。除了建筑业，链接流程影响所做的一切。链接的系统和流程出现的地方比意识到的更多。旅游业就是一个联网系统的例子。

94 机票销售是必须联网的。您最后一次买机票是在网上吗？如果是这样，您进入一个网站，并输入几个参数：时间、目的地和逗留时长，然后按回车键。系统搜索出所有飞往您所选地点的航班，让您有机会调整行程。系统报了价，收了您的钱，然后快速有效地为您订了机票。

在这背后，是许多系统集成在一起（链接）完成订票的。追踪数千架飞机的复杂系统是看不见的。维护引擎以确保飞机安全的系统是透明的。当人员跟踪系统在正确的时间将正确的飞行员送到正确机场的正确飞机上时，您将受益。这些对您的旅行安全和保障至关重要的事务是在您不知情的情况下发生的。许多系统链接起来，让您在舒适的家中订票。

这样的系统在其他行业也很普遍。即使我们身边就有这样的先例，但建筑业的许多专业人士却依然表现得好像可以继续沿用千年前的做法。是什么阻止了建筑业专业人士接受这些新方法？是什么阻碍了业界更好地使用这些经过时间检验的工具和方法来管理项目的时间和成本？我们能否在一个不鼓励浪费和低效率的环境中生存？

建筑业的许多人只关注复杂性，而没有理解信息链接的基本概念。他们中的一些人长期专注于标准和未来，专注于高成本的测试案例。他们把很多时间花在制定规则的委员会的工作上，发布的规则包含大量很少人能理解的行话。他们热衷争论数据交换的细节，而当人们争论 BIM 是否是我们所做事情的最佳名称时，就溜号走人了。

他们对细节、标准和互操作性的关注，对于未来是必要的，但它并不能帮助您在今天完成实际的工作，也不会引领这个行业走向一个更少浪费和更多收益的未来。作为一个行业，这样是只见树木不见森林。

如果没有清晰、可负担且可靠的方法来管理和交换您正在使用模型开发的信息，您可能无法看到在时间或经济上潜在的长期回报。

对于小型企业用户来说，小 bim 是一个更加高效的日常工作系统。但是，小 bim 在改进 95
传统流程方面做得不多，对于大 BIM 生态系统，模型中的数据在设计和施工项目很久之后就都会变得有价值了。您进入了一个和我们的世界一样大的生态系统。最重要的是，那些在互联网上活跃的人已经发现（并使用）了当前使大 BIM 成为可能的规则。您也可以，请在您的长期计划中考虑这一点。

随着时间的推移，您的决定将使您能从技术的发展中受益或不受益。模型中的数据支持成本、环境分析等。与谷歌地球的链接，支持在真实环境中进行评估，因此与权威数据的链接为决策提供了依据。您决定了流向您和您所服务的人的利益是多还是少。

● 请参阅"特别补充"中"从无到有创建大 BIM 步骤"部分，来创建您的建筑信息模型。

大象和大猩猩

许多关于 BIM 的志愿者工作让人想起一个关于盲人摸象的印度寓言。在探索 BIM 的过程中，每个小组都特别关注需求的某一部分。反过来，每个小组从他们有限的经验和视角来创建解决方案。每个委员会成员的个人观点都成为唯一的答案。就像盲人，只关注他们选择感知的那部分，而不是寻求机会探索大象的全貌。

建筑业并非铁板一块。它是多样的，涉及我们生活的方方面面。建筑的世界如此广泛，包含了如此众多的不同参与者，以至于没有一个中央组织能够在这种环境中创造或管理这种变革。

政府机构和大型企业（就像我们这个世界上体重数千磅的大猩猩）的领导人关注的是广泛的倡议、政治、企业营利能力和其他因素，而不是产生问题的细节。虽然一些领导人认识到存在问题，并讨论某些局部的解决方案，但缺乏全面综合治理、公众参与和资金投入。没有来自高层的持续领导，就不会有什么改变。

领导人会谈论可能性，并说一些积极的事情，但几乎没有真正的行动，而且打印年度报告的投入比纠正行业问题的投入还多。

96　　就使命而言，这表明这些领导者缺乏战略和远见，并不是在追逐全球热潮的过程中缺乏利他主义精神。对于这些领导者来说，向大 BIM 转变需要改变认为大 BIM 是奢侈品而出资人（立法者或股东）不允许他们追随的状况。无论发生什么情况，在企业层级上，人们都明白，如果环境发生巨大变化，他们的原有业务模型不会做得很好。

只有明确每个参与者的价值，大公司和政府机构才会接受向大 BIM 生态系统的转变。由于没有在战略层面以大众理解的方式说清采用 BIM 的价值，导致了 BIM 推广严重依赖于世界各地有奉献精神的个人和公司团体的志愿努力。

BIM 的发展依赖于个人和小型企业投入大量的资源。30 多年来，国际团体一直致力于定义标准和创建系统，以实现 BIM 的承诺。他们的努力经常遇到资金问题和目标分散问题。大部分工作仍由志愿者完成。这些问题由来已久。

有些团队默认地传递这样的信息：要在他们的沙箱玩游戏，就必须使用他们的大象（例如，符合标准的工具）。即使怀着最好的意愿，他们也会限制进步，推广他们内心想象的大象，会让人误以为这就是 BIM。大多数志愿者团体只是给一个本已非常复杂和难以理解的世界增加了复杂性。

最糟糕的是，数十年来本应该由专家来开发的工具和制订的标准一直由志愿者在做，而且经费捉襟见肘。他们需要付出太多的努力，而且只能接触到一小部分专家，而不能接触到能看到从工具中直接获益的更大的群体。对许多人来说，很难发现有什么战略价值。

许多人最初不愿意采用来自志愿者和供应商的工具。人员和资金投入成本太高。很少有系统能够处理高级需求所需的大量数据。没有一个产品能够管理所有必要的信息，没有一个服务器产品能够应对所有必要的工具。

97　　直到最近几年，大 BIM 生态系统才开始在解决这些问题上取得实质性进展。企业和政府机构的领导人开始看到战略价值，从各参与方的角度观察 BIM 这头大象。

像往常一样，商业并不是答案。解决方案不会出现在只有少数专有解决方案可供选择的环境中。由数量有限的曾经推动了传统软件市场发展的大型企业驱动的解决方案不利于该行业的长期发展。

- 解决方案只会伴随着简单的系统，这些系统可以随着流程的发展和成熟而增长和自然地调整。系统内部可能相当复杂，但是对于每个人来说，只需很少培训或不经过培训就可以使用和理解这些系统。

● "一个有效的复杂系统总是从一个有效的简单系统演化而来。"

——约翰·高卢（John Gaule）

核心概念

1970 年出版的经典著作《未来的冲击》（*Future Shock*）的作者阿尔文·托夫勒（Alvin Toffler）写道，"以一种有组织的方式获取相互关联的知识，应该会推动规划。"

推动大 BIM 生态系统规划的概念包括：

核心概念 1：数据是一种战略资产；

核心概念 2：不再绑定数据；

核心概念 3：使用开放标准；

核心概念 4：移动性和可访问性；

核心概念 5：面向服务架构；

核心概念 6：安全策略；

核心概念 7：鼓励 APP 经济；

核心概念 8：调整 IT 部门；

核心概念 9：建成环境的生态系统。

本书中的许多案例研究都展示了如何为做好规划获取相互关联的知识，以及更多。他们的成功都依赖于这些核心概念；希望他们已经这么做了。

核心概念 1：数据是一种战略资产

98

为使数据更有价值：（1）切勿让任何应用程序阻止数据与其他应用程序链接；（2）确保数据能够比任何处理它的应用程序存留更久。永远不要让应用程序锁定数据，否则很难传输到新的软件工具之中。

软件开发人员创建的应用程序通常功能丰富。无论有意与否，底层功能是利润驱动的，目的是将您和您的数据与系统绑定在一起。许多软件应用程序导入数据很容易，但要导出数据却很困难或不可能。

任何新项目的第一项任务都是验证重用现有信息的能力。要做到这一点，不需要了解企业的基础业务。所需要的是来自供应商或 IT 部门的关于其 web 服务功能和使信息可访问的能力的数据。一旦确定了这一点，就可以在使用 web 服务的大 BIM 生态系统中使用这些信息。

问问题是必要的："当我们决定将来迁移到其他系统时，从系统 X 中获取数据需要花费多少时间、精力和金钱？"要求现场演示直接测试这将如何工作。

接着问更多的问题："应用程序是否具有允许访问数据的开放应用程序编程接口（Application Programming Interface，API）？这个 API 允许读数据和写数据吗？如果应用程序是基于 web 的，是否可以通过 web 服务访问数据？"一旦知道它的局限性，就有可能作出明智的决定。

要为您自己证明所听到的是可能实现的，而不仅仅是吹嘘和梦想。试着通过问这样的问题来了解如何建立链接：

- web 服务：是还是不是？如果是，以什么格式？
- REST 或 SOAP？使用什么 API 来 GET、POST？
- 什么样的数据可以导出为表格和图形？
- 表格数据是否有与图形相关的 ID？
- 能否提供：（1）GIS 或 CAD 样本数据库输出；（2）数据库的样本表？

99　　　如果听到复杂而不清楚的答案，就很让人忧心。通常这是要出问题的第一个征兆。如果不能轻松（且快速）获得输出示例以供评审，则被评审系统中的数据将被锁定，或者很难再用于其他应用程序。

与供应商或 IT 人员进行长时间的讨论以从现有系统中挖掘信息，可能需要大量的工作，而且成本过高。记录数据库结构、创建转换表和大多数其他方法需要花费的时间太长，而且很少成功。

在这一领域的讨论通常会在很长一段时间内原地踏步。如果要求他们提供数据来证明数据是可访问的和可用的，那么效率会高得多。如果他们不能很快地满足您的要求，那就去做其他的事情。

如果数据没有被锁定在专有系统中，那么大 BIM 的核心就是链接到其他人创建和维护的数据——这既不困难，也不复杂。甚至定制的电子表格数据也可导入 / 导出，以便链接到大 BIM。数据的变化可以直接反映在大 BIM 中，实现实时交互。

以易于访问的方式维护您的数据，是强制性的，且需要验证它是否正在被维护，因为通常情况下它不会得到维护。随着更多得到授权的用户可以安全地访问数据，数据将变得更有价值。

核心概念 2：不再绑定数据

大多数人并不关心 BIM 工作的细节，他们只想完成任务。

有效管理资产是 BIM 的目标之一。为了实现这一目标，我们必须拓展互不通信的应用程序和系统，数据的传输必须是不间断的。

我们日常使用的大多数软件产品都是将数据与需要使用数据的应用程序绑定在一起。我们已经接受了这种软件解决方案的方法，即使它们会拦截设备和业务数据。我们不知道我们还有其他选择。

在这些产品中，数据和应用程序紧密地结合在一起，业主很难访问和使用他们的数据。对于那些使用大 BIM 的人来说，创建新信息往往比使用这些绑定在应用程序中的数据更容易。尤其是要完成那些以前从没想到过的任务，更是如此。

绑定在大多数软件程序中的数据只能使信息共享变得很麻烦，而且很难访问和使用应用程序中嵌入的数据，即使程序内部也是如此。要链接这样的软件应用程序，必须找到从一个应用程序导出数据并将其导入另一个应用程序的方法。 100

在过去，解决方案强调数据与软件的紧耦合。紧耦合的数据、用户界面和数据的安全性可使我们更容易管理数据。当我们只需要一个软件应用程序时，这可能是一个好处。现在有成千上万的软件应用程序来处理对建设项目至关重要的许多任务。这种紧耦合方法使得在其他软件中使用同一数据变得困难，甚至不可能。

- 开发人员花费了数不清的时间来创建系统和标准，以支持通过文件交换数据。从全生命周期视角来看，成果甚微。
- 专家们加入了标准开发小组，与志趣相投的人一起推动这一事业。他们准备在 20 年左右的时间里改变现状，就这些复杂系统的链接方式达成一致。他们把精力花在期望每一个细节在 BIM 中都具有实用功能上面。
- 即使环境和技术已经发生了变化，使早期的决策遭到质疑，甚至更糟，但这两个群体似乎仍执着于很久以前作出的决定，即数据与软件紧耦合或数据与软件绑定是唯一的选择。在过去的 20 年里，他们的方法并没有实现 BIM 的承诺。现在我们需要共享数据，而不是交换文件。我们需要在非结构化信息的世界中继续前进。
- 还有更糟的是，今天似乎有一群开发人员和专家像使用弧焊机焊接钢板那样把数据和应用程序绑定在一起。这样做是否符合他们个人的最大利益？

一个奇怪的事实是，大多数将数据与应用程序紧密结合在一起的系统甚至连文件交换都做不到。人们依靠一次性文件输出（PDF、图表、图形或机器不能直接可读的其他媒介），来手动比较来自不同系统的数据，或者将数据从一个系统重新输入到另一个系统中。

老一代领导者一直在使用原有的开发实践来维持他们不断被侵蚀的地盘，这正在减缓 BIM 进入市场的速度。在一个敏捷开发和 web 服务流行的世界中，传统的软件开发方法成本太高，不宜用于开发未来建筑业应用的软件。

基于文件的数据的导入、导出是一次性操作，需要大量的手工工作。即使成功地共享了 101

绑定在系统的数据，也会产生保持数据同步的新问题。当一个系统中的数据发生变化时，另一个系统中的数据应通过特定的流程保持同步。为了维护同步数据，对版本的仔细关注变得至关重要。

倡导把数据与应用程序绑定在一起的人们，支持将不间断的和同步数据交换作为 BIM 的特征。然而，继续依赖于绑定数据的工具和基于文件的数据的导入、导出，与上述最终目标背道而驰。随着时间的推移，将数据、应用程序和软件的其他部分绑定在一起会减少选择。紧耦合使得人们依赖于一个软件来管理数据。当做出改变不止使用一个软件的时候，无论出于什么原因，您的数据都不容易重用。

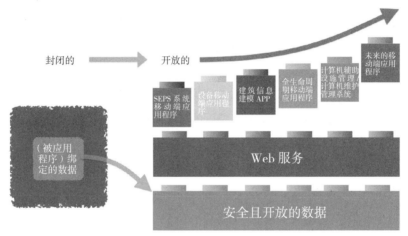

将数据从使用数据的应用程序中分离出来会创建一个更高效的流程——错误更少。在资产的生命周期中，能够随时随地访问的数据更有价值

图 3-2 数据由封闭到开放历程图

我们可用的技术和系统已经转向了一个新的范式。想象一下，必须导出航空公司的时刻表才能订购机票。下载包含运营商航班的手册，做出您的选择，并将它们导入运营商的系统中，然后运营商同步您的选择。如果在下载、选择或导入过程中，航班、票价、座位或其他事情发生了变化，则需要重做一遍。有多少人会为自己这样做？

102　　　如今，实时航班时刻表和售票无须人工同步，它只是发生在后台。BIM 也应如此。

松耦合允许随意即插即用。如果一个模块不工作了，拔下它并插入另一个模块。如果有更好的东西出现，就把它插进去。就像厨房电器的插头能够互换一样。即使是尚未发明的东西，将来也会接入这个系统。

- 与通过 web 服务访问数据相关的最重要的结论是，链接项目所有层级和阶段数据的唯一合理的方法是叠加建筑物、地理位置和设施数据。这就是 web 服务所支持的，而单一的应用软件所不支持的。

- 不可能将所有建设项目数据包含在一个文件，甚至单个供应商的软件系统中。使建设项目数据可访问是有效链接我们正在创建的 BIM 系统、GIS 和建成环境生态系统的唯一可行方式，我们称此为"大 BIM"。

核心概念 3：使用开放标准

没有一个应用程序可以支持设施所有者所需的所有内容。标准充当粘合剂，允许跨系统共享生命周期中的关键信息。标准能够解决那些看起来无法解决的问题。例如，BIM 拥有设计和施工所需的数据，以及 FM 所需的数据。位于 BIM 中的空间或设备的标准化名称和 ID 可以作为在 FM 中定位设备的粘合剂。标准为这些东西建立了分类和编码体系。

互联网是世界各地计算机相互通信的一种方式。web 是一个由使用互联网可访问的网站和 web 网页组成的系统。使这些系统成为符合开放标准的开放系统的决定是互联网使用如此普及的主要原因。

仅仅访问数据是不够的。如果没有定义和协同链接及应用等内容的标准，数据的价值就很有限。开放标准是链接不同传统信息孤岛解决方案数据的核心。buildingSMART 联盟、建筑规范研究所和其他机构创建了支持这类需求的规则。

了解和理解应用于数据的标准非常重要。您是否计划在设施管理（FM）应用程序中使用来自建筑信息模型（BIM）的数据？应用程序接受什么标准来链接 BIM 和 FM？

尽管主要是在设计和施工领域，但大多数人熟悉的将数据绑定在一起的 BIM 系统仍有用途。在一个大 BIM 生态系统中，将数据输入这些系统中，为项目开花结果提供种子，然后从这些系统中提取它们创建的信息。

大 BIM 为将数据绑定在一起的系统提供项目开始时存在的所有相关信息：空间需求、预算、绿色建筑需求、财务约束、业主决策、GIS/ 地形 / 调查数据、房间需求、设备、功能等。生态系统还成为来自施工阶段系统和过程的信息的存储库。

随着项目临近竣工，大 BIM 生态系统为调试提供支持，捕获竣工数据，并可以在任何时候将数据完全推送到 COBie。以便运营和维护使用。建成后，无论是否使用计算机辅助设施管理（CAFM）系统或集成工作场所管理系统（IWMS），系统都会自动汇总所有项目信息和运营需求。

在项目的每一个阶段，最新、最准确的现有和新信息都可过滤并输入生态系统中。这种数据的传输允许生态系统随着时间的推移而扩展，并使最新的数据能够用于正在进行的决策，以评估设计性能，评估现状对未来财务需求的影响，等等。

没有大 BIM，就可能需要手动将数据从步骤 A 键入到步骤 B……到步骤 X，但是，这可能是一个漫长而艰巨的过程。为什么还要继续这种浪费的做法？在一个要求零错误、资源稀缺、日益高效的世界中，最好使用开放标准，使数据共享尽可能简单、顺畅。

- 在一个大 BIM 生态系统中，高管、经理和员工继续做他们一直在做的事情，如果这是他们选择做的全部。大 BIM 对他们的附加要求非常少。如果他们希望将视野扩展到资产管理、早期验证、运营管理和其他领域，他们现在有了数据就能实现，甚至更多。大 BIM 将事物联系在一起，创造机会。当数据在可共享和可重用信息的生态系统中顺畅传输时，大 BIM 就是敏捷的。

104
核心概念 4：移动性和可访问性

> 敏捷……解决方案通过自组织、跨职能团队之间的协作而发展。它促进自适应规划、演进开发、早期交付、持续改进，并鼓励对变化作出快速和灵活的响应。
>
> ——维基百科

终端用户对移动设备的期望改变了一切。人们希望打开一个 APP，就能获取支持手头任务的任何数据，而且这个应用程序最好不需要学习很长时间。如果 APP 需要学习的时间比较长，用户马上就会换用别的 APP。现在，访问实时操作所需的数据已成为常态。2013 年 5 月，由詹姆斯·马尼卡（James Manyika）和理查德·多布斯（Richard Dobbs）撰写的"麦肯锡报告"《颠覆性技术：改变生活、商业和全球经济的技术进步》(*Disruptive technologies*: *Advances that will transform life*, *business and the global economy*)，提出了一些正在改变我们周围一切的颠覆性技术。书的作者认为，移动互联网有可能是 2025 年影响经济最大的颠覆性技术。

移动性及其造成的颠覆正以直接而微妙的方式影响着建筑世界。从本质上讲，建筑物是分布式资产，适于移动技术的完美运用。将建成环境数据链接到移动设备上，会改变我们与周围环境的交互方式。即使是现在，物联网（IoT）正在改变我们做事的方式，甚至我们的居家方式。移动数据将创造一种氛围，让建筑成为居住者获取知识的接口。

适当格式化后用于 web 共享的数据易于在移动设备上使用，可以帮助终端用户在海量数据中快速找到相关信息。查看 Yelp、Zillow 和谷歌地图等网站，就能理解链接数据现在有多么强大以及将来的发展趋势。比如，可以将您的移动设备进行设置，以便在交互式地图上将您定位，并显示出您所处的周围环境的相关信息，这些信息是网站根据您的偏好和需求进行选择和匹配的。

为了得到决策所需的信息，过去是我们费力地翻阅一堆纸质文件，而现在是在一堆虚拟的数字文件中进行搜索。大 BIM 生态系统作为数据交换中心或"中立"存储库，支持移动性和可访问性。

105
移动仪表盘可以显示选项、位置、设施数据、菜单、价格、评论、方向等，这一切都是由像您我这样的普通人在不了解任何潜在复杂性的情况下能做的。这种水平的设施连接是不小的成就。有人可能认为这样的系统就是大 BIM，它不需要任何传统设计或施工专业人士的介入。

● 颠覆性技术有助于创建一个新的市场和价值网，并最终颠覆现有的市场和价值网……，取代早期的技术。

——维基百科

核心概念 5：面向服务架构

> 为了简单起见，我们可以将面向服务架构（SOA）描述为一种软件开发方法，该方法创建在基于 web 的生态系统下协同工作的功能模块。

桌面计算和 20 世纪的编程范式使建筑业走上了一条不可持续的道路。这个问题解决方案的核心，是关于如何管理数据和应用程序的决策。直到最近，人们的注意力一直放在运行紧耦合的工具和基于文件的信息交换的更强大的桌面系统上。互联网和移动计算的简化界面正在世界各地取代文件和台式机应用。依赖于已定义和互操作接口开发松耦合工具的越来越多。

SOA 更有利于添加或编辑模块，而不必重新编写应用程序的整个源代码。它允许对支撑业务流程的软件快速开发和修改，支持企业的敏捷性。它的另一个主要优点是，可使其他应用程序和数据用户更容易访问数据。

在传统的软件设计中，必须定义所有需要的数据交换，并且必须将每种类型的事务编写到应用程序中。如果将来需要新的数据交换类型，则必须将每种类型的数据交换分别编写到应用程序中。

106

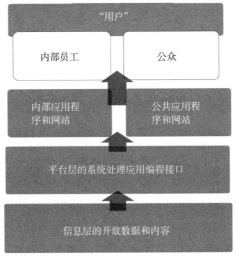

SOA 提供了一种更加灵活、可扩展的解决数据交换问题的方法。一旦一组数据变得可访问，就可以为以后可能出现的任何其他需求重用这些程序

图 3-3 系统分层架构

就像顾问提供服务一样，数据也变成了一种服务——服务于更大的生态系统。面向建筑实践的服务是大 BIM 的基础。设想一下服务如何为一个简单的建筑模型提供支持的：

- 您直接咨询这个模型：您们有多少房间，它们有多大面积？大 BIM 客房服务回应：有 14 间房，共 4234 平方英尺；它或者给出每个房间和房间面积的列表，或者拿出显示房间净面积和总面积的平面图，或者是在 GIS 中显示三维房间的体量模型。

- 您咨询：哪些空调系统在这个框选范围内？大 BIM 工程服务会返回一个系统列表，该列表覆盖了框选范围的系统，并逐项列出驻留在框选范围内的部件。

- 您咨询：离 S-32 水槽最近的下水道在哪里？大 BIM 运营服务将地理信息系统坐标和实时地图发送到您的手机上，帮助您在壁橱中找到瓷砖覆盖的清洁区域。

107
- 您询问：编号 R-1535-C4 的空调正在发送故障信息，我应该打电话给谁来解决这个问题？大 BIM 设备管理服务会向您发送设备的详细信息、保修信息，并根据您的时间安排，自动呼叫公司安排技术人员。

- 新聘请的维护主管询问模型："餐厅在哪里，他们收信用卡吗？"大 BIM 知识库服务向她的手机发送一张地图和当日的菜单，其中包括所有支付方式的清单。

当人们谈论建筑业中面向服务的架构时，他们的意思就是以类似方式构思和使用数据。设计和工程知识只是许多共享服务中的一种。通过将数据转换成机器可读的格式，能使数据可用于已知的和未知的用途。终端用户不需要掌握 SOA 的技术细节，只需要知道如何使用应用程序来获取数据就可以了。

通过这种方式处理设施数据，可以显著降低成本。面向服务的架构消除了由于必须在许多应用程序中构建和管理相同的数据而带来的冗余。SOA 是允许任何应用程序使用当前和未来所需数据的框架。这种方法是构建未来适用数据的抓手。

如果组织机构已经创建了数据集，最好让它们成为相关主题的官方信息源，并由公司创建并维护数据的完整性。然后，他们的主题专家维护数据，以减少多方试图创建或维护相同（或相似）数据集时造成的冗余；其他人则推送和提取数据，以便在需要时使用。

最好以相同的方式保持标准数据。这样便于组织机构创建并维护开放标准。另一些人则使用这些规则来做那些创建初始结构的人想象不到的事情。制定开放标准的小组维护数据存储并仲裁标准应用的符合性。

以新的和意想不到的方式使用数据的能力是面向服务架构方法的主要价值之一。由于业务价值高于技术策略，用户可以快速、灵活地评估可用信息，以找到新问题的解决方案。系统不断发展，以满足不同层级的战略目标，这不仅仅是为了追求最初的完美，也是为了实现随着时间推移可能发生变化的特定项目利益。

108
您的工作基于这样的假设：新旧数据的维护必须使用广泛认可的数据标准，以支持数据的读取、处理和交换。一种方法是假设 web 浏览器是终端用户的主界面，确保所有的数据和工具都在浏览器上运行，这样每个人都不必加载额外的软件。在 web 浏览器中工作还有助于维护安全性，同时在需要的时间和地点为多种用途保持数据准备就绪。

作为一个行业，面向服务的架构方法帮助我们随着时间的推移实现数据的价值。大多数设施的业主已经具有大量有用的数据等待优化和使用，而使用这些现有数据就可以快速创建新工具。然后，您可以按照理解的方式添加新功能，并根据需要进行改进。

随着时间的推移，创建使用现有数据的工具的另一个好处，是使新用户的培训更易于管理。培训计划可以随着新工具的发展而缓慢增长，以渐进的方式推进链接各利益相关方数据源的大 BIM。

- *面向服务的架构……软件设计，其中应用程序组件通过通信协议向其他元素提供服务……独立于任何供应商、产品或技术。*

  ——维基百科和微软

- *面向服务的架构也可以被看作驱动高效使用设施数据的必备品。*

核心概念 6：安全策略

> 由于需要，单体应用系统将所有东西都划分为同一安全级别。管理员将整个应用程序的级别设置为最敏感数据所需的安全级别，将所有内容都放在同一个类别中。其结果是，即使是访问最低级别的信息，即需要最低安全性的信息，也变得难以使用。即使是最平凡的任务，每个人都面临着因为保护关键信息而设置的障碍。在这一点上，实质上，系统毫无建树。

面向服务的架构原则旨在最小化或开放应用程序和不同技术之间的壁垒，这种应用程序的开放需要跨越应用程序中硬编码的安全模型。每件事都需要安全层把控，而绑定到应用程序中的安全性有点不合适了。

原有系统和单体应用程序不能提供当今环境中所需的不同粒度级别的安全性。随着威胁级别的增加，这些系统变得难以使用，即使是在单个组织的范围内也是如此。这些系统中紧耦合的数据，使安全防护成了一种全有或者全无的措施。

需要访问数据的用户可能无法访问完成工作所需的信息。通常，这会导致所创建的工作区的系统不那么安全，且容易受到攻击。旨在克服"一刀切"安全性所带来的限制的变通方法出现了，这样即使在高度受限的环境中，工作也可以完成了。

大 BIM 的目标是提供可用的数据，但是，这并不意味着访问数据会出现混乱情况。组织机构必须提供与它们公开和共享的数据相适应的安全级别。

当使用从上到下考虑组织功能需求的策略进行管理时，您的数据将变得更加安全。所有企业和设施都具有必须保密的敏感信息，因此新方法、新标准和新技术正在迅速发展，以满足这一需要。

使用面向服务的架构方法，可以设置更细粒度层级数据的安全性，从而提高数据的安全性。组织机构可以围绕保护每个项目及其交互行为所需粒度层级的数据来构建安全策略。

核心概念 7：鼓励 APP 经济

> APP 是功能强大的工具，可以做很多事情，比以前的任何工具集都要好。

随着易于使用的软件应用程序的爆炸式增长，APP 经济已经影响到每一个地方和每一天。安装在手机和其他移动技术上的小型应用程序正在深刻地改变我们的商业行为模式。这些 APP 正在改变我们的互动方式，以获取我们无论在何时何地所需要的信息，并做出各种决定。APP 为大多数组织机构提供了管理复杂数据的新界面。

APP 经济正在导致新解决方案的大量涌现，其中的一些小型、灵活的解决方案正在加快部署。使用外部数据交互的现成的 APP 取代了定制的、与数据绑定在一起的应用程序。让APP 引人注目的共同特点如下：

110
- APP 总是在线。它们 7 天 24 小时不停地工作，让人们保持知情和参与。APP 访问云端的数据并与其他应用程序共享资源。
- 云 APP 允许多个同步用户以一种任何人都不用等待的方式工作。
- APP 给人一种个人化的感觉，旨在满足我们个人的需求，并按照我们的意愿行事。如果他们不这样做，总会有另一个选择。
- APP 在很多层面上都是安全的，这让我们能够以更低的成本安全地存储数据，还能根据需要扩展更多的存储空间。
- 最好的 APP 是方便易用的，且简单、易于使用和适应各种环境条件下的工作。

建筑领域的 APP 才刚刚开始产生影响。大 BIM 的 APP 托管在云端，可以增强任何组织机构的数据管理和数据使用。在大 BIM 生态系统中，APP 可以将组织机构的数据显示为代表项目、建筑和空间的三维框。这些框中的任何一个都可以以非常高的精度携带详细的数据，并支持数据的场景可视化，以及更多。

111
对于那些只接受小 bim 的人来说，大 BIM 生态系统中模型的图形表示可能显得有些原始。我们必须深入研究数据，才能理解管理这些系统的复杂性。这些生态系统链接的数据比当今许多设计和施工专业人员所钟爱的小 bim 要完整和准确得多。

导入列出房间名称、房间大小和楼层的电子表格后，大 BIM 生态系统可以立即生成具备

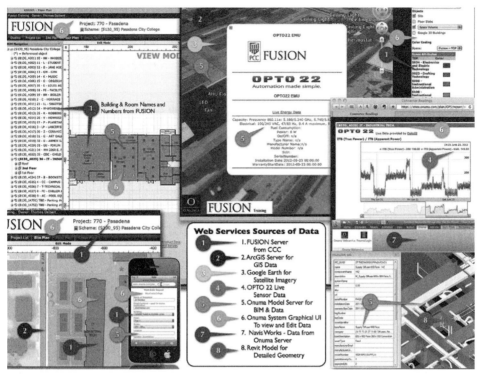

应用程序将我们与地理联系起来，具有位置感知能力，并使我们能够在场景中混搭数据以作出更好的决策。云应用程序支持处理复杂数据的无故障、安全操作

注：1. OPTO22：美国 OPTO22 公司；2. Web Services of Data：数据的 Web 服务；3. FUSION Server from CCC：CCC 系统的 FUSION 服务器；4. ArcGIS Server for GIS Data：提供 GIS 数据的 ArcGIS 服务器；5. Google Earth for Satellite Imagery：提供卫星图像的谷歌地球；6. OPTO 22 Live Sensor Data：OPTO22 实时传感器数据；7. Onuma Model Server for BIM & Data：提供 BIM 和其他数据的 Onuma 模型服务器；8. Onuma System Graphical UI To View and Edit Data：用于查看和编辑数据的 Onuma 系统图形用户界面；9. NaviesWorks - Data from Onuma Sensor：来自 Onuma 传感器数据的 NaviesWorks 模拟；10. Revit Model for Detailed Geometry：具有详细几何的 Revit 模型

图 3-4 各类数据源

全功能工单管理能力的建筑信息模型，并可在任何支持 web 的设备上访问它。如果将房间号添加到导入数据里，还可以立即创建符合标准的 COBie 文件，并执行许多其他高级任务。

大 BIM 系统可用增加的每一个数据增量，迅速创造价值和效益。虽然围绕小 bim 的大部分工作都集中在通过 LOD 进行图形和流程管理，但是这种复杂性与大 BIM 在任何 LOD 和阶段的功能无关。

在过去，通常采用的是大型、单一的应用程序，这些应用程序的开发和部署都非常昂贵、复杂，并且需要经过广泛的培训才能使用。在当今快节奏和不断变化的环境中，这种方法负担不起而且不可持续。

● 现在流行的做法是采用敏捷和灵活的 APP，这些 APP 可以更容易、更快地创建，更容易部署，而且每个人都可以使用它们，只需要很少的指导。可以链接到 Program2BIM 网站进行免费测试。

核心概念 8：调整 IT 部门

> 最优秀的信息技术（IT）专业人士正带领他们的企业应对整个行业天翻地覆的变化。

信息技术（IT）的角色正在发生转变——从服务器机房的局限中脱颖而出，成为高级业务战略家和数字探秘者。自从计算机化以来，积累了大量的数据。通常，如果不付出重大（有时是极大的）努力，这些信息是无法获得的。克服这些问题是现有组织中的主要技术难题之一。

112   业务营利能力、风险缓解和 IT 以外的政策往往是问题的核心来源。从本质上讲，IT 员工是企业技术方面的创新者。IT 人员可能会担心 SOA 的局限性，但通常他们会由衷地惊叹其潜力，赞美其不会带来新的问题。

由于受到传统 IT 的影响，他们无法快速响应不断变化的业务需求。这导致太多的 IT 部门从技术基础设施的创建者和维护者转变为管理组织，并成为数据使用策略落地的推动者。

IT 技术已经出人意料地从后勤保障技术转变为推进（或延缓）组织发展的核心技术，在这种模式下，IT 领导者看重数据安全和系统的平稳运行。令人困惑的是数据紧耦合系统已经发展为过于复杂、难于维护和面对变化十分脆弱的系统。

IT 部门往往出于好意（或受非技术公司律师的委托），锁定用户对数据和系统的访问，以至于使技术成为障碍的地步。随着系统变得越来越复杂和脆弱，组织机构承担的风险也就越大。IT 控制和单体系统相结合，使企业成功的太少。最糟糕的是，即使是很小的更改也可能废了这些系统。

大多数企业都有许多不同格式的数据，而大部分数据都是与软件系统绑定在一起的。数据集的形式包括电子表格、Microsoft Access 数据库、SQL 数据库、文档管理系统、会计系统、地理信息系统等。保存在文件或其他一次性输出中的数据容易发生数据腐烂，而且通常没有什么长期价值。长期使用往往依赖于现有数据的重新输入或手动转换。

即使在组织机构内部，数据访问的权限也是有限的且需要审核，通常只有少部分人由于工作需要才能够访问和使用数据。其原因有许多种，主要的是培训不够、访问受限或缺乏相关资源。

113   当人们难以获得工作所需的数据时，就会创建个性化的文件来完成工作。拥有满足组织机构更大需求的资源中心只不过是梦想。数据库和系统都在那里，只是不能有效地使用它们。实际工作是由勤奋的人使用电子表格和其他文件完成的。否则，他们就会无所作为。

伴随组织机构努力解决这个问题，人们越来越认识到 IT 部门必须学会支持管理数据的新方法，而不是成为生产力的瓶颈。IT 部门发现自己处于计算代沟的前沿。

代沟的一边是经验丰富的 IT 人员，他们对当今的用户友好型技术知之甚少。他们实施的限制措施曾经是合理的，但如今却与企业的需求背道而驰。他们似乎不明白，在新经济中，成功是依赖于链接无关联的应用程序、数据和设备的。

代沟的另一边是新一代的技术顾问，他们通过消除自我设置的障碍，正使用嵌入式数据尽可能高效地工作。协调两边冲突对于一个利用他们所拥有越来越多的信息的组织机构来说是至关重要的。

组织机构的技术系统需要在安全的环境中考虑结构、灵活性、可访问性和适应性。系统必须同时支持内部和外部需求。今天，数据正越来越多地链接到业务的各个方面。组织机构发现当他们的数据链接到一个大 BIM 生态系统时，就可以成为有关韧性和可持续性决策的支柱。

从历史上看，组织机构的大部分数据都是由其他人控制的，别无他法。许多关于建筑业的大量数据传统上由建筑师、工程师、承包商、业主、运营人员和其他专业人员掌握。今天，可以将这些信息链接起来并用于改进业务流程。各组织机构已开始认识到这一事实。

为了从这种外部信息的链接中获益，IT 必须回到维护支持公司需求的技术工具上来。解耦数据、面向服务的方法和 APP 经济是实现这一目标的工具。

● 信息技术的问题并不局限于建筑业。

核心概念 9：建成环境的生态系统

114

> 维基百科把生态系统定义为：某一生物群落与它们生存环境中的无生命成分相互影响的系统。

我们居住的世界是一个不断变化和发展的生态系统。生态系统从未停止变化。它是混乱的，随着时间的推移不断扩张和收缩。我们已经学会了影响一些变化的类型和方向。有时候是好的，有时不是这样。

长期以来，我们一直拥有评估和管理生态系统变化的工具。然而，我们大多数人没有使用它们。按照最高要求，有足够的时间、金钱和专家资源，我们就可以对任何问题进行分析并采取行动。我们根据经验和案例，以线性的方式进行分析。

我们只有有限的访问权限和很少的资源来关联和拼装具有复杂关联性的组件。这也是为什么设计和施工在过去几千年里一直是这样的主要原因。

起初，小 bim 似乎是改变建筑业这种模式的解决方案。遗憾的是，小 bim 仅仅是向目标迈进了一步。大 BIM 展现出了建筑业的更大变革，建立在了由互联网和万维网创造的基础设施之上。借助这些系统可以找到管理我们资产的通用解决方案。仔细研究 BIM 的前景，寻找能够解决问题的方法，我们发现：

- 我们需要能够链接所有类型的数据。

- 我们有能力混搭各种信息。

- 我们的工具必须让我们在问题发生之前将其可视化。我们需要虚拟测试最小成本
  和最优结果。在结果中放大最有可能在建筑物整个生命周期中成功的部分。

- 我们需要简单和易用的工具，在适当的时间和地点为决策提供恰到好处的信息。

- 我们拥有在人员、地点和场景环境中的事物之间建立联系和使其交互的工具。

- 即使应用程序发生变化，也必须保护生态系统中的数据。

115　　　直到最近，我们的工具才具有预测普通人日常活动结果的能力。目标是创建一个允许并
鼓励灵活性的生态系统，同时维护标准的结构。许多类型的系统在支持不可避免的变化的框
架内成为今天和明天的生态系统。生态系统引导着内部和外部的发展，允许我们成长和适应
不确定的未来，知道我们有适应不确定性的工具。生态系统是可持续和有韧性的。

优化我们的工作方式

　　在过去的 20 年里，与 BIM 相关的大部分精力都用于为遥远的未来制定行业标准。这
些工作的重点是创建标准，这些标准的核心依赖于文件交换和在 20 世纪将数据与软件绑
定在一起的单个应用程序环境。如果想让人们遵循这些标准，那它们必须是灵活的，并且
在现实生活中易于使用。

　　当遵循可立即执行的标准时，核心概念能发挥作用。清晰的标准对它们所影响的工作流
是透明的。建筑业的标准已经变得非常详细且过于复杂，因为它们试图处理每一个潜在的问题，
但是 BIM 走向的最终状态谁也无法预测。

　　编目和适应已知的未知风险已成为一项艰巨的任务，只有部分人取得了成功。客观地说，
如果没有命名规则、定义链接和协调不同需求的建筑行业标准，目前可用的许多应用程序可
能会永远与大 BIM 世界脱节。有了这些标准，它们中的一些将在未来某个不确定的时刻，在
一个大 BIM 生态系统中变得可互操作。

　　一些重要的（知名的）业主要求，如果人们想在这些场所工作，就必须使用他们要求的
特定文件交换。他们如此关注今天的问题，以至于他们没有考虑为了迎接互联的未来，他们
为自己做了什么？

　　遗憾的是，标准开发过程变得如此复杂，以至于有些人会问：我们需要如此复杂的标准
吗？在什么情况下，谁将遵循这些标准？

116　　　个人、企业和政府的议程推动了成果，而公共标准开发组织支持基于共识的议程。就像
重达 1000 磅的眼盲的大猩猩在心中构建了它们想象中大象的形象一样，他们编制了 BIM 标准。

当今的许多 BIM 标准旨在指导软件开发人员创建简化用户业务流程的系统。然而，他们在实现这一目标方面做得并不好。太多的开发人员在意识到 BIM 标准缺乏清晰性时转向了其他事情。标准的复杂性及其神秘的编制过程，导致了标准不好用和逻辑混乱。在许多情况下，它们更多地成为一种障碍，而不是促进高效和专注的工作。

还有其他标准在起作用。直接应用于建筑业的标准并不是影响 BIM 未来的唯一关键标准。看看互联网和万维网的例子。它们都是基于标准的环境，通过设置灵活的控制并不加干预，它们在标准编制上获得了成功。领导者让有创新精神的人去做他们需要做的事儿，就看他们自己主要选择做什么。

这样的标准编制方法比长期以来建筑业采用的方法更简洁明了。这些标准是严格的，专业团体开发和维护这些标准的过程是艰苦和痛苦的，但成果是灵活、简单和有效的。它们的核心是逐步改进和迭代的。

那些在建筑业之外开发解决方案的人认识到，软件不需要是一个巨大的整体，但可以是一个令人惊奇的、具有交互性的复杂移动部件的有机实体。因此，他们更重视适应性和持续兼容性测试，而不是规定强制要求。

为什么像建筑业和 BIM 这样复杂而讲究的领域会有所不同呢？为了在一个合理的时间框架内形成一个全球规模的大 BIM 生态系统，我们需要脱离目前建筑业技术标准开发流程。我们需要敏捷、开放、以创新和利益为目标的通用标准。

从历史上看，建筑业的标准侧重于公共安全和福利。规划、给排水、电气和结构规范就是例子。在设计部分，标准侧重于对制图约定的统一理解。

随着行业从手工绘图转向计算机辅助绘图，标准的建立是为了控制平面 CAD 的生产环境，117 并且通常完全聚焦于特定的 CAD 应用程序。办公室还创建了内部 CAD 标准来管理所选择采用的应用程序。

这些规则对于 CAD 这种不是颠覆性改变的技术似乎是必要的。这些标准倾向于定义数百图层、线条样式表和各种要求。这样做使导航和理解变得困难，强加的系统只适用一种情况，而不是适用于所有情况。它们要求用户经过高度培训，并精通使用基于标准的应用程序。它们过去和现在都是缺乏韧性的。

它们从本质上阻碍了变革，也是自个人电脑问世以来建筑业生产率下降的一个因素。在大多数情况下，使用这样的标准对 BIM 工作流几乎没有什么帮助。在一个成熟的 BIM 系统中添加复杂的、难以应用的规则是不必要的，也不会优化工作。

使用小 bim 的链接流程必须是灵活的，并且允许项目、任务和人员之间的轻松转换。它需要每个人都能理解，不需要数据表或规则手册。要做到这一点，需要用一些常见的、可理解的名称。

● BIM 要想获得普遍的成功，行业标准必须变得更加简练，并培育创新。

案例研究：BIM 指南

> 通过使用小 bim 解决方案，人们通常可以放弃图层和画图桌之类的东西，而不会影响工作成果。为了提高效率，小 bim 最初只需要几个属性，如果要与大 BIM 兼容，这些属性就需要符合标准。

这个项目有趣的地方是什么？

- 业主们已经了解到 BIM 允许他们做出明智的决定，使结果有更大的确定性。
- 业主已经向自己证明了 BIM 可以降低成本，实现更高的生产力，提高建筑性能，减少错误。
- 最重要的是，业主已经认识到，他们可以逐步实施指南、模型和交付流程，以与现有的规则制度和可用的资金资源相匹配。
- 有知识的业主知道，BIM 的实施流程必须正确定位，以满足其细分市场的需求。

118

地点：威斯康星州，美国

不需要新的立法。业主修改了准则和标准，以适应当前的采购和交付任务。州政府没有强制要求工作流。顾问被允许使用各种软件产品来实现项目目标。重点是在州属设施的生命周期里可交付成果最有可能重复使用。

关键工具必须符合国际标准。指南适应了当前的实践，同时构建了一个依赖权威数据和实时数据交换的未来状态。

一些综合设施的业主既了解 BIM 的潜力，也了解依赖基于文件的数据交换所带来的问题。通过业主驱动的概念验证项目，他们已经证明并记录了 BIM 如何提供好处。随着他们的成功，趋势已经在大型业主中形成。

然而，对于拥有大量资产组合或公共授权的业主而言，成功实施的最佳路径仍不明朗。通常不合时宜的法规对采购提出要求，大多数需要与长期供应商保持关系。这些业主依赖于为他们的设施提供服务的专业人士的支持。

综上所述，许多为业主工作的专业人士仍然不确定这对他们的业务的影响。当业主看到使用 BIM 实现资产生命周期管理的好处时，专业人士看到了混乱和营利能力中断的可能性。不确定性滋生了对变革的恐惧。威斯康星州在面对这些问题时，采取了有分寸和有计划的方式解决它们。

首先，州政府官员知会且培训了那些参与州政府项目的人，并开始进行广泛的事实调查和数据采集过程，包括开研讨会、调研和演示。在 2008 年，进行了项目的试点。在威斯康星州出版的《建筑信息建模技术现状以及实施建议报告》（*Building Information Modeling，a*

Report on the Current State of BIM Technologies，and Recommendations for Implementation）对这些措施进行了总结，并记录了该州对 BIM 的多年回顾。

其次，他们利用所吸取的经验教训，集中精力制定了指南，以满足威斯康星州的需求。 119然后，威斯康星州利用一个由全美国专家支持的当地团队，起草了一套满足该州独特的政治和商业需求的标准。在这一过程中，他们为各地的业主树立了榜样，第一个要求在州立项目中使用 BIM。《建筑师 / 工程师 BIM 指南及标准》（*BIM Guidelines and Standards for Architects/ Engineers*）以下简称《指南及标准》已于 2009 年 7 月 1 日生效。

《指南及标准》规定，超过 500 万美元的项目在设计阶段必须使用 BIM，并为施工和运营的 BIM 应用打下基础。《指南及标准》的目的是降低成本，提升可持续性和优化决策。

目标是在不限制竞争的情况下把工作做好。这个想法是要以最好的方式完成任务，认识到没有一个工具或一套工具可以完成所有要做的工作。这个《指南及标准》灵活、保守、软件中立，不需要尖端技术，但是没有经过实际项目验证的工具和 "雾件"（vaporware）* 是不可接受的。

设计团队需要在施工过程中更新模型。在项目结束时，业主会收到代表已完成设施的交付物——用多种文件格式，以适应未来的更改。威斯康星州的指南是实现资产生命周期管理的长期利益的第一步。

该州没有试图立刻改变一切，而是选择渐进地改变。有关设施管理和地理信息系统链接的补充工作于 2010 年开始，优化设计和施工交付方法的工作从 2011 年开始。每一步都是有分寸的，以适应威斯康星州的供应商、政治环境和技术发展状况。

太多的其他业主花费了大量的时间和金钱强制执行那些由软件驱动并施加了不必要市场约束的 BIM 标准。威斯康星州设法避免了这些问题。

- 尽管这看起来很奇怪，但许多业主并不理解这种保守的、建立在现有基础上的做法。相反，许多业主要求使用单一软件平台的方法，并创建了限制竞争的复杂需求。他们对传统流程进行了编码，从而阻碍了他们实现小 bim 的许多短期利益的机会，并将从大 BIM 生态系统获取长期潜在好处的机会降到最低。

案例研究：BIM 进程

120

> 仅美国一个政府部门每年就在工单管理上花费超过 1.13 亿美元。保守地说，削减 10% 的成本将使他们的年开支减少 1100 万美元。节约成本额在美国和世界范围内可能是惊人的。

这个系统有哪些有趣的方面？

---

* 已做广告但尚未上市的计算机程序或产品，比喻用法，计算机术语。——译者注

- 引导开发能支持人们的各种需求和技能工具生态系统愿景的一套方法。
- 利用基于web的功能,同时利用过去几年里在公共和私人行业中得到爆炸式发展的移动技术。
- 向面向服务架构方法的转变,为新系统的开发提供了一个面向未来的灵活基础,同时支持快速的开发周期。
- 该系统旨在创建一个由所有专业人员组成的社区,他们都对推动互操作标准、改进流程和数字工作流感兴趣。它还涉及使用实时信息交换,将数据从早期规划传递到设计、施工、运营和设施维护。
- iFM建立了技术中心(软件和APP生态系统)的愿景,以快速和敏捷地部署工具,极大地提高了效率和有效性。

地点:全世界

捕获和使用生命周期数据的能力不再只是愿望。有些人今天正在这样做。各种规模设施的业主,包括美国隶属于联邦政府的业主,都使用大BIM。美国国防部(DoD)军事卫生系统(MHS)和退伍军人事务部(DVA)正在积极推进设施规划、设计、施工、运营和退役/改造的互联战略,以降低总生命周期成本,并创建世界一流的设施。

这种战略的一个基本组成部分是规划设施空间和设备需求以及有关费用。MHS和DVA最近通过美国国家建筑科学研究院(National Institute of Building Sciences)完成了一系列项目,聚焦于使用BIM、地理信息系统(GIS)和设施管理(FM)支持生命周期价值的战略规划、路线图和概念验证。

121

图 3-5 空间和设备规划系统架构

项目团队试图改进传统产品，如 DVA 的空间和设备规划系统（SEPS）和 MHS 的国防医疗后勤标准支持设施管理（DMSLS–FM）系统，使它们成为支持 DVA 和 MHS 使命的大 BIM 系统中的实际工具。团队的工作成果导致了一个叫作 FED iFM 的生态系统的开发。

空间和设备规划系统（SEPS）

空间和设备规划系统（SEPS）的目的是创建设计流程（PFD）和项目房间目录（PRC），定义设施的空间和设备需求。SEPS 的用户社区由 655 名政府雇员和 200 名顾问组成。

MSH 和 DVA 在全球范围内开展设施生命周期管理（FLCM）规划和编程工作时，听取了资产组合规划和管理部门（PPMD）及退伍军人事务部提出的策略和建议，确定加强和维护 SEPS 以支持医疗设施规划。他们通过采访医疗机构人员来收集信息，然后使用 SEPS 应用程序计算项目范围，并估算初始装备设施（设备和陈设）的成本。

SEPS 通过一系列与任务、工作量、人员配备或其他输入相关的复杂业务规则来预测空间和设备需求，从而计算得到并输出预测的空间、设备数量及其成本。

2012 年 10 月，一项加强和维护 SEPS 的战略计划开始实施。项目团队首先检视了对终端用户社区至关重要的当前功能和工作流，并与软件开发人员密切合作，了解底层系统的技术构成和数据结构，目标是创造立即行之有效的结果，而不是创建总体策略。

这种战略计划还创造了为实现目标而制定小的、模块化的步骤的机会，不是预支大量的时间和资源。这种方法允许在开发进入新领域时进行反馈和适当的过程修正。

SEPS 的早期版本是独立且基于文件的，与这些版本不同，SEPS 3.0 是完全基于 web 构建的应用程序。这使得许多急需的功能得以实现，比如多用户协作项目、标准和项目数据的实时共享等。同时，它还为用户解决了在计算机上执行和管理 SEPS 安装任务时耗费时间的问题。只要有正确的凭证，用户登录到应用程序就可以获得最新版本的工具、规范、标准以及最新的项目数据

图 3–6 空间和设备规划系统模型与业主数据库互动关系

过程

123   SEPS 用户会处理一系列关于任务、工作量和人员配置的输入数据问题。根据这些数据集，项目计划以所需空间和设备的形式生成。

这个空间和设备列表定义了一个项目的初步基础。随后，SEPS 中的数据会被用于诸如参数化工程造价系统（PACES）的系统中，以在高层次上研究成本影响。有了这个初步的计划和预算，就可以把这个项目承包出去，进行设计和施工了。

这种向基于 web 平台的转变，为未来的版本带来了一系列全新的可能性。现在可以实现 SEPS 向面向服务架构的转型，这是对核心系统配置和体系结构的重大改进。在 3.0 版本之前，SEPS 根植于 20 世纪的工具和流程，它对建筑数据的访问是紧耦合、封闭和高度不灵活的。但在 3.0 版本中，情况发生了巨大的变化。

SEPS 3.0 的成就：

- SEPS 3.0 纠正了对单一用户的限制，因为这些限制迫使用户退回到手动操作，消耗了太多的时间，产生了太多的错误。
- SEPS 3.0 修正了项目工作流中的主要问题，节省了大量的时间并保证了准确性。
- SEPS 3.0 支持在线、离线和版本控制，以及在线和离线数据进出系统时的透明同步。
- SEPS 3.0 启用了与其他工具的链接，以灵活和可拓展的方式改进设备生命周期时间轴上多个设备之间的共享信息。
- SEPS 3.0 支持导入和导出竣工数据，以支持升级改造项目。这项工作的关键部分是，将已完成的设计与原始规划、已完成的项目或竣工数据进行比较的能力。
- 随着工作的进展，SEPS 3.0 平台允许在 SEPS 内创建新的界面，或者使用 SEPS 数据直接与其他应用程序链接。
- SEPS 3.0 支持 SEPS 与已发布文档之间数据的一致性。SEPS 3.0 开始将系统中以静态 PDF 和 Excel 格式发布的文档与系统生成动态输出所需的数据进行匹配，而不是作为静态文件的存储库。
- 与以前的版本相比，SEPS 3.0 支持更大的用户群，并具有扩展的潜力。更多的 SEPS 3.0 用户将推动产品的质量、使用和价值的提升。

124
- SEPS 3.0 提高了自动生成设计计划的准确性，更好地审查和协调对数据的手动编辑。这使 SEPS 更加人性化，缩短了用户的学习时间，这是未来发展的一个重要目标。
- SEPS 3.0 不再是一个独立的架构，它现在所拥有的 API（应用程序编程接口）消除了许多限制。随着更多的利益相关者和系统提供数据或使用 SEPS 3.0 中的数据，可以更好地支持其他业务流程。

- SEPS 3.0 甚至支持对公共信息的安全和访问进行控制，以维护系统各部分之间必要的安全性。

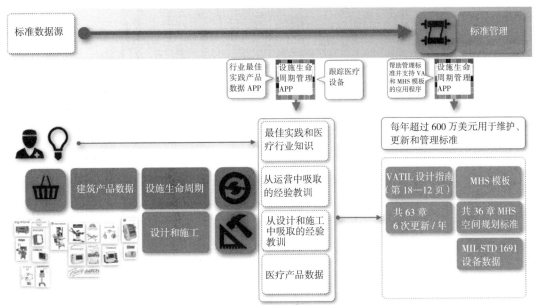

SEPS 3.0 依赖于已发布的基于文件的标准。目前的目标是实现与外部标准版本的实时同步，并对建筑和工程标准进行管理，同时以机器可读的格式将其更新到系统中，以便可以在所有潜在用户的范围内以受管的方式被使用

图 3—7 设施生命周期数据、应用程序与标准

由于设施整个生命周期的需求广度，不存在任何单个软件或系统能够解决组织中所有问题的情况。从行业推广的角度来看，这对愿意并准备投身于这一 APP 和数据的生态系统与市场的供应商和顾问来说是一个真正的机会。

开放标准是一个起点，因为这创造了通用语言。对数据的访问也同样需要，以爆炸式增长的移动性、敏捷性和相互之间即插即用并可随时间推移可扩展的功能小模块为抓手，用高频重复的简单步骤来解决大问题。

计算机维护管理系统（CMMS）——具体地说，预防性维护（PM）、工单、资产管理/不动产、项目管理和报告，以及计算机辅助设施管理（CAFM）——即图纸（绘图储存库）、空间管理、设施远程控制、不动产库存需求（RPIR）和报告是该设施管理系统的关键组成部分。

许多人认为工单是很容易得到的成果。它易于识别当前的问题，这主要是它是一次性使用的纸张密集型工作流，对于显著改进无缝数字数据流具有强大潜力。然而，工单只是众多需要显著改进的设施管理功能之一，优化设施管理服务可能带来的潜在节省将是巨大的。

- 就像全球定位系统一样，iFM 为建筑业提供了一个开放的设施管理平台。

125

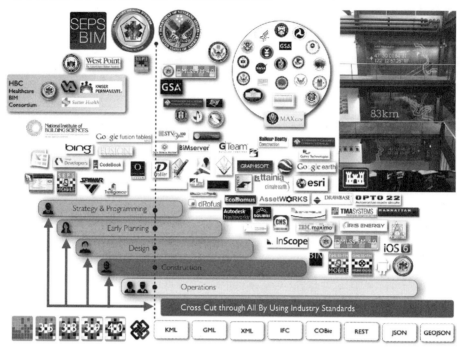

注：1. Collaboration & Standards：协同与标准；2. Strategy & Programming：战略与计划；3. Early Planning：前期规划；4. Design：设计；5. Construction：施工；6. Operation：运营；7. Cross Cut through All By Using Industry Standards：横向贯通全部使用行业标准

图 3-8 各阶段协同与标准化

FED iFM

126

● 设施管理包含多个学科，通过将人员、场所、过程和技术 [国际设施管理协会（IFMA ）] 联系起来，确保建成环境的功能性。为了在当今快节奏、数据驱动的世界中满足更高的期望，原来的概念已经转变成更广泛、更全面的集成设施管理（iFM）。

美国政府的设施投资组合达 33.5 亿平方英尺，年运营成本超过 300 亿美元。被过时的 IT 系统、复杂的采购流程和低效的操作所困扰，集成设施管理（iFM）作为一种共享的信息服务被创造出来，以提升建筑业，并创造一个变革的机会。FED iFM 的初衷是在联邦机构和私营部门建立集成设施管理的标准实践。

FED iFM 具有灵活性和可扩展性。该系统让私营部门业主、建筑师和专业组织共同参与，以建立合作和共享利益的桥梁，并邀请技术服务供应商建立平台、应用程序和 APP 市场，以访问 DVA 和 MHS 数据存储库。其目标是建立一个技术中心愿景—— 一个软件和 APP 生态系统，以快速、灵活地部署工具和创新实践，显著提高效率和有效性。将从对设计到施工的早期规划中得到的数据更好地运用到设施的运营和维护中。

开源码及专有技术是在云端和基于服务器的环境的互联平台中进行评估的。2012 年 10 月，MHS Tricare 管理活动（TMA）启动了一个为 DMLSS-FM 制定为期五年路线图的项目。

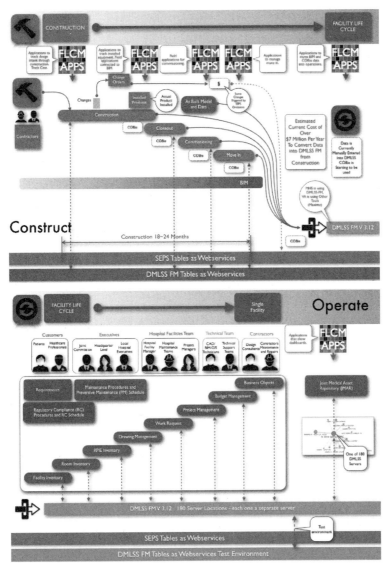

这是两张将标准以从设计到运维活动流程形式呈现出来的流程图。其目的是使 iFM 成为软件和应用程序的技术中心，用于快速、敏捷地开发工具或将早期规划数据传递到设计、施工、运营和设施维护的创新实践

注：1. FACILITY LIFE CYCLE：设施生命周期；2. Single FACILITY：单个设施；3. Operate：运营；4. Customers：顾客；5. Patients：患者；6. Healthcare Professionals：医疗专业人士；7. Contractors：承包商；8. Executives：管理人员；9. Joint Commission：联合委员会；10. Headquarter Level：总部级别；11. Local Hospital Executives：本地医院管理人员；12. Hospital Facilities Team：医院设施队；13. Hospital Facility manager：医院设施经理；14. Hospital Maintenance Team：医院维护团队；15. Project Manager：项目经理；16. Technical Team：技术团队；17. CAD/BIM/GIS Technicians：计算机辅助 / 建筑信息模型 / 地理信息系统技术员；18. Teachnical Support Teams：技术支持团队；19. Design Consultants：设计咨询顾问；20. Construction Maintenance and Repairs：施工维护和维修；21. Applications that show dashboard：显示仪表板的应用程序；22. Requirements：需求；23. Maintenance Procedure and Preventive Maintenance（PM）Schedule：维护程序和预防性维护（PM）计划表；24. Regulatory Compliance（RC）Procedures and RC Schedule：监管投诉（RC）程序和监管投诉日程表；25. Facility Inventory：设施库存；26. Room Inventory：房间库存；27. RPIE Inventory：RPIE 库存；28. Drawing Management：图纸管理；29. Work Request：工作请求；30. Project Management：项目管理；31. Budget Management：预算管理；32. Business Objects：业务对象；33. Joint Medical Asset Repository（JMAR）：联合医疗资产储存库；34. One of DMLSS Servers：一台 I 80 DMLSS 服务器；35. DMLSS FMV 3.12 I 80 Server Locations - each one a separate server：DMLSS FMV 3.12 I 80 服务器位置——每个服务器都是单独的服务器；36. SEPS Tables as Webservices：SEPS 表格作为网络服务；37. DMLSS FM Tables as Webservices Test Environment：DMLSS 设施管理表单作为网络服务测试环境

图 3-9 集成设施管理流程图

该路线图旨在指导企业 CAFM/CMMS 系统的生产，该系统使用最优方案及当前甚至未来的技术解决需要大量手工输入的设施数据碎片化问题。

通过吸取同期 SEPS 战略规划中的经验教训，同时采取制定的策略，团队极大地改善了数据访问，实现了价值最大化，并支持各种硬件和软件选项。

128 这支团队还能够将该系统与另一项政府举措保持一致，这项举措为"数字政府"（Digital Government）：构建一个 21 世纪的平台以更好地为人类服务。这种一致有助于 DVA 和 MHS 采用一种方案，将它们的数据与特定的应用程序解耦，从而创建一个灵活的系统，能够使用来自不断改进的终端用户硬件设备和软件应用程序的基础数据。

该团队制定的方案和后续的建议支撑了设施管理与大 BIM 生态系统的其他部分的链接。将数据与应用程序分离可以带来新的机会，但也需要新的策略，这其中的关键是利用行业中已经存在的技术，开发一个工具生态系统。这样一来，RSS 标签、RFID 扫描、在移动设备上用于日常事务的简单 APP 等技术的快速整合成为可能。

该项目涉及包括联邦和私营部门的医疗行业，对全球范围内的 BIM、GIS、FM 和开放标准都产生了影响。其目标是建立协作和共享的利益桥梁，征募技术服务供应商来搭建平台、应用程序和 APP 市场，以访问机构数据存储库，促进和支持 FED iFM 愿景的实现和成功。

平台即服务

iFM 是一种平台即服务（PaaS），它创建于 MAX.gov 之上，是政府机构之间的共享服务，拥有超过 10 万名用户。MAX.gov 使 FED iFM 能够从 MAX 系统里已经内置的功能（例如，安全登录）中获益，同时向所有现有用户提供新的设施管理工具。

iFM 沙箱是开发者和业主创建工具和解决方案的理想环境，这些工具和解决方案可以插入 iFM PaaS，同时创造新的机会，并向设施管理社区介绍共享数据的威力。您可以参与并成为 iFM 社区的一员。

129 颠覆性技术会议

在 BIM 的世界里，会议比比皆是。通常这样的聚会只不过是专业人士与同事社交的场所，但现实并不总是如此。在"2014 年建筑创新：国家建筑科学研究院会议与博览会"期间，一整天的医疗设施生命周期研讨会向世界介绍了 FED iFM 和 iFM。与会者包括联邦机构的代表、建筑师、工程师、医疗行业顾问、技术供应商以及工业组织的代表。

研讨会首先介绍了"颠覆性技术——将改变生活、商业和全球经济的进步"主题。如麦肯锡公司 2013 年 5 月一份关于颠覆性技术的报告所述，在 12 种颠覆性技术中有 4 项与医疗设施和设施管理直接相关：移动互联网、知识型工作自动化、物联网和云技术。

参会的发言者强调，iFM 得以推广的原因之一是技术正在变得更加透明和易于使用。随着采用敏捷技术的快速开发，满足了最低要求的 APP 的部署，信息孤岛正在迅速消失。

没有一个单一的软件可以解决所有问题，将信息从一个应用程序平稳地转移到其他应用程序的技术，现在可以被用来开发设施的共享服务，这就是移动技术和分布式计算的基础。

集成设施管理的原则是简单起步和不断迭代。

集成设施管理概念遵循"白宫的 21 世纪数字战略"，该战略把数据作为核心，系统、流程和服务都依赖于强大的并能互操作的数据。数字服务层是数字战略的重要组成部分，其中包括安全、信息、平台、演示和客户 / 用户层。

第二个报告强调安全性是一个全局的不断演化的概念。为了支持云计算这一颠覆性技术，美国国家标准与技术研究院（NIST）正在指导国防部建立一个支持数字服务层的综合安全框架。

目前，设施数据没有得到很好的定义或保护，这是一个巨大的安全威胁，但是集成设施管理修复了这个问题，它设置了一种安全结构，以一种可控但开放的方式（是的，可以两者兼得）支持更多的协作。

联邦集成设施管理概念创始人、国防健康署运营和生命周期集成首席专家也提出了对联邦设施市场的看法。他的成就是建立了实用的集成设施管理程序。 **130**

该程序的基本要素包括：计算机维护管理系统（CMMS）[它提供了管理设施不动产安装设备（RPE）相关数据及相关预防性维护]、工单和项目管理的功能，以及计算机辅助设施管理系统（CAFM）[它提供了用图形化方式通过链接 CMMS 相关数据管理设施空间利用的功能，此外，还为 MHS 提供了遵从不动产清单需求的手段]。

人们提出了一种涉及方面更加广泛的互联愿景，这促使他们将来自新系统的多种技术汇集在一起，其中包括 BIM、GIS 和 COBie，与现有系统（如 SEPS 和 DMLSS–FM）结合，使FED iFM 成为互联系统。

FED iFM 工作组在亚马逊网络服务中创建了一个沙箱环境，并邀请开发人员进入沙箱。出于一种共同的需要，其他政府机构以及私营部门也都表示出了对集成设施管理的兴趣。在医疗设施生命周期研讨会大获成功的基础上，更广泛的合作正在计划中。

其目标是减少冗余，启用与应用程序无关的环境，并将数据与应用程序解耦，使数据不 **131** 被困住。未来的 FM 将结合易于理解和成熟的标准，促进行业所有领域的需求和他们的解决方案相连接。标准只要不无原则的太严苛或者太宽松，并且没有教条，平衡就会出现。事情应该力求简单，不过不能过于简单。

在四年前，移动设备取代台式电脑是不可想象的，但这就是所发生的事情。管理建筑、空间、设备和人员虽然有不同的名称，但基本的 iFM 主干是相同的——建立在 BIM、GIS 和FM 的开放标准之上。建筑业主、使用者、设施和工具 / 设备将完全连接，开放且安全的数据居于框架的核心。

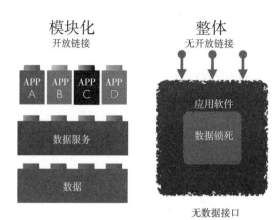

设施管理正在演变成为一组可与开放标准进行良好通信工具的组合。现成的商业软件、开源工具、新型灵活的模块化方法和链接程序的组合正在成为惯例

图 3-10　模块化软件、整体软件与数据之关系示意图

BIM 项目为联邦政府提供了新方法以捕获和使用生命周期数据，这些新方法能既经济又有效地完成它们的任务。生态系统使政府各机构能够捕获和维护大量的数据和程序需求，这些数据和程序可以根据需要提供，以支持规划、设计、施工和运营。该系统利用 SOA 和多种不同的大 BIM、小 bim 工具，以尽可能最好的方式完成工作，并获得最具确定性的结果。

● 如果您想亲身体验 BIM 课程，请访问 FED iFM 或 SEPS2BIM 网站，了解本案例研究的最新进展和工作成果。此外，美国政府正在创建一个简单、用户友好的系统。该系统支持对日常工作的服务和工具的访问，您可以访问相关网站，了解方案概况。

第4章

以人为本，而非技术为上

　　解决之道在于拥有掌握技术的人员。技术不是答案，而是人们可以用来成为专家的工具。技术给了我们事实，我们接受事实并决定如何使用它们。

　　在大 BIM 生态系统中，人们可以利用技术来实现更多可能性。在生态系统中，价值来源于高水平的信息整合和对复杂情况的管理，并能在其中使用体现当今最佳、最有效业务实践

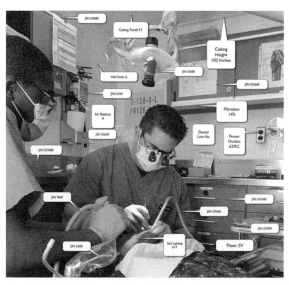

注：1. JSN（Joint Schedule Number）：设备联合编码，一般由 1 个字母和 4 位数字组成，字母表示设施设备类型，如 D 指牙科设备，X 指 X 光设备；2. Ceiling Finish：顶棚面层；3. Ceiling Height 102 Inches：顶棚高度 102 英寸；4. Wall Finish：墙面；5. Air Balance：空气平衡；6. Filtration：过滤；7. Dental Low Vac：牙科低压电源；8. Power Outlets：电源插座；9. Task Lighting：工作照明；10. Floor：楼层

图 4-1　制定牙科诊疗室空间和设备规划需要整合的信息

的工具和流程。运用成熟的技术，使企业根据情况作出决策，成为经济中的积极力量，担起责任，引领发展。

135　机会

> "计算机可以解决各种各样的问题，除了世界上那些不合情理的事情。"
>
> ——詹姆斯·马加里（James Magary）

光有好主意是不够的，只有将行动付诸实施，才能使创新持续发生。对少数领域专精并有广泛的兴趣爱好是未来领导者的基本特征。

如今，那些在某一技能领域拥有深厚专业知识，同时拥有激情和跨领域交流能力的人正在茁壮成长。

信息量影响了人们每天做的事情，这可能是一件好事，也可能是一件坏事。人们要么接受信息，要么被信息淹没。管理信息的策略能够最大限度地提高信息在人们生活中的价值。在人们认同的前提下，审视能够支撑 BIM 工作的新方式。在本书末"特别补充"中"现实世界的大 BIM 步骤"的工作流中，甚至您还会发现目前工作的绝佳机会和可能性。

需要列出建立大 BIM 生态系统机会的清单。您可以从以下几方面入手：

- 遵循设计思维，找到方法，让设计成为您所做工作的一部分（不管您是不是设计师）。
- 考虑整个系统，而不仅仅是它的组成部分，并通过约束来管理业务流程。
- 管理团队，使设计和实施可以同时进行。
- 建立早期的决策流程，以提高项目成果的质量。
- 了解传统和原有系统的价值，但不要让它们的重要性超过相关的业务决策。
- 与您的团队建立互利的目标，创造更多的价值；分享痛苦和收获。
- 加强良好的沟通和知识共享，建立强大的项目团队。
- 想办法和其他志同道合的人一起成为互联供应网络的一部分。

136　自动化是基于人的

> 一个人拥有什么样的特质和技能才能成为大 BIM 的专家？给自己列一个清单。检查您的清单与您的匹配程度如何？为填补您所发现的差距作出计划。

自动化的流程不会破坏我们所重视的东西，但在互联过程中，总会受到人的干预，因为这个流程永远与人有关。流程的自动化可以减少单调的任务，让人们能专注于关键问题，且自动化能以易于理解的方式为人们提供更多的决策信息。很多时候，自动化改变了人们的工作方式和工作内容，使人们所创造的东西变得更加丰富。

我们可以实现很多事物的自动化，但不是所有事物都可以自动化。并不是每个人都有快速接受技术和创造力的能力和思维方式，也不是所有人都有能力能从 BIM 中获得最大收益。再加上传统建筑业的复杂性和混乱程度，很容易理解为什么大 BIM 让一些人难以接受。

有些人抵触用技术实现工作流程自动化的想法，他们担心他们的工作流程中会充满一定程度的控制。这种担心对相关流程是适得其反的，并且持有这种态度的人正在用一种次优化的方式建立流程。

如果您在初期就利用科技来提高对备选方案的理解，那么整个过程在此时是最有效的。通过将技术创造的细节、丰富性和速度，带到由有经验的专业人员和受激励的利益相关者创造性地解决问题中，我们将能取得更多的成就。

- 当具有设计思维的人使用工具来评估方案并重点关注项目的概念时，往往会有较好的结果。这种先进的自动化流程能使人们及时作出决策——即使对于最小的项目也是如此。人们不但更好地满足了客户，使自己变得更有价值，同时，也可以充分运用通过培训获得的技能和已有技能来整合信息以扩展构思和管理复杂流程的能力。

围绕人

> 大 BIM 依赖于透明度。无论何时何地，所有部门的人都能得到他们完成手头任务所需的数据。
>
> "21 世纪的文盲不是那些不能读书写字的人，而是那些不能学习知识、抛掉旧知识和再学习新知识的人。"
>
> ——阿尔文·托夫勒（Alvin Toffler）

大多数关于建筑业的技术讨论都集中在工具上，其次是流程，还有少量的组织变更。这些都是信息建模和链接的难题。但很难找到一个以人为中心的 BIM 培训项目、研讨会或论坛，大家都关注问题的硬的一面，而排除软的一面——人的因素。您对此可能不会感到惊讶，但这有意义吗？我的回答是否定的。

如果将我们的精力投入到人身上，我们将建立更强大、更有活力的解决方案。大 BIM 和互联网第一次允许个人利用其自己的能力和资源，成为最大组织的直接竞争者。世界已经发生了变化，那些有远见和精通技术的人正在利用大 BIM 的优势来发挥他们的能力。

小 bim 因其技术的复杂性而只在狭小的专家圈子里得以应用。小 bim 由于被大型组织所出售，已经延缓了对大 BIM 利益的采用，而这些利益是对现状的一个威胁。关注小 bim 及其所造成的复杂性，仅仅是因为可视化的小 bim 更简洁、更容易理解、更容易量化，且更容易销售。这是墨守成规和不作为。无论出于什么原因，仅仅关注软件、流程和组织变革是不够的。

多年来，专家们一直在独立工作，但是他们的专业领域现在开始在建筑业更大的概念框架中交叉，是时候全力以赴发展大 BIM 了。专业人士发现，地理信息、设施信息、公用事业信息、运营信息、商业信息、政治信息、可持续发展信息以及其他各种形式的信息都相互交织在一起。

138　　　这些专业人员控制的领域正在逐渐融合，新的职业正在崛起以应对这种趋同。学科之间的障碍正在消失。社会正在推动这个世界的各个角落的整合和联系，这让传统主义者感到沮丧。

如果建筑业只包括项目的设计和施工，则可以改进传统方法，以提高质量和价值。但是，以项目为中心的信息建模的使用仅仅是整体的一小部分，建筑业要大得多，它需要的远远超过 BIM 所能提供的设计和施工。

建筑业正处于转型期。如果不把出现的问题联系在一起，那么在面对灾难、可持续性、零能耗和环境保护时，许多关于韧性的讨论都是没有意义的。如今，科技和社会问题交织在一起，每天都在创造新的事物。变革一直都在进行，人们不能躲避，也不能希望事情会回到原来的样子。

人们每天都会浏览并且使用互联流程，进行购物、预订，与朋友和同事互动，做很多其他的事情。建筑业开始让每个参与到其流程的人备感压力，而建筑业的问题也可以用相似的方式处理，不这样的话，行业面临的问题太大、范围太宽泛，是无法有效处理的。引导这一变革的关键是能够把所有类型的人聚集在一起以取得重大成果。

德勤前沿中心（Deloitte Center for the Edge）2009 年的转换指数发现，美国每五名员工中，只有一人对自己的工作真正充满热情。最近的盖洛普民意调查（Gallup Poll）显示，五名员工中有一名在工作中非常心不在焉，以至于他或她积极地试图破坏同事的工作。当然，我们大多数人都处在这两个极端的中间。在大 BIM 的背景下，这样的研究结论是可怕的。

把人放在首位，以此来改善和激发大 BIM 给业务方式带来的变化；将具有强烈使命感的个体联系起来，以此激励人们，全力以赴，创造可以带来增长的变革；在不断学习的氛围中培养有领导力和才能的人才；实行包容性领导，使人们具备所需的技能；强化积极的行为，倾听、接受建议，在适当的时候给予肯定。

139　　　变革是很难的，尤其是当我们不信任那些领导者的时候；人们抵制变革，尤其是当变革被强加给他们的时候。领导者们往往等了很久才采取行动，他们只关注短期效益，对未来没有期望，或是坚信着在危机结束后一切可以一下子恢复。这样的方法的确可以消除人们的恐惧，但却对缓解人们对变革的抵触没有什么作用。

在向大 BIM 的转变中，教育是关键问题。教育有助于人们与未知世界建立自信的联系，并推动我们不断前进。教育人们改变与建成环境的互动方式必须成为大 BIM 解决方案的一部分。

我们常常把培训和教育混为一谈。培训仅仅是学习如何使用工具或程序，这的确很重要，但却远远落后于对教育的需要。我们需要每个人都接受驱动大 BIM 理念的教育。

我们可以使用同样的驱动世界上其他成功项目的解决问题的技能和教育系统。我们拥有决定如何继续下去的资本，但是我们没有足够多的时间。这是因为目前建筑业正陷于失败模式，系统正处于内爆状态。作为一个行业和个人，我们可以努力做出有利于自身利益的改变，跨越那些使我们的系统变得不可持续和脆弱的遗留问题。

建筑业的专业人士需要直接参与教育。我们需要热情、好奇的学习者、成为一个终生学习者，以建立一个重视透明度和包容性的社会，一个以问责制为基础的社会，一个具有明确目标的蓬勃发展的社会。行业专家估计，数以百万计的专业人士需要接受教育，以将技术问题和流程与他们的工作联系起来。这些专业人士发现，由于销售炒作和虚假信息，他们越来越难以找到合适的方向。

数以百万计的年轻人正在寻找创新和有说服力的方法将技术融入他们的生活中，建设更美好的明天。除此之外，我们还需要房主、租户、店主、医生、律师甚至世界上所有人的努力。因为在一个被物联网覆盖的世界里，每个人都在迅速地参与到这个过程中。

在大 BIM 生态系统中，一个链接系统、工具和流程的合作互联的工作环境真的能够改善生活吗？它的确改变了我们的生活。虽然迈出第一步看起来是艰难的，但是利用互联网的力量和由它衍生的生态系统会帮助人们跨越信任的鸿沟。冒着风险拥抱这个互联的时代，去尝试一些人们从未做过的事情。 140

- 我们需要在当地社区寻找方法，缩小创新和教育之间的差距，需要想办法将工业领域的创新转移到课堂上，这需要以接近光速的速度来实施。在本书和整个博客圈中，都有典型的例子和原型来说明如何完成这些工作。

面向未来的教育

> 我们这些 1970 年以前出生的人可能不明白 1990 年以后出生的人是如何看待科技的。对婴儿潮一代来说，科技是一项后天习得的技能。但对后人来说，科技无处不在，是一种生活方式。就以可汗学院 * 为例，在那里，这种看待生活的新方式被诠释得很好。

今天的年轻学者对科技的使用是开放和顺畅的。他们应用科技的方式与在人生更晚些时候才发现科技存在的人大不相同。举一个小例子，现在很少有学生戴手表，但如果他们戴了，

---

* 可汗学院（Khan Academy），是由孟加拉裔美国人萨尔曼·可汗创立的一家教育性非营利组织，给全世界想学习的人，创造的一个百科全书式、全免费和网上智能跟踪的视频学习平台。——译者注

是为了时尚，而不是为了计时。他们和他们的移动设备如此密不可分，以至于手表不再是必需品了。

我们生活在一个知识型工作者远远超过昔日流水线工人的时代。从前，学生们可以从教授那里获取信息，反反复复地学习他们在考试中要用到的知识，然后拿到学位。我们在一个小小的世界里接受工作合规培训。

我们必须找到面向未来工作的新的教育形式。我们必须重新调整课程，重新将教育与新的未来愿景联系起来。在万物互联时代，个人与个人的互动将取代过去为使工厂工人行为规范化而设计的自上而下的控制。我们将会重点支持那些渴望学习的人，那些热情参与学习，而不是应试化的学生。教育已经开始注重在真实和虚拟环境中的体验式学习，而不是控制学生在静态课堂中学习。

141　　讲座、认证和考试是传统学校体系的基础。这种教育系统似乎专注于培养某一方面的专家，或要求学习者异常幸运地在整个过程中还能保持他们的创造力和好奇心完好无损。我们针对能力最差的学生讲课，我们尊重和支持最顶端的 5%，却忽略了处在中间的大多数——我们没有恶意，是出于最好的意图，但我们的确会伤害到大多数人。

这种教育模式不适合大 BIM。如果一个人不能在一个广泛的学科领域获得博士学位，我们是否应该为此担心？而大 BIM 本质上就是一个极其广泛的主题，它涉及了建筑领域的一切。我们已经不再为工业时代的工人提供教育。现在的教育系统需要摒弃教学工具和研究方向单一的专家，而将链接作为一种思维方式。届时，我们将看到新一代的 BIM 专家。

具有单一研究方向的主题专家有他或她的工作领域，但大 BIM 依赖于那些理解互联社区、重叠系统和复杂性的人。

如果我们的教育制度故步自封或只局限于小型改革，那么建筑业的改变将是十分有限的。虽然我们的系统会继续争取实现可持续性和韧性，但能真正解决问题的可能性很小。我们需要决心和知识才能明白我们每个人的能力和资源都将成为未来的一部分。我们不再是流水线上的一个站点，我们正处在科技为个人赋能的时代。

过程缓慢、线性及受传统束缚的教育系统必须转变为将教学与现实世界中发生的事情紧密联系起来的系统。对教育工作者来说，作出这种改变是一个真正的机会。

未来的培训将会真正改变人们，帮助他们在点对点的学习环境中快速发展。教师会与学生互动，督促他们前进，让他们对自己负责。

今天的教育重视合作多过协作，但似乎很少有教师能理解它们其中的差异。合作告诉我们不要妨碍别人，这种合作模式是为亨利·福特的流水线培训工人而创立的，但对今天的学生是不适用的。

142　　协作是人们一起积极参与工作，它放大了个人的价值，并指明了创造机会的方法。协作是一种高保真的理念，它架起了教育与教育之外世界之间的桥梁。我们需要制定将协作视为核心能力的学术标准，协作流程和链接工具是让大 BIM 成为可能的机制。

二战后发展起来的教育体系正受到来自多方的攻击，这种攻击的出现是毫无疑问的。人们厌倦了不断上涨的成本、浪费精力和无效的教学。

教育家花太长时间了解科技，又花了太长时间把创新融入课堂。教师需要学习如何缩小新技术的引入和在课堂上实际应用之间的差距。

大多数人缺乏改变的意愿或动机，特别是面对于现实世界的惯性和不确定性。例如，一些社区学院仍在教授计算机辅助制图，他们培训人们从事正在衰退或灭绝的工作。他们花了太长的时间去观察学术界外部的变化，了解过后又花了太多的时间准备，他们浪费了太长的时间以至于无法适应正确的学习过程。许多离开学校的学生发现，现实的运作方式与他们所学的课程大不一样。

教育工作者需要创造他们关于未来的个人故事。他们需要弄清哪些技术和系统将帮助他们教育下一代，以及如何实现对未来的期望。教育工作者必须开始寻找新的教学方法，使他们的学生更好地掌握驱动未来的理论知识。教师必须学习新的方法，反映正在出现的新工作方式。

他们需要展示的不是当今的最佳方案，而是关乎未来的方案。教育工作者需要停止工业时代的教学模式，他们的教学重点应该转向系统思考和解决问题的能力。继续教授在 CAD 中如何操作鼠标或如何在 CAD 中画一条线已经不再适用了。

相反，教育者应该让他们的学生回答这个问题：您会用什么技术来解决这个问题？公平地说，我们必须认识到，我们的教育系统面临的压力比以往任何时候都更为严峻。在这个变革的时代，教育需要灵活多变的系统。学校面临着与建筑业相同的问题，两种生态系统都必须作出改变，否则压力将迫使其改变。

在理想情况下，学校的系统会很快适应新的现实，课程内容和授课机制将会改变，培养跨学科的、协作的且符合社会对未来期望的能力会成为常态。事实上，克服早期工业革命的惯性是前行的主要障碍。

科技造成了不同于以往的代沟。代沟的幅度导致了很多问题，同时也带来了巨大的机会。在教育系统中，我们可以找到种子选手，经过适当的培育，将成为未来成功的驱动力。缩小代沟需要教育系统完成以下工作：

- 人们应该成为好奇的终身学习者。在最理想的情况下，我们的教育系统培养出人们对学习的热情和成功所需的知识背景。大 BIM 的最佳实践者很有可能是那些具有广泛兴趣和专家级专业知识水平的人。
- 关注关乎未来的方案，而不是当今最佳的方案。面向服务架构、信息模型、模型服务器、web 服务、资产管理和物联网等技术加快了解决方案的推出。教育系统可以支持这些技术。

- 提高对批判性思维和解决问题能力的重视程度。这个系统中根深蒂固的是教会人们使用他们的认知能力。人们可以从许多教育项目中学习分析思维、概念思维，以及模式识别和寻求信息的技能。
- 优先考虑与科技相关的人际交往的能力。教育对人的作用远远落后于教育对应用科技本身的作用。
- 成为使个体强大、高效系统的捍卫者。众包、高绩效团队、协作和互联决策需要得到更多的关注。
- 关注各级的情感状态。如果没有动力、影响力、自信、团队合作、意识、同理心和定义情感意识的灵活性，信息模型和系统将总是处于次优化状态。

研究机构和学术界必须与世界建立更多的联系。理论研究需要说明专业人士和公众应该如何使用新的工具和流程并与之交互。关于模型分组和大规模协作将如何使用工具、流程和系统的模拟应用研究是必不可少的。我们还需要案例研究、案例测试和真实的试验来说服怀疑论者。

- 可以这么说，一个原型胜过一千次会议。本书尝试在这些问题上提供帮助。

144　知识经济

在评估未来业务战略时，请提出以下问题：
- 我们对知识型员工的依赖程度如何？
- 我们还有多少工作流程、工具和技能是基于工业时代思维的？
- 我们公司的工具有多复杂和昂贵？
- 我们需要多少时间来推出组织中最有价值的产品？

规划者青睐肯尼迪政府时期运作良好但不再为公众服务的系统。设施管理者发现他们正处于持续的危机管理中，且积极行动的能力有限，这是因为他们缺乏积极行动的工具和流程，因此建筑师们仍用手工绘图或使用基于文件的流程，承包商们也仍在沿用 13 世纪建造大教堂的专家所使用的技术。

您认识仍以这种方式工作的人或公司吗？世界已经发生了变化，但我们中有太多人继续以原来的方式工作，这导致了许多问题。不管您是否愿意，我们都生活在一个信息生产者和信息使用者之间的界限正在消失的知识经济体系中，我们每个人都正在成为知识的提供者和自学成才的专家，而不仅仅是信息接受者。

任何人都可以打开连接网络的设备并访问一个虚拟的数据通道。一个人也许需要规划数据来源方面的帮助，但不再需要成为一个信息技术专家去利用这些机会。技术使竞争环境趋于公平，我们可以直接与信息打交道。我们生活在一个自我学习的时代，对累积的知识了如指掌，每个人都有可能产生空前的影响。

这一转变迫使企业重新考虑如何扩展自己的边界，甚至重新评估自己的核心能力。企业正在构建一个能使它们重新定义自己的核心竞争力，并对连接系统、数据和设备的数字化转型作出响应的生态系统。

所有类型的组织都发现自己面临着一个新的现实：信息爆炸是势不可挡的，特别是从老牌公司的角度来看。许多因素都影响着一个老牌企业对个人力量的反应。当探索需要注意的领域时，在作出反应之前，有很多问题要问。一些可能提出的问题清单包括： 145

- 我们的许多流程都是孤立进行的吗？是否有难以与其他流程链接的地方？
- 我们的数据是不是复杂无序？这是不是在无人知晓的情况下发生的？
- 我们的员工是否创建了电子表格和小型数据库，逐笔记录，以完成他们的工作？如果是，是什么促使他们采取这种做法？
- 过去用工作表完成的工作现在需要广博的数据库和互联的决策工具吗？管理层是否认为调整太难、花费太多资金或花费太多时间？
- 我们的反应速度慢了吗？
- 有能力的长期雇员是否离开？是否带走组织积累的知识？
- 我们的大部分工作是在一个包含数千个文件和单用户输出的系统上完成的，而这个系统是无法实时管理的吗？
- 我们是否有一个巨大的数据规范化问题？

一个需要适应社会转型的公司常常使人感到不知所措，甚至在正式的变革项目中也会回到过去的工作方式，因为实施解决方案似乎太难了。他们想要竞争，但惰性、对收入损失的恐惧以及缺乏合适的人力资源是他们改变现状的障碍。

只要制定了面向未来的战略和框架，它们的这些问题就很容易解决。企业可以雇用人员来创建数据库和构造领域知识；两者都需要一些能轻松学会的教学和学习技能。解决其他问题需要更强烈的意愿和对公司整个业务方法的重新思考。

- 制定一个如何吸引价值创造者的计划。什么样的才能和技能对您和您的商业策略更重要？您能找到能满足您需求的专业人才，以及能在 APP 经济中发挥作用的技能吗？您会在哪里找到他们？您必须自己创造它们吗？如果是的话，您应该考虑一个策略来实现这一点。

胜任力

146

胜任力是一种坚持的行为模式。胜任力来自知识、技能、能力和动机的组合。这不仅仅是技术专长、经验或年龄。

我们正处在一个系统、全面地改变事物运作方式的过程中。只有找到具备必要胜任力的人才，企业才能作出这些调整，以在数字化转型中取得成功。有这种技能的人很难找到。如果没有他们，企业很难应用大 BIM。

这种变化需要新的技能——可能不符合传统的清单或数据库的胜任力。这些技能可以通过践行本书中的工作流程得以开发。那些将在互联未来大展身手的人的一些胜任力和特点包括：

- 创新胜任力——具有创新胜任力的人知道并理解一系列解决问题的技巧。他们有能力运用逻辑识别不同的方法，并分析判断自己的强项和弱项。他们也有综合或重组信息以找到更好的做事方式的能力。他们带来了解决问题的新思路并领导团队。寻找喜欢描绘或寻求问题解决方案，有想法的人。

- 混合型胜任力——具有混合型胜任力的人有快速识别问题性质、原因以及定义问题的动力。他们有不断提升的愿望，并且有能力去识别、收集和使用必要的信息。他们创造性地思考，即使在不受欢迎的时候。那些具有混合型胜任力的人理解技术基础的潜在原则，并使用它们来改进结果。寻找那些即使经过很少或没有正式培训仍能够拿起一个新的软件产品并开始使用它的人。

- 情感胜任力——具有情感胜任力的人倾听他人并尝试新的想法。他们对他人的想法和解决方案充满好奇和开放的心态。他们善于观察并理解他人的行为。他们热衷于研究，寻找各个领域的创新和趋势。有情感胜任力的人能从生活的各个方面寻求信息。他们可以把不相关的想法联系起来，找到解决问题的新方法。找一个您可以依赖的人来开拓局面……非正式的人际关系主管。

- 预测胜任力——具有预测胜任力的人善于预测变革将产生的结果。他们往往是第一个了解已经发生变革的人。那些具有预测胜任力的人善于描述一个理想工作条件并进行战略规划。寻找那些不断想出新方法做新事情的人，或者利用现有的信息，用新方法完成新事情的人。

147
- 变革胜任力——具有变革胜任力的人了解变革经历了哪些阶段和变革的障碍。他们可以评估和识别那些促进和抑制变化的事物。他们愿意在发展缓慢的时候采取行动，反对传统的工作方式。他们有意愿和能力承担经过计算的风险，但知道何时停止并在做某事之前找出正确的方法。这些人有能力鼓励和奖励他人主动性和创造性工作，他们促进变革倡议，寻找那些能迅速适应不断变化环境、在任何新情况下能找到机会的人。

企业很难雇到具有流程知识和专业知识的人。他们需要对管理流程有直觉，并且能够设想在全球背景下取得成功的人；他们需要有能力说服别人接受他们观点的人；他们需要能够在复杂情况中找到套路的人。这些技能是非常宝贵并且很难学习的。它们很难评估，而且不可能包含在数据库中。

● 公司需要有创造价值能力的人。他们需要人们把他们的产品、服务和客户联系起来。此类需求存在于全球所有行业和所有业务类型之中。

案例研究：失去动力

> "人比组织结构更重要。如果我们有管理创意，我们就可以设计结构。"
> ——比尔·考迪尔（Bill Caudill），CRS 建筑师事务所 * 的创始人（CRS 建筑师事务所是美国建筑师协会建筑公司奖获得者，被得克萨斯农工大学建筑学院评为世纪最佳事务所）

我在经济衰退最严重的时候离开了研究生院。那时工作岗位稀缺，经过 9 个月的寻找，我找到了第一份真正在办公室的工作。当时，那是一个蓬勃发展的企业。公司专注于生产力和营利能力；这教会了我如何小心地进行预算和项目管理。他们一直在寻找更好、更有利可图的做事方式。他们接受了那个时代的创新：图层覆盖、粘贴或任何其他手工方法，使项目更快地完成。

该公司非常注重细节，由最早获得认证的一名施工规范编制师（CCS）悄悄地控制（非正式地隐藏在幕后），而他教导我注意细节。

该公司的高级设计师绘制草图，我们其余的人绘制详图。我们共同解决所有问题。如果有人付出了努力，花了时间去解决冲突，我们就会解决这个过程中的大部分问题。作为一种应变措施，该公司让一些人全职负责管控，以抓住其他人错过的任何东西。

该公司负责设计施工一体化和设计施工回租项目，但大多数是设计 – 投标 – 建造模式的项目。我的第一个项目开始于 1980 年，当时我和一个代理机构的施工经理合作。20 世纪 80 年代中期，该公司的情况开始发生变化。

施工规范编制工程师退休了。随着工作的减少，我离开了这家公司，他们雇用了一些经验较少的新人。人们起诉了他们好几次，通常是因为他们错过了一些东西。施工管理部门再也无法通过谈判解决文件中的错误和冲突。

这位资深设计师开始只接受好朋友介绍的滨水项目。他没有时间处理细节，没有一个有足够经验的人可以为他做这件事。他们从一个营利能力强、增长迅速、充满活力的企业变成了一个停滞不前的企业。他们失去了动力。

管理者们足够敏锐，知道他们需要改变一些事情。他们聘请了一位管理顾问，但收效甚微。

148

---

* CRS 建筑师事务所（Caudill Rowlett & Scott Architects）于 1948 年成立，是世界第一家上市的建筑师事务所。并随后发展成美国历史上最大的建筑师事务所之一。——译者注

他们尝试合并，但没有成功。他们做了功能性的改变。1984 年，我回来担任领导职务。我的新合伙人希望事情能像 1980 年以前那样顺利。然而，时光不可能倒流。现在竞争越来越激烈了。经济状况发生了变化。员工期望更高的薪水，顾客要求在更少的时间完成更多的工作。计算机应用成为公司关注的议题，公司不再保守。

施工管理和设计施工一体化的工程总承包模式已经告诉我们，尽可能早地在过程中检查所有的问题，这样才更具成本效益。我知道那些设计、施工不超预算项目的成功机会要高得多。我们聘请了一名高级施工经理与高级设计师合作，在不改变工作流程的情况下纠正问题。雇用施工经理并不意味着解决问题，而是意味着结束。

149　合伙人拒绝进行额外的改变，拒绝为解决方案提供资金。作为一个团队，他们尝试了太多的事情，但都没有成功。他们开始无理取闹。他们采取了"我们先尝试一种，如果它有效，我们再讨论另一种"的方法。但很少有让他们满意的工作。计算机化正在成为一个问题。合作人的态度是：如果您愿意，您可以试试，但我永远不会碰电脑。

一个资深绘图员可以尝试 Cadvance*，但前提是它能立即营利。公司的工程师们在尝试 AutoCAD，他们还雇用了一个知道如何在 UNIX 上使用微型站（Microstation）的设计员，但都没成功。

经过多年的试验和几个月的会议，公司领导层授权一个小组为他们的第四或第五个 CAD 系统寻找最佳解决方案。我们观察了全球市场上的一切。我们选择专注于在代理机构施工管理方法下运作的产品。我们为这个流程开发了一个大略的商业案例。1990 年，在它被称为 BIM 之前很久，我们发现了一种看起来可以解决这个问题的技术。我们开始研究如何调整我们的流程以实现它。

我们最后购买了 ArchiCad 软件，这对我们要求不高的商业案例很有效。我们从一个用户授权开始。我们在拿到软件后的一周里训练了两个人。9 个月内，全体员工都在使用 ArchiCad；我们有五个用户授权，没有额外的外部培训。一位高级设计师正在使用 ArchiCad 准备所有的文档，制图员正在用 ArchiCad 编制施工文件。新的实习生在工作两天后就开始构建虚拟现实漫游。软件起作用了，主要是因为工作团队的提升不需要公司额外的投入。

公司的第一次软件成功并不意味着事情会变得更好。显然，我们无法通过购买新技术来纠正各自为政的组织问题。要求不高的商业案例完成的项目进展顺利，但以常规方式完成的项目进展并不顺利。需要对公司的业务进行更广泛的改革，但尚未实现。

合伙人仍然固执己见忽视技术因素，将公司分裂成互不关联的工作室。我们未能就如何向前迈进达成共识。由于遗留问题，组织变革未能进行。

150　1996 年 11 月，问题陷入僵局，大西洋设计有限公司应运而生。在这种情况下，大西洋设

---

*　cadvance 是市场上第一个成功的基于 Windows 的 CAD 应用程序。——译者注

计有限公司决定不再重复同样的错误。我们决定使用技术作为工具来创建更好的项目，并且为新的经营方式设想了一个测试平台。我们想成功，就需要做这些事情。

● 不要让您的公司走上上述公司的道路。接受变革，做必要的事情以适应互联工作方式。以人为本，快速变革的需求比以往更加迫切……

明白人

您会发现自己正处于不断重组的过程中，那些具有高度创造性的人正在执行这个过程。今天完成的组织结构图，明天将大不相同，因为它们变化太快了，所以您会发现在当今这种环境下，很难创建组织结构图。在实践中，若您能为您的团队创建一个准确的组织结构图，那您可能根本就没在做大 BIM。

为了在全球经济中竞争，并提供决策者所需的信息，大 BIM 生态系统需要平衡人、流程和技术这三个基本要素。相互联系的组织是高度灵活的，他们会招募最优秀的团队来完成每项任务，并将各个级别的每个员工准确分配到相应的工作流程中。

在相互关联的流程中，人员比结构重要得多。由于 BIM 和相关流程正在迅速发展，因此它们需要不同的技能集合和不同的看待员工的方式。在一个相互关联的流程中，扁平化的人员配置结构是最好的——即使是高级人员也会参与到各个级别的工作中。

雇用有相关经验的人，同时有远见的人是您的首要目标。如果您的企业是一家成熟的企业，这些人将成为您变革的代理人。如果您的企业是一家新公司，这些人会制订计划并定义工作流程。每个人都应该从下到上参与这个过程。不要落入让资深员工或公司领导把这个任务推给（或似乎）精通技术的年轻专业人士的陷阱。实施失败的第一步就是有经验人员的选择不作为。

根据以往经验表明，随着流程的推进，那些能够在已建立的框架内综合数据和解决问题的人变得非常重要，而他们也是您寻找的类型。为简单起见，我们将此类人或者团队称为"变革推动者"。变革推动者必须能够沟通愿景，并克服长期以来的信念和惯性带来的自满情绪；此外还必须具有或建立足够的力量，克服流程中的障碍。随着时间的推移，变革推动者将把流程纳入业务的各个方面。变革推动者也许是同时担任多个职务的人，或许公司领导者在许多其他人的支持下可能成为变革推动者。

变革推动者应首先将人们召集在一起，以创造一系列小的成就，这些小的、渐进的成就在维持变革方面比等待取得重大胜利要成功得多。随着更多员工的加入，每个人都会涉及集合人群这一过程。此时，变革推动者则起到了至关重要的作用，他们能够以身作则，将关联流程嵌入您的业务。

151

在变革推动者和公司中其他人员的不断关注下，您可以从关联的工作流程中获得全部收益。随着时间的推移，您会发现员工将在此工作过程中渐渐达到舒适的状态，随即您需要做一些改变以支持您的 BIM 流程，这些变化应得益于您和您员工的兴趣和才能。

即使您的业务完全内部化了流程，变革推动者也必须不断加强流程。当这种情况发生时，您会发现需要创建新的职位，以更好地反映员工的工作方式。

- 为了履行大 BIM 流程，我们创立了一个新的项目管理职位，称为 4Site 管理员。4Site 管理员的职责包括负责对接流程，以及深刻了解成本约束对项目成果的影响。这项工作增加了一项任务，即负责寻找到可以消除重复流程的点。它需要动手能力，需要使用建模工具和数据结构来管理信息。我们的 4Site 管理员的首要任务是维护业主的利益——寻找业主的短期和长期利益，而能够完成这项工作的条件是灵活性、开放性以及对大 BIM 流程的深刻理解。

152 ## 给业主的提醒

> 几年前，我参加了一家拥有 300 名员工的引领 BIM 应用公司的讲座，一位负责人和公司的 CIO 进行了演讲。在演讲的过程中，他们至少犯了五个关于 BIM 的明显理论错误。软件供应商为了提高自己的形象和地位，将错误的理论根植进了软件的宣传中，而公司的技术领导者也相信这一炒作。公司使用了这个软件，却不理解如何使用 BIM 系统来解决业主的长期信息需求。

我们正处于一个不断变化的时代，而有些人会说这是动荡的时代——即非常混乱的时代，混乱到让无良之人得以盛行的时代。通常来讲，那些声称自己有专业知识的人，才是那些对 BIM 的实施产生最不利影响的人。

出于种种原因，有关 BIM 的讨论引起了困惑。BIM 主题本身的复杂性，再加上市场驱动的自我利益，导致了许多误解，这些误解通常是无意的，但有时却并非如此。最好的方法就是保持警惕，抱着质疑一切的态度，无论被制造出的假象有多么可信和诱人。

"BIM 洗脑"作为一个新颖词汇，微妙（有时不是那么微妙）地错误描述了 BIM，它使用流行语和夸张的手法表达了一个不完整的想法。"BIM 洗脑"应该被避免，我们应该重新诠释其含义。

- "BIM 洗脑"就是推广某一 BIM 软件的解决方案，号称该方案能满足 BIM 的所有需求。
- "BIM 洗脑"是一个虚伪的词汇，即一类人在对相关工具和技术并没有实际了解的情况下，进行 BIM 演示、销售拜访和他人的工作审查。

- 生成误导性报告，并制作看似是在 BIM 工具中生成的图像，但呈现这些图像的目的是伪装在 BIM 中管理数据或图形展示的能力，这种行为就是 "BIM 洗脑"。
- 若有人声称他们无须通过练习、演示或手动操作演示 BIM 功能的情况下，就可以提供 BIM 服务，这种行为就是 "BIM 洗脑"。

业主是最常见的 "BIM 洗脑" 的受害者，但有时是其自己造成的损害。由于 BIM 已经得到了广泛的普及，但人们对它的认知和理解还是缺失的，所以许多客户在不知道如何陈述需求的情况下希望使用 BIM。

缺乏明确性和相关了解的业主会说："给我一个 BIM 软件，任何 BIM 软件。因为我不知道怎么提出正确的问题"，这个现象导致了 "BIM 洗脑" 的泛滥；反观那些花时间并努力学习如何专业地交付 BIM 的人，没有市场宣传资源支持也造成了一个困扰。无论是业主还是严谨的从业人员，防止被 "BIM 洗脑" 的前提是，首先了解成功的 BIM 的实施是要在许多程序之间共享信息，而不是仅仅选择一个可用的 BIM 软件。

近期，人们越来越以应用程序为中心，这在与 BIM 相关的读者致编辑的信、博客文章和研讨会主题上都有所体现。有这么一个不正确的说法："BIM 只是一个技术性商品，您所要做的就是购买正版的软件以取得成功。"这种错误的立场促进了供应商和顾问的销售，然而并不能准确地代表 BIM 的真实情况，BIM 的成功更多靠的是流程，由多个相互关联技术支持，而不是反过来靠软件，由流程辅助。

所谓的 "BIM 专家" 在传递一种对于 BIM 的错误认知，即使用和了解 BIM 需要培训和专业知识。他们使 BIM 的未来道路更加模糊，他们能带来的唯一好处，就是稍稍优化了 BIM 的潜力；反之，他们带来的坏处更为恶劣，他们的欺骗性行为会推进个人利益发展，同时损害他人在 BIM 学习上的进步。他们让那些刚接触这个主题的人无法确定，BIM 对于自身是否可接触或是值得付出努力。您要做的是保持警惕，并参照以下注意事项，确定自己是否正在被 "BIM 洗脑"：

- 如果您正在做大项目，而您认为仅通过一个大牌建模工具就可以实施大 BIM，那么您已经被 "BIM 洗脑" 了。
- 如果您的业务已经按照某个软件公司的产品线（无论是否在云上）进行标准化了，那么您已经被 "BIM 洗脑" 了。
- 无论是 DVD、硬盘驱动器还是云服务器，都不过是一种输出文件的载体。若您还用它们来进行小 bim，那么您已经被 "BIM 洗脑" 了。此外您还要注意的是，这种行为正在导致 "数据腐烂" 现象。
- 如果您专注于 LOD（无论是细度级别、进程级别或属性定义级别），并手动比较不同系统的数据和输出，或将数据从一个系统重新输入到另一个系统中，那么您已经被 "BIM 洗脑" 了。

- 如果您认为只有在所有的标准都到位之后，大 BIM 才会在未来的某处出现，那么您已经被"BIM 洗脑"了。

- 如果您认为大 BIM 仅适用于拥有大量员工，且对员工进行全面培训和预算充足的企业，那么您已经被"BIM 洗脑"了。

154

- 如果您专注于 nD（3D、4D、5D 等），而不是专注于以正确的方式将正确的数据提供给正确的人，让他们能够作出更好的决定，那么您已经被"BIM 洗脑"了。不应该将数据限制在精确的维度上。

在上述所有的情况下，初衷可能是好的，但仍然是被"BIM 洗脑"。在一些相关讲座、培训课程和办公室的闲聊中，人们对大 BIM 的误解已经根深蒂固。单纯且保有善意的人，通常会在坚持自己所倡导的东西的情况下，将他人带入错误的道路。

- 在大 BIM 生态系统中使用建筑信息模型技术是值得的，但伴随而来的这些问题也令人望而却步。特别是下面这种情况，即当正在建立具体流程以支持许多软件程序之间的信息共享时，在保持实时数据的同时，会将解决的方案透明可视化。阅读本书，通过完成"工作流"部分、了解基础的概念，您可以避免自己被"BIM 洗脑"或无意识传播"BIM 洗脑"概念。

新的流程

> 除非一个人同时担任 CAD/BIM 经理和首席执行官，否则他无法引领整个流程。如果 BIM 流程的领导力集中在 CAD、BIM 经理或其他 IT 人员上，那么您将长期停留在小 bim 上。如果以这种方式安排工作，工程最终将达不到最佳效果。

每当办公室闲聊的话题转向 BIM 时，主题要么是昨天的 CAD 经理，要么是今天的 BIM 经理。员工里是否还存在着只会管理技术而不负责其他工作的情况？如果有，那就需要重新考虑他们在大 BIM 生态系统中的工作安排。

成功的 BIM 实施是自上而下的。太多的管理人员认为 BIM 的变化有失他们的身份，坚持以一种类似于他们上一次重大软件更新的方式来推进实施。令他们感到懊恼的是，他们发现这套流程根本达不到预期效果。那些以这种方式使用 BIM 的人发现，在付出了巨大的代价，并失去了活力的情况下，他们经过数年的测试和培训后无功而返，又要重新开始⋯⋯

以技术为导向的员工对于大 BIM 是至关重要的。如今，CAD 或 BIM 经理作为技术上最熟练的员工，可能会（或不太可能会）为工作流程和您的公司增值。但是要在大 BIM 环境中做到增值，他们还需要具备适当的人员技能，而流程并非是关于技术的。

155　　促进行动是关键⋯⋯而不是技术。我们的目的是人们在相互关联的工作流中聚集在一起，以创建更好的项目，并让业主们更加满意。无论是创新的需求，还是变革的步伐，都比以往任何时候需要更高层次的战略来参与。使用技术解决问题，并在问题发生之前就防患于未然，是当下的重中之重。

CAD 或 BIM 经理需要合适的联络方式沟通，以提供技术支持，但成果和离散项目在这个环境下要首先占有一席之地。从全局看，信息技术（IT）人员应作为推动者支持大 BIM 生态系统的目标。在本书第 3 章的"核心概念"部分，我们详细介绍了许多 IT 部门所遇到的方向问题。如今，这些问题对于 BIM 流程来说百害而无一利。

直到现今，CAD 经理（和 BIM 经理）对于保持多样性至关重要，而这个概念正在消失。行业技术的重点如今正在朝着驶离高度复杂的标准和分层惯例的方向发展，而这些标准和惯例正是旧时代系统的标志。这些处理标准的复杂方法正在对用户透明，并与工具相链接。

大 BIM 依赖于既符合标准又易于使用的工具。在当今这种环境下，许多人使用的工具需要一定的技术知识。您的团队需要与权威信息源进行交互，规范化数据并管理网络服务的链接。团队所需要的人才，要具备的能力是创建和维护数据库、网站甚至更为理想的网络应用程序。在确保每个人都保持联系的同时，也必须维护和监控安全性。

在这种环境中存在着蓬勃发展的新标准，可让人们不只专注于一个领域，而是在许多应用程序和许多学科中如鱼得水。用户与作出决策至关重要的信息进行交互，而无须了解当前需求的复杂性。通常来说不需要专业的中介，但是理解来龙去脉是必要的，可以直接地、不过度地控制复杂性。当您的组织团队在这种环境下工作时，请记住这一点。

然而，当要处理 CAD 或 BIM 经理的问题时，要意识到您不能放弃所关联流程的领导权。以 BIM 为工具的关联流程是一项核心业务功能，要由执行层领导，且是组织中有能力的人。经验表明，如果把这个问题留给中层管理人员，或者把它当作 CAD 管理，您会得到好坏参半的结果。 **156**

- 您的组织中需要 BIM 经理吗？或是否需要定义信息经理或流程经理这么个新角色吗？请自行决定。您需要专门的工作人员来完成此任务吗？还是需要计算机技术员？您的员工能更好地专注于所安排的工作吗？而不是仅利用您的工具？请评估当前和未来的系统。您的系统是否需要专门的支持？满足当前手段的复杂性是否会减少小 bim？您将如何组织团队在大 BIM 环境中工作？请写下必须处理的任务和职责。

团队行动

根据需要，创建一支由非传统专家组成的干部队伍，可以为团队增添深度和力量。在经预先筛选的专家组的帮助下，可以提高您的知名度，从而更好地为客户提供支持并创建独特的服务产品。

把自己当成教练。在当今世界，把来自多个领域的专家聚集在一起，让他们作为一个团队行动是一种成就。很多时候，您好像是在赶着一群淘气的猫，或者是在训练一个即使输掉比赛也不会分享球的大前锋。

大 BIM 为您提供了一个框架和工具，可用于集中各种类型的专家，在建成环境的生命周期内提供服务，用以在比传统设计和施工所定义的范围大得多的环境中提供价值。任何一个专业都能理解和支持建筑业的所有领域的概念是有缺陷的。建筑领域议题的规模和范围是巨大的。

负责各个专业的领导者发现，他们的团队与稍前的团队有很大的不同，所需的专业知识水平早已超过了多面手的适应水平。为了满足需求，当今的项目通常包括许多专家。每个项目都包含一个或多个很少参与到稍前项目的专家，其中需要编码人员、心理学家、经济学家、安全专家、会计师、外观设计顾问和许多其他专家来支持当今的项目。

157   在项目中增加新的专家会带来新的问题。长期以来，挖掘专业人才一直是开拓新市场和开发新专业领域的一种渠道，会以有组织、有计划的方式进行，而专家通常来自与建筑业既定准则几乎无关的学科。

在某些情况下，专家们的工作习惯很难相互融合。他们不了解您对他们的期望、交付格式或工作环境。有些人几乎没有咨询背景，这些专家需要支持和培训，以帮助他们融入您的新关联流程；若没有这种支持，他们可能会出于好意地事倍功半工作或者破坏项目目标。

其他专家已经在使用将规划、设计、生产和运营联系在一起的流程。他们可能在关联的流程上，已经比您的组织走得更远。在这种情况下，请从他们那里吸取经验，并根据需求对流程进行调整。通过学习这些专家，找到向其他人的经验学习的契机，让他们帮助您扩充关联流程的专业知识。

您需要的是一个改变业务和设计流程的意愿，一个拥抱新技术的承诺、高度的责任感和真正的领导才能。您一定是一名很棒的团队教练！

● 概述连接非传统团队成员的流程。带头将其纳入 BIM 流程。

通信技术

> 我们有不止一个的利益相关者，无论他们在世界的什么地方，他们都在幕后全天候默默地跟踪每一个项目通信。只有他们意识到出了岔子时，才会不假思索地说出观点。当他们加入讨论时，我们会认真考虑他们的意见。当没有收到他们的消息时，才会明白他们的重要性，请赶紧行动吧。

我们仍在每天使用电子邮件，但是这一习惯还会持续多久？发短信、发推文和社交网络早已变得至关重要。我们可以从网络上获取新闻；当我们买东西时，通常会使用信用卡或借记卡；当我们旅行时，可以通过 Expedia 或其他旅行网站制定计划；我们的这些工具都是基于移动设备及 APP 的。

对于工作中的大部分来说，硬件拷贝和相应的数字副本已经是上一代的技术，经过短短几年的变化，云端和社交网络已经成为链接工作、个人网络、设备的媒介。在如今这种高度互联的环境中，请统一可使用的最佳资源，以便所有相关人员都能轻松地了解情况。 158

我们的目标是建立信任、简化沟通，最大限度地减少错误，并使每个人都参与其中。对于通信系统的规划来说，速度和频率至关重要。

在多数情况下，认为布置好电话线、设置好电子邮箱、购买好在线演示系统的访问权就完事大吉，然而这些是远远不够的，如今的常态是采用更多的交互模式。

每个人适应的通信习惯是不一样的，有些人会进行一小时多次的一对一通信；有些人只会被动地观察状况，只有看到感兴趣或关注的事物时才参与其中。您的通信系统必须同时适应这两种极端情况。

有些人偏好书面交流，另一些人则喜欢口头交流。某些交流用非正式的方式是最好的，而另一些交流则需要严谨的方式。移动通信工具、视频会议、屏幕共享、网络研讨会和其他技术早已广泛应用，每种技术都有自己适合的情景。采用一种兼顾透明度和隐私的方式，将它们统合起来。在统合的过程中，需要考虑以下几点：

- 电子邮件只能用于非关键通信；电子邮件无法达到大 BIM 要求的通信和合作水准；电子邮件拥有太多的不确定性，拥有太多可能对真正的合作需求造成不利影响的属性，且可能让人错过很多重要信息。通信是重中之重，因此，务必考虑采用其他工具。

- 必须有一种方法来收集团队创建的每个数据片段，并将这些信息放入可用和可重复的上下文中。您需要的不仅仅是普通的电子邮件，您需要的工具类似于 BIM 邮件，它可以链接到大 BIM 数据上。

- 在建筑业企业中，有许多重叠的通信需求。通信工具是非常重要的，它要能完成财务管理、项目控制、市场营销、通信、案例库、企业档案、电子协议和其他任务。博客、网站、社交网络和基于云的存储，是诸多有效工具当中的几种。大 BIM 将模型库、对象库、模型服务器和接口添加到供应链的新层级当中，用于管理层对施工和施工后的管理，此外，管理设施投资组合的通信方式也很重要。

- 没有任何一种解决方案可以满足所有的需求。这个世界已经从一些做得很好的大软件和一些中途夭折的大软件，转向那些可能只把一件事情做得很好的 APP。 159

- 建筑业的业务需要让所有数据的每一部分都能接入更大的信息世界。在后台，APP 和共享数据链接。考虑一下直接链接到项目任务的费用清单和直接附加到房间与空调的提交文件，它们在整个资产生命周期中都适用。不久的将来，我们可能会依靠这些链接来保障对我们全球资产的实时了解。

● 互联网已经成为大多数大 BIM 通信的试验场，它已经从一个少数专家和极客相互交流的地方，发展成为一个让我们所有人都受益的地方。广泛分布且有网络支持的数据库应用程序，可以吐纳信息，也指示出了建筑业即将应用的新功能。

● 像 Yelp、Expedia、eBay、Amazon、iTunes、Amazon Prime、Google Express、英国的 NBS 产品库、BIM Object、Autodesk Seek 以及数以千计的其他系统，积极地将多来源的数据链接起来，而在几年前，大家认为这种通信是不可能实现的。此类系统结合了地理信息、产品信息、社交网络、商业和其他数据，让人们仅通过决策所需的信息近乎实时作出决策。

BIM 邮件是迈向完整大 BIM 生态系统的基本环节，因此可以将 BIM 邮件视为一个 BIM 社交网络。使用 BIM 邮件，就能查看本企业的用户并在团队中设置小组，也可以在实时模型中查看 BIM 邮件的消息流。

BIM 邮件可以将项目通信与大 BIM 直接链接，指示出信息发出的地理参考位置。BIM 邮件发送的消息为收件人提供了指向实时模型或文件位置的链接，这样他们就可以在上下文中查看讨论内容，而不必通过翻阅文件来查找电子邮件中引用的图纸。

通过 BIM 邮件，就可以保留项目的通信记录。在模型中保留的决策信息，能够支持未来的思考，减少项目后期的不明智决策。换言之，要选择某项内容或需要什么细节，在现在或者未来都是可知的。

本系统嵌入了带有注释、外部链接、文件附件和许多其他类型信息的草图，目的是让团队成员能够在模型的地理空间环境中，积极参与有关项目的讨论。BIM 邮件是将相互关联的团队联系在一起的粘合剂，以便不同地区的人们可以同时参与项目。

160   如今您可能还不需要把数据链接起来，但未来这一情况将会改变。您的模型中包含工程的实时位置信息，且可以跟踪，因为 BIM 邮件会保持与这些实时位置的链接。

有关工地的讨论和相关文件都附在工地模型上，那些关于楼层平面图的讨论和相关文件都附在楼层平面图上，以此类推。用户在近乎实时的环境语境中进行交流。同时，通信都是时间编码的，跟踪更改以维护所有操作的记录。实际上，这意味着关于工程场地、建筑、房间或构件的交流信息将成为建筑信息模型的一部分。我们要让决策背后的逻辑从构思到实行都遵循规律，然后运用于特定情境当中。

● 查看您现在使用的通信工具，摆脱（或至少减少）对电子邮件的依赖。审视您现在使用的通信工具，分析它们如何对创建的数据归档。考虑您的工作方式以及合作伙伴的情况，来评估您现在的选择。

如果无法使用 BIM 邮件，请选择基于网络的最佳协作工具。总会出现系统之外的问题，您需要适应和填补缺口，并使用多个软件包来覆盖所有需求。我们使用许多谷歌工具和基于网络协作工具的 Basecamp 套件来补充 BIM 邮件。

如今，大多数人都在某种程度上了解并使用谷歌的工具，Basecamp 产品是一个简便工具，如果不需要直接联网到模型，任何一个工具都可以胜任工作。在已知数据随时可用，并且可以根据需要将其接入我们模型的情况下，我们可以使用这些工具。Onuma、谷歌和 Basecamp 都意识到了这样一个事实，即大多数失败的合作都来自失败的沟通，而他们的产品证明了这一点。

Basecamp 的产品使项目沟通和共享变得非常清晰、简单，但是，有些时候这不是真正的关键所在。BIM 邮件、谷歌和 Basecamp 产品出现的通信问题通常是团队成员不允许其他人访问小组通信工具导致的。发生这种情况时，作出的决策是片面的，结果就呈现为多年来困扰行业的沟通问题。

没有一种通信工具可以满足所有的业务需求，但有各种各样的业务相关工具可以满足建筑业的通信需求。在测试了众多产品、进行了成本分析、使用了定制的解决方案并成为大量浮夸宣传和虚假承诺的牺牲品之后；BIM 邮件和 Basecamp 工具经受住了时间的考验。它们是我们业务的最佳组合，所以我们使用它们。当我们评估通信工具时，我们探寻并要求一些要点。这是我们评估的基本内容清单：

- 定义需求并评估可用选项的功能。
- 定价结构。我们通常会淘汰任何按项目数或按用户数计费的产品。按项目和用户数计费的理念与所有使用大 BIM（或小 bim）人的目标背道而驰。当我们购买一个新工具时，请确保在全面应用时几乎没有阻碍，我们可以在工作环境中检验这笔投资的价值。
- 易于使用？仔细观察易用性。我们通常可以在几分钟内判断出一个潜在新工具是否能正常工作。
- 系统是否捆绑我们的数据？我们无疑不允许供应商绑架我们的数据。您使用的系统要确保即使更换供应商也可以继续访问数据。确保您是数据的唯一主人，并且系统允许互联共享数据。注意诸如开源、开放标准和 web 服务 API 之类的术语，以确保您的数据不会被锁定在将来无法访问的地方。尽早尝试使用一下供应商的备份系统，看看会有什么发现。
- 系统会试图包揽过多事务吗？我们对一体化的通信系统要保持警惕。在 APP 的世界中，在通往卓越的道路上，要使用最好和最经济的工具完成每一项工作，而不是依赖一体化的程序包。传统意义上，适用于所有用户的全功能程序包是非常昂贵的，并且充其量只能提供平庸的性能。从表面上看，管理多个数据库系统处理业务需求要比使用一体化的解决方案更复杂，且成本也更高。而使用多种系统时，由于这项技术已经如此便宜和成熟，以至于我们没有理由拖延或是收取它的费用。

"公开透明的系统具备自我修正的能力。"

——萨德·艾伦（Thad Allen），美国海岸警卫队上将

162   **尝试新事物**

> 抓住每一个机会，在员工、顾问和客户圈中强化这些概念。做一些您从未尝试过的事情，如冒险、学习一项新技能，或是积累深厚的知识和广泛的兴趣以成为专家。成功来自计划、行动和产出。

从一开始，我们就致力于在项目的每个部分中创建和使用信息。附带的好处是具有更好的文档和更好的图像。我们的基本目标是消除业务的周期性。我们已经厌倦了跌宕起伏。我们相信，我们眼中与 BIM 等量齐观的工具以及新的流程，将为剩余收益流创造机会。

在早期，我们意识到我们无法直接出售工具和流程，利益相关者不在乎我们如何解决他们的问题。没有人愿意支付额外的费用，收益要么不明显，要么难以衡量。相关概念太复杂了，对于行业内外的每个人来说，整个想法都是陌生的。

当我们谈论这项技术时，人们的目光呆滞了。在极客成为时尚之前，我们就是极客。只有通过使用技术和流程把工作做得更好，才有理由接受这种新的工作方式。我们不再谈论我们的工作方式和使用的工具。在企业内部，我们使用了工具，并调整了流程，以更好地为客户服务。这个策略奏效了。不久之后，我们就在大 BIM 中完成了学校、环境中心、医疗设施和许多其他项目类型的开发，而没有大张旗鼓地宣传。

光是"BIM"这一词汇并不能说明我们在做什么，它当然也不能解释我们的工作方式。模型只是"等式"的一部分，得到"结果"的是围绕模型的所有事物。通过在业主拥有更好决策信息的环境中提供更好的结果，我们可以创建更好的项目并使之变得更有价值，客户也愿意付钱让他们的项目做得更好。

- "大 BIM"这个术语是为了更好地描述我们的实践中所发生的事情。大 BIM 已成为使用技术来改善流程以减轻客户压力的代名词。您可以向客户解释，它可以帮助他们对自己的项目更加有把握。如果在早期流程中就使用技术提供丰富且高质量的决策信息，那么他们将受益，这对他们来说很容易理解。客户可以明确地看到其中的价值，他们会表示理解并愿意为此付钱。

163   **案例研究：监护人计数**

> 当一个人经历了一个大 BIM 的部署，他就会知道，不可能预先计划好随着生态系统

的成熟而改变一切。新事物总是以意想不到的方式发生，而且常常带来意想不到的好处。这样的好处很难量化，但却能带来很大的投资回报。

这个系统有哪些有趣的特点？

- 一旦建立了大 BIM 生态系统，新的事物就会出现，新的机遇就会出现在眼前。
- 它展示了在大 BIM 生态系统中发现了将数据用于新用途时，可能发生的快速转机。
- 它展示了大 BIM 生态系统在时间和资源节省方面优于目前的方法，可解决困扰当前许多资金和管理系统的计数问题。
- 它显示了设施数据的分阶段利用，通过文件交换从实施大 BIM 生态系统中获得直接收益，这是在资源允许的情况下进行实时信息交换的过渡步骤。

您可能读过这个案例研究的标题，然后认为这不适用于自己，那么您需要重新考虑一下。

下文的电子邮件展示了负责控制全州范围资金分配的管理者，以及维护学校客户生态系统的人员之间的通信，双方的对话详细介绍了大 BIM 每天都在产生的多种意外收益。

那些拨款给公立学校的人努力将稀缺的资金公平分配以支持教育。联邦、州和地方政府以多种方式分配资源。在某些情况下，资金分配的过程就像"学校需要这些钱？那就给您"一样简单……而在大多数情况下，某些可能（或可能不）与实际需求相关的计算决定了资源的分配。就大多数情况而言，决定分配的计算需要使用度量标准。例如，每个学生所分到的钱数、每种教室所需的支持人员数或每个学生预计需要的平方英尺。这些参数通常需要复杂的计算，而这些计算基于多种来源的数据输入，如设施数据、人口普查数据、注册数据、成本和时间标准以及多种其他数据。

地点：特拉华州，美国

164
165

委员会开会商定过程；立法机关颁布法律以强制执行；而资产设施管理者则致力于公平地应用这些指标，每所学校（或学校系统）收到多少钱与这些指标及其应用方式相关。整个过程既费力又复杂，充满了出现各种类型错误的潜在可能性。

下面的邮件说明了大 BIM 如何在提高效率和促进公平的同时帮助规范资金拨划过程。这也是实施大 BIM 生态系统所带来的重大的、计划外的好处的一个例子：

致大 BIM 经理（星期五下午）：

"您好，今天早上的会议又一次让我受益匪浅。谢谢您抽出宝贵时间。附件是特拉华州政府用来计算监护单位的电子表格。

一些相当于教室的空间可能不被称为教室，但却是一个教学场所，如图书馆。一个图书馆可以相当于一个或多个教室，这取决于它的大小。我们以图书馆的面积除以教室的平均面积，以确定等效教室的数量。

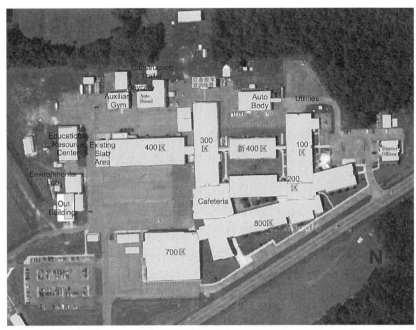

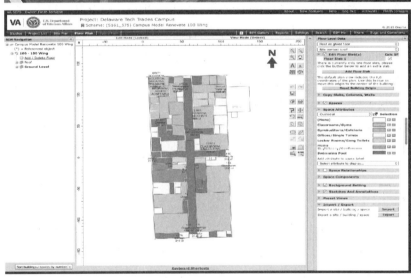

　　一些学校系统将监护人计数作为拨款指标，这直接影响到人员经费，并且需要进行复杂的评估，即将经费、面积、空间类型和用途联系起来

注：1. Construction Trailer 施工拖车；2. Daycare 日托所；3. Auto Diesel 加油站；4. Auxilian Gym 健身房；5. Auto Body 汽车维修店；6. Utilities 公用设施；7. Educational Resource Center 教育资源中心；8. Existing Slab Area 现有板楼区域；9. Wing 区（联体建筑的一个部分）；10. District Office 地区办公室；11. Environmental Lab 环境实验室；12. Out Buildings 外部建筑；13. Cafeteria 自助餐厅；14. Delaware Tech. Trades Campus：项目：特拉华理工社区大学贸易学院校区；15. VA/The U.S. Department of Veterans Affairs 美国退伍军人事务部

图 4-2　特拉华理工社区大学贸易学院校区卫星图和其中 100 区建筑 BIM 模型

　　很多时候，礼堂的舞台被用作音乐教室，并且可以算作一个等效的教室。对于办公室，州政府规定按照我们的标准公式计算办公室的平均面积。然后，我们要么将一大堆较小的空间算作一个办公室，要么计算适合大型前厅区域的办公室数量。

在这些区域中，平面图可能会显示一个较大的开放区域，却不会显示实际的隔墙。

附件是该州将拨款的建筑规模的施工公式/参数。教室和办公室平均大小取自州给出的公式。"

——来自资产项目经理

致资产项目经理（抄送：拥有大 BIM 生态系统的学校设施与运营总监）（星期五晚上）：

"正如您建议的那样，我们在高中模型中添加了一个指标来管理监护人计数。长话短说：

我们创建了一个名为'监护人'的新指标，并将学校中的所有空间数据导出到 Excel。然后，我们会根据 Excel 电子表格对每个空间进行分类，并将电子表格推回到该模型中。

在这一点上，我们根据州的计算'监护人'需求的标准，对模型中的每个空间进行分类，以便我们可以让系统进行计数。对于食堂和其他空间，它们取决于座位数，由于我们没有实际座位数据，因此增加了座位数预测。

然后，我们将数据重新导出到 Excel 中，为清楚起见，删除了未使用的列，并将适当的类别链接到电子表格中，以便根据模型数据进行计算。电子表格中的空格选项栏数据直接来自大 BIM 生态系统中的高中模型，并且仅为了清楚起见而进行了清理。

除了在原始电子表格中，我们没有进行任何计算，作为参与计算的人员，我们合并了电子表格中的类别以简化计数（例如，更衣室和洗手间都具有 0.5 的乘数，因此它们成为一种类型）。

整个计算从今天下午 5 点开始，花费了 1 个小时 45 分钟。在这一点上，使用电子表格方法，一个新学校在系统中对空间进行分类，总共也要花费 20 分钟。如果通过 web 服务进行同样的工作，它将近乎实时完成。如果您希望此报告在全州范围内正常运行，则需要先花费几天的时间创建 web 服务链接。希望这将为您的讨论提供一些宝贵的支持。这样一来手动准备的时间是不是更长？

此外，通过打开校园中任何建筑物的'监护'属性，便可以在模型中看到分类，也可以从模型中提取图像以显示这一点（如果需要）。我们不知道高中目前的监护人计数是多少，因此请不要在任何州或区的谈判中使用。"

——来自大 BIM 经理

致大 BIM 经理（星期二上午）：

"哇，太好了！

如果我今天要用高中平面图对监护人计数进行评估，那么我会在评估楼层平面图、仔细检查、输入数据和开始正式通知中花费至少 3 个小时。如果图中有含糊不清的地方，我将不得不为了澄清而联系地区主管。学校图纸的不确定性经常使整个过程时间更长。

根据我的记录，这所高中的监护人数为 21，而您的计算显示为 27。我必须回去看看不符之处。

如前所述，我花了 3 个多月的时间才完成另一个学区的 32 座建筑物的监护人计数评估。我们经常发现的是，他们的图纸有很多歧义。"

——来自资产项目经理

致资产项目经理（含密件抄送：设施和运营总监）（星期二上午）：

"谢谢您！如果各区在系统中有自己的规划，那么'永久地'消除歧义的过程自然会发生。唯一的变数可能为一类情况，那就是他们正在规划新工作（例如，提议增加的高中面积放在空格选项栏的底部）。

如果其他学区的计划已添加到系统中，而您选择了电子表格导出方法，则可能需要 1 个小时来完成此工作。如果您选择的是 web 服务的方式，则需打开系统并查看报告的时间。在您之前为另一个地区所用的 3 个月中，您本来可以对该州的大部分地区进行评估，包括对学校核心模型的输入。

教室计数很准确，和我们从纽约州当前设施数据库中提取的信息完全一样。

建议：您现在可以考虑修改公式，从总教学区域计算中求出'等效教室'，因为您现在可以获取每种使用类型的实际平方英尺。这样，用于教学的任何空间都将得到相同的对待，而不是在一个 1200 平方英尺的教室中安排一个监护人，在 4000 平方英尺的媒体中心（每一监护人 750 平方英尺）中安排 5.33 个监护人，总共安排 6.33 个监护人。作为"等效教室"的公式：5200 平方英尺（教学空间）除以 900 平方英尺 / 每个监护人，等于 5.78 个（监护人）。通过为传统教学工作站分配一个值，为非传统教学空间分配不同的值，整个计算会变得更加准确。"

——来自大 BIM 经理

致大 BIM 经理（星期二下午）：

"在上一届度量标准委员会会议上，我们讨论了监护人计数公式应如何进行修改。现在，许多学校为了充分利用自己的空间，在他们的大厅（作为公共空间）中放置了一排计算机，学生可以用来进行考试或执行其他计算机工作（因此将其视为教学空间）。

我们可以计算出门厅的面积，然后将其除以教室面积，就可得到等效教室数量；另一个难点是热力厂。在过去运行旧锅炉需要更多的人力，而如今加热的设备和方法已经改变，最后一次正式更新监护人计数公式是在十多年前。"

——来自资产项目经理

致设施和运营总监（星期二下午）：

"有您们学校项目打下的基础，可以使我们仅花几个小时就能应对纽约州关心的任何问题，这可能是该州的资产项目经理以前从未见过的，也许这个行为会把事情推向意想不到的更好的方向。"

——来自大 BIM 经理

人们使用度量标准来达成他们自己的目标和争取最大化拨款，这应该不足为奇。大 BIM 提供的工具可以将来自多个来源的数据链接起来，以近乎实时的方式为拨款决策提供依据，为学校建设铺平道路。

第 5 章

关注资产，而非项目

　　在建筑业工作的专业人员倾向于将项目作为最终目标。未来的关键是关注资产，而不是分散的项目。

　　以项目为中心，基于小 bim 方法的改进只能纠正我们所面临问题的一小部分。全球解决方案需要更广泛的背景。修补项目可能会缓解症状，但不能根治疾病。行业必须拥抱更广阔的建筑资产世界。

图 5-1 城市中心林立的建筑资产

171 **新的焦点**

> 整个建筑业越来越意识到，向资产管理而不仅仅是项目管理的方向发展有多么重要。当我们将某物视为一种资产时，它往往会引起我们的长期关注；而当我们想到一个项目时，我们想到的是在某一时候（通常在短期内）将要结束的事情。

我们的建筑物，包括各种各样的形体，是我们需要用长远眼光思考的事情。当我们将资产视为已经完成的项目时，桥梁开始坍塌，建筑物失去能源效率，制造设施失去生产力。没有持续的关注，我们的项目最终将变成毫无价值的资产。

关于项目思考的效果是很容易看到的，当国家公园管理局（National Parks Service）近期庆祝其成立 100 周年时，《华盛顿邮报》的主要报道却是去年 110 亿美元的延期维护费用问题。我们所有人都遭受过道路的坑坑洼洼、桥梁维护不善以及高速公路延期维护带来的相关恶劣问题。每个医院、学校或公共建筑中，都出现了越来越多的未拨款、延期的维修项目清单。解决我们因专注于项目而造成的系统性问题，需要花费高达数十亿美元的不菲资产。

将我们的建成环境视为一种资产，可以促进形成我们日益复杂的世界所需要的整体的、全寿命周期的思维。但是，我们所说的资产，到底如何定义呢？

引用国际标准化组织（ISO）的资产定义来解释——资产是指具有潜在或实际价值的商品、事物或实体，资产包括人员、财产、房地产、信息技术、船队、基础设施、文化财产、资源、金融资产等。

根据这个定义，建成环境中的一切都可以（并且应该）视为资产。ISO 55000 资产管理和 ISO 15686 使用寿命规划标准规定了这样一个事实，即关于我们的资产的信息需要使用已定义的流程进行管理。标准要求建立大 BIM 生态系统来管理资产信息和拥有资产的总成本，因为没有完全掌握资产相关信息，就不知道所拥有的，也就不能支持正在努力实现的目标。

172 美国海岸警卫队经常在紧急情况下执行任务，因此它成为利用建筑信息模型将任务执行与资产管理联系起来的领导者也就不足为奇了。如果没有资产管理，美国海岸警卫队就无法获得有关船只的实时信息，比如船只的位置、燃料和物资的多少，以及其他各种信息，他们更无法在正确的位置为他们的机器提供适量的燃料和补给并再次出发。在紧急情况下，这些信息变得非常有价值，关系生死。

使用建筑信息模型可以显示资产之间是如何相互关联的，对任何实体的成功都是有益的。通过可视化地展示环境的准确信息，拨款讨论变得更容易管理。通过模型的建成环境与财务相关联，可以使任何利益相关者（不仅仅是领域专家）作出明智的决策，避免因错误而导致的大量金钱、时间的投入或损失。由于大 BIM 可以存储和增强信息，所有利益相关方的共同目标，包括以最低的成本确保最高质量，变得可以实现了。

信息即资产

> 这看起来可能不妥当，但是通过专注于资产，完成那些需要培训以及专业知识储备的高度复杂任务，对于所有利益相关者而言都变得更加容易。运用数据的新流程和新方法，变得可行。

有关建成环境的信息是一种资产。当将信息视为一种资产时，您的思路就发生了转变，使您可以采用有效的互联网工具和业务流程。随着专业人员朝着互联决策的方向迈进，BIM则成为您在资产中寻找价值的标准信息源。

我们的起点，是建立一个大BIM生态系统，来定义如何以开放且安全的方式共享信息。拥有结构化信息的企业，在转向大BIM时会迅速提高生产力和经济利益。当一个企业的结构化数据库欠佳，电子表格的格式混乱，且信息割裂不连贯时，他们还要进行很多工作才能完成向大BIM的转换。

那些在规划、设计和施工方面具有丰富经验的人都知道，在项目开端决策中产生的微小错误可能会产生难以估计的结果。看起来像是小问题的事情，在发觉后本可很容易地纠正，但随着事情的进展，这些事情通常会升级为主要问题。大BIM生态系统有助于及早发现并纠正这些小问题，以最大限度地减少对于流程后期的影响。

- 当数据被链接并在许多软件程序之间共享时，信息开始以不期而遇的方式用于决策，从而揭示项目时机并暴露潜在的威胁。您可以最大限度地减少初始错误，而您的目标应该是以自动化方式尽可能链接所有的东西。然而，在当今许多情况下，我们仍在继续进行文件交换……知道了这个问题，我们就应该尽快进行改正。

转向以资产为重心的同时，也让我们朝着关联的（系统）思维进行转变。以资产为重心的专业人员在整个生命周期中都在关注资产，而有了这样的关注点，处于不同阶段的工作人员就能够了解他们所做工作对下游（生命周期）的影响。

设施生命周期中的大多数维护任务仅需要简单的图形或根本不需要图形。大BIM生态系统使用高复杂度的图形，图形在被需要时需要功能强大的专用计算设备来输出，但不会给流程带来负担。

例如，设施经理在没有柱基板和其他结构系统的可视化模型的情况下工作得很好。他们从电动机尺寸、过滤器数量、泵额定值和其他可能不需要或很少需要图形的机械数据点中获得了巨大收益。大BIM工具以最能满足个人需求的方式有效地共享资产信息。

结构工程师了解设施工程师在结构系统中的需求，并帮助他们获取用于支持设施管理的信息；反过来，设施工程师也同样如此，他们了解下一次翻修时结构工程师会需要什么，也会为结构工程师提供所需信息。因此要建立一个能够满足生命周期需求且能互补的团队，而

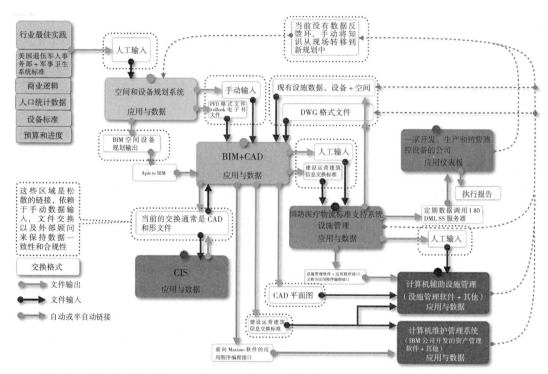

互联网驱动的模型使您能够以有力和精确的方式，可视化有关资产的信息。数据来自内部和外部资源，并被多种工具进行分析和完善。相关流程使有关资产的数据更加丰富和完整，所有这些的目的都是为了提高业主对结果的确定性

图 5-2　设施管理各相关方资产信息交互

不仅仅是满足项目需求。

　　突然之间，建筑业摆脱了当今陈旧的方法。如果可以通过开放标准获得资产信息，则可以更容易地采用新的工具和流程来提供可能的实时收益，并且是在使用现有数据和基础结构的情况下，而不是重新开始。

175　　当今的企业都在成功地部署大 BIM 生态系统，以帮助他们管理资产，本书中的案例介绍了他们的成功经验。这些企业中的人们将从工具中受益，这些工具只是仅仅向他们提供作出决策所需的基本信息。即使运用高度复杂的系统，他们也很难遇到操作上的复杂性，因为复杂性对用户是透明的。

　　当您使用 Expedia 预订机票或 Yelp 进行调研、查找餐厅并给餐厅打分时，可使用类似于大 BIM 系统的功能，而这仅是与大系统中的一小部分进行交互。处于幕后的是一个高度复杂的生态系统，而人们仅与其所需的部分进行交互，即可完成要做的事。今天，公司所做的许多工作都近似于手动创建 PDF 文件，就像您要去法兰克福旅行而要下载的。

　　如今，使用小 bim 或大多数独立软件程序，可能等同于登录 Expedia，并要求下载从都柏林到法兰克福的所有航班的 PDF，以便您将来可以选择一个航班。当您完成下载后，通读并了解了航班计划，然后回到网上预订行程。这期间情况可能会发生变化，因此您必须重新开始，

所以您最好的选择是打电话给旅行社。

唯一的区别是，旅行社会派人到航空公司的办公室，在记事本上抄下他们的航班时刻表，返回办公室，在文字处理机中输入航班时刻表，并生成 PDF 文件，然后将其上传到服务器供您下载。这不仅速度慢，而且充满了冗余步骤且低效。

最糟糕的是，上述行为是如今小 bim 软件程序的工作方式。如果大多数互联网站点以这种方式工作，它们将毫无用处且完全无法正常运行。对于学校系统、医疗保健系统、政府机构和大多数综合设施业主而言，当今大多数设计和施工专业人员提供的小 bim 流程令人沮丧，他们的流程无法满足资产业主和运营商的需求。

现在，互联网站点执行类似于建筑业所需功能的操作是常例。资产业主需要在许多不同的数据源之间建立链接，以做他们必须做的事情才能获得生命周期收益。

一些业主以及一些设计和施工领域的专业人员，正在使用大 BIM 做相同类型的事情。人 176 们将他们的模型用作图形界面，来获取所需的信息，而不必考虑其他问题。通过使用一种面向服务架构的方法，建立一个任何地方都能推送和提取信息的系统，该系统使资产信息更易得到。他们意识到了，资产数据在无法访问且不准确的情况下，变得一文不值。

- 您有能力改变这个局面。使用大 BIM 就要从获得更好的信息开始，以增加决策出更好、更可持续结果的可能性。通过将传统的、一次性的项目方法与资产管理结合起来，就可实现大 BIM 的愿景。以新的眼光看待建筑业，使其更具韧性。信息是一项至关重要的资产——建立一个大 BIM 生态系统，使您的资产信息可以通过更多的平台流向更多人，是一个好办法。

资产信息：细节水平

177

> 如果目标是满足一个合同产品生产需求，那么将细节水平设置为离散的层级可能是有益的。但当目标是要控制全部技术人员的工作时，它很难帮助业主协调和管理与大 BIM 生态系统相链接的复杂数据。对于那些要求系统专注于交付特定细节水平模型的人要小心，他们反映了传统的工作方式，对大 BIM 生态系统进行了次优化。

"大数据"是一个术语，用来描述我们所有人都能获得的大量信息。对我们而言，重要的是认识到每种资产都有不同类型的信息可用，不同的人想在不同的时间了解关于资产的不同的事情。根据数据、项目、团队和业主的不同，请求信息的顺序也不同。

仅凭描述和解释不能真正判定一个信息模型是否具有处理复杂活动的能力。出于这个原因，本书内的工作流程和案例研究，可让您能得到更多的实际操作。在过去的 20 年里，人们付出了大量的努力，试图对模型中包含的信息进行量化。

现在有个概念被称为细节水平（LOD），它试图对设计和施工过程中不同阶段所需的信息进行排序。从概念上讲，在项目开始时需要的细节较少，而在开发和建设过程中添加了较多的细节，然后在运行项目时会添加更多的数据。虽然不同的细节水平方法可将项目阶段划分为五个、六个、七个或更多步骤，但事实上有太多的细节水平需要考虑。

细节水平的起源故事

> 大 BIM 的表现，从数据的观点来看，可能有着最高可能性的细节水平（LOD）；从图形表示的角度来看，可能有着最低可能性的细节水平。事实上，红点模型或表格数据库，可以承载每个可想象的数据点。

2004 年 1 月 15 日上午，在飞往俄亥俄州克利夫兰的一架飞机上，基蒙·奥努马（Kimon Onuma）勾勒出了一种概念——如今被称为细节水平（LOD）。在草图中，他把这个想法称为数据仓库模型，即水平定义。

178   这个想法描述了一组序列模型的开发过程，实现于财政上受限的环境。它涉及链接现有的信息，并使其可计算。渐渐地，随着时间的推移，信息以几乎不增加成本的方式被添加进来。随着设施的改变，从流程中抓取数据以使模型中的信息更加完整，直到模型发展成为现实世界状态的虚拟表示。

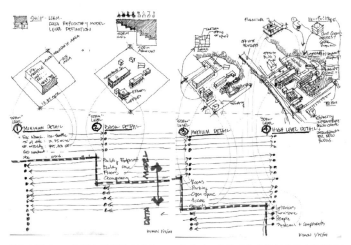

随着时间的推移，细节水平（LOD）概念已经演变成大 BIM 的基础，并且成为我们拥有整合数据进行互联决策能力的基础

注：1. D.R.M（data repository model）：数据仓库模型；2. Minimum Detail：最少细节；3. Fac. Name：ISC Seattle：设施名称：ISC 西雅图；4. SF. of Site：场地面积；5. SF. of Building：建筑面积；6. GIS coordinate：GIS 坐标；7. Basic Detail：基本细节；8. Building Footprint：建筑覆盖区；9. Building Use：建筑用途；10. Floors：层数；11. Occupacy：使用面积；12. Medium Detail：中等细节；13. Rooms：房间；14. Parking：停车场；15. Access：出入口；16. Security：安保；17. High Level Detail：高水平细节；18. Interiors：室内；19. Furniture：家具；20. People：人员；21. Components：部件

图 5-3   基蒙·奥努马（Kimon Onuma）的细节水平（LOD）构想草图

　　自 2006 年大 BIM 和小 bim 的概念发布以来，很多学者已经撰写了关于细节水平（LOD）、开发水平以及用于建筑信息模型的类似结构的文章。当您阅读他们的材料时，您会理解不同的企业和系统所采取的立场。例如：

- 大多数人把细节水平作为一种规定性要求。细节水平用于定义模型中必须包含的内容，以遵循合同或团队工作的要求。其他人则把细节水平作为能力的衡量标准。在这种观点下，细节水平将用户和公司分开来评估他们的能力，就像人们可能使用资格考试来评估能力一样。另一部分使用细节水平来描述模型开发的阶段，这种方法与早期的设想最为一致。

- 同时也存在着混合方法，试图更好地定义细节水平和信息模型固有的复杂性。这些方法要么从虚拟模型中分离信息，要么创建新的首字母缩略词，以更好地描述开发模型的过程。

　　没有一种方法能够准确地描述模型发展过程中所发生的事情，每一个都是小 bim 的大致近似值。在一个大 BIM 生态系统中，细节水平几乎没有价值。在大 BIM 中，许多指标和数据的细节水平几乎是无限的。

179

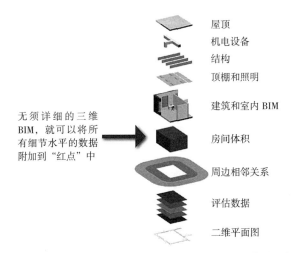

对于目前大多数被接受的细节水平定义，红点模型充其量只能是最低级别。尽管到目前为止，数据是模型中最有价值的部分，但大多数细节水平等级体系忽略了数据。数据可以代表关于红点模型的所有内容，包括用于绘制点表示对象的高度详细图形表示的数据

图 5-4　红点中可以加载的数据

　　在必要的时候使用细节水平。在某些情况下，如果您想参与进来，您将别无选择。请记住，细节水平只不过是一种评估、控制和交付在桌面建模工具中建模的机制，真正的价值和大部分用途都落在其他地方。

　　您可以分步骤创建信息模型，在转换过程中几乎没有数据丢失。通过建立一个数据长期规划的概念，信息模型可以随着时间推移，以创建关系数据库的方式来创建。在大 BIM 环

境中，这是更好的从零转变到具有韧性且完全实现企业模型系统的方法。

大 BIM 很快就会变得非常有用，特别是在敏捷开发环境中创建时。但它不是有序的，它是随着资产条件的变化和新信息的出现而不断丰富的。

180　　　您可以从一个容器或者一个小的红点开始，然后收集并链接现有数据，之后添加体量，再往后添加一些空间。您可以标记成本、指标和类型的区域，添加这些是因为它们是可用的，或者看起来数据可能是有益的。把您所有的东西都扔进一个小的红点里，它就迅速成为一个数据丰富的信息模型。

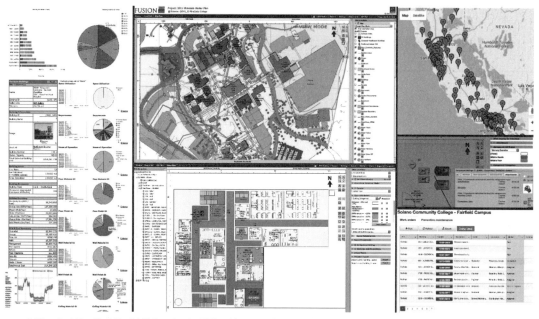

从第一步开始，模型是可计算的。它可以计算区域、显示关系、生成饼图和展示指标的平面图。您可以可视化工地的阻塞和堆叠。项目成本也按进度表进行分解，以便更好地理解项目全貌。场布是否合适？我们能够朝着这个方向前进吗？我们可以使用这种方案来满足对应任务吗？

注：Solano Community College – Fairfield Campus：索拉诺社区学院费尔菲尔德校区

图 5-5　集成丰富信息的红点模型支持各项决策

大 BIM 信息模型历经无限多的细节水平演进，图形表示是这个级别体系中不太重要的内容，任何细节水平的模型都可以（并且正在）用于管理一些大型企业的资产和投资组合。在大 BIM 环境中，即使是最低细节水平的模型也能使业主有能力进行资产规划、工单管理、场景规划等。

181　　　除了帮助描述使用小 bim 建模、分析和协作工具的流程外，细节水平几乎没有什么价值。只有当受到设计和施工操作的控制时，细节水平才有必要。在这种情况下，细节水平帮助控制事件的顺序、工作产品的范围和合同的标的约定。这种情况之外，细节水平很快就靠边站了。细节水平假设在信息模型的进展过程中有一个有序的过程，就像在设计和施工中有时发

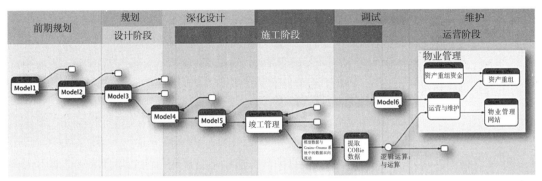

大多数细节水平使用的核心流程可以追溯到大多数 BIM 专家试图消除的信息孤岛工作流程。一个系统的过程是否反映了每个专业以最佳方式建立其模型的工作流程？这是管理设施生命周期的最佳方法吗？

图 5-6　项目全生命周期 BIM 模型演化

生的那样。事实是，事情是复杂和混乱的。大部分工作并不是有序发生的。

- 查看 BIM 流程中的每个任务和阶段。请理解，与许多发布的相反，细节水平不过是对正在发生的事情的粗略估计，因为有太多的细节水平要考虑。这就是大 BIM 能派上用场的地方。接受所有阶段的模型都可以作为实时资产同时维护的事实，大 BIM 使数据和模型在贯穿资产的整个生命周期内，在需要的时候和需要的地方都能被使用，从而完成工作。

验证：规划流程

182

> 字典对"验证"的定义是：确定有效性的程度；宣布或使之有效；表示官方的认可；确定完整性；证实。简而言之,您使用手边的工具,从尽可能多的角度支持项目以获得成功。

大多数项目都是按顺序进行的，特别是在设计和施工阶段。交付设计和施工项目的工作过去是使用大 BIM 生态系统来聚焦资产的，而现在则广泛使用小 bim 工具和它们所支持的过程。但是，应该考虑方法上的一些变化，有些很细微，有些不太明显。以下章节详细介绍了生命周期中大 BIM 的设计和施工阶段。

在一个大 BIM 生态系统中，项目最理想的起点是起步于验证业主对资产使用的需求和目标的流程。有许多方法可以考虑。在英国，验证可能依赖于雇主的信息需求（EIR）、资产信息需求（AIR）和其他高度正规化的工具。在其他地方，验证看起来非常类似于高度详细的可行性研究。无论采用何种方式，验证流程都是下一步工作的基础。潜在的目标是在设计、施工或花费大量资源之前，探索并消除潜在的冲突。

在项目的最初阶段消除明显的，有时不是特别明显的错误，可以最大限度地减少在信息过少的情况下作出的决策所带来的意外后果。当然，人们仍在进行预测，不过现在在这些预测得到了经过验证的数据的支持。可以将验证过程描述为在一个框中，填入将成功创建项目所需的所有信息、部件和设备。

这个过程从收集所有可用的信息开始，将信息结构化以便公开共享。可以快速地使用可用的工具来创建报告，以便专家和利益相关方对项目细节进行审查，从而最好地定义和理解当前的条件和期望的结果。也可以用多种方式查看项目信息，从而洞察将影响整个项目生命周期的关键早期决策。

183　　验证有助于确定所需模型的类型、项目采购方法、项目施工方法和项目的其他要素。使用大 BIM 工具，利用财务、用户需求、能源以及更多的相关数据可以提高整个生命周期的生产率和利润率。

项目需求和目标的确认将每个人的注意力集中在决定项目成败的首要决策上，并确认业主的需求，它可使业主的预期结果具有高度确定性。为了实现这一目标，您需要考虑五个核心问题：

1. 使用技术来提供即时访问。清晰和开放的沟通是最重要的。没有这一点，其他一切都不可能。

2. 优化工作实践、方法和行为，以获得初始阶段最大的价值。创造一种团队合作的文化，在任何人动手设计之前，一起构思项目。

3. 构建捕获所有信息的结构，然后共享信息。消除重复，以便一次完成工作，并将信息用于多重目的。显然，不能把所有的东西都分享给每个人，安全将始终是个问题。然而，我们应该可以分享所做的大部分工作。

4. 在可靠和可重用的归档中捕获所有内容。使用现实世界的规则来处理事物之间的关系，从而消除冗余的东西，加快作出重要的决定。注意细节。

5. 尽您所能把事情搞清楚。随时随地复用数据。

在此过程中创建的原型使在流程的早期能作出成本决策，从而显著提高资本预算的准确性。通过处理这些核心问题，您的流程将变得更加高效，并且减少下游错误，显著改善项目结果。

我们已经看到，通过使用这个流程，我们更好地预测投标报价结果的能力得到了提高。我们的公开招标结果很少超过规定的预算。我们的项目进展得更顺利，并能按期完成。

184　　我们的客户对不可预见费的预算一般都不会很多，如果有的话。与不使用初步验证流程的同事相比，我们的变更单和信息请求单更少。有人可能认为这些结果只是侥幸，然而，我们十多年来一直是这样的。

为模型创建的综合数据集成是进一步开发的基础，即使在完成之后仍然具有相关性。这些模型给业主带来的直接价值远远超过了准备验证研究的成本。模型生成的种子数据使设计团队能够在更高的起点开始工作。这些原型可以立即启用工单系统，并填充结构化数据系统，例如 COBie 和其他启动运营控制的基于标准的系统。来自验证流程的数据在许多领域都有很多用途。

知道在何处以及如何应用这些数据以获得直接利益，就可成为您的专长。验证不是线性或自动化的过程，它需要人工干预，是经验和知识对项目结果影响最大的地方。

- 通过确定成功的设计、施工和设施管理、项目或流程策略，开始您的第一个验证过程。然后创建一个清晰、客观的质量定义。当在开始定义成功时，您开始设定适当的期望，开发可靠的项目控制，并有一个更好的方法随着时间来衡量您的绩效。
- 标准化验证研究的方式。请记住，每项研究都有不同的议题和需求，需要不同类型的专业人士的关注。以激光一样的强度专注于客户的需求，并利用这种专注的方法取得成功。然后重复这个过程。随着时间的推移，您将会在结果中看到巨大增益。

业务的规模和技术专长将推动您采用验证方法。向工具箱中添加验证功能，将使您成为业主的资产管家。这个过程在可互操作的数据库中创建了信息存档——允许其他人在未来的许多年中从中受益。验证业主的需求和目标从而生成信息是明智的选择，这些信息本身就是一种资产。

没有人类的参与，互联网和大 BIM 并不能解决所有的问题，它们也不是总能提供正确的答案。有时它们提供的答案似乎是正确的，但实际上并非如此。错误的搜索词、退化的数据和其他因素会影响答案。在这种环境下，具有识别和管理此类问题的专业知识的人员仍然是这种情况下基于事实的决策的关键。

185

- 博主兼专栏作家凯文·德拉姆（Kevin Drum）写道："互联网现在是认知不平等增长的主要驱动力。"或者用更简单的话说，互联网让笨人变得更笨，让聪明人变得更聪明。

数据集成

> 通常，在鱼龙混杂的信息里找到做正确事情所需的信息是一项主要任务。请参阅第 3 章中的"核心概念 1：数据是一种战略资产"，了解您发现自己处于这种情况时要问的正确问题。

可重复的、可证实的和文档化的项目信息：谁、什么、在哪里、为什么、何时以及如何是成功验证流程的组成部分。一个人对可能直接或间接影响项目的细节了解得越多，就越有可能准确地预见潜在的结果。

首先，关注工地和位置相关的约束。您是否可以访问高分辨率的实时地理信息系统数据？或者谷歌地球是您最好的资源？您是否有权限进行边界或地形勘察？它们是否与坐标系统绑定，以便用于补充和通知 GIS ？您是否有用于水文、普查和其他应用数据的 GIS 图层？数据列表很长，而且面面俱到，对于理解项目是至关重要的。

其次，关注时间和资源约束。谁将参与其中？他们的限制是什么？项目必须在什么时候能够入住？业主是否接入大 BIM 生态系统？是否有互联的交付团队？他们能做什么？是什么导致了这个地方的成本？

186　　考虑影响项目的所有其他问题。需要关键决策的要点有哪些？何时必须作出决定？文件是否适用现有条件？图纸是纸质的，还是电子版 CAD 图？哪些小 bim 资源可用？业主是否拥有与他们的业务流程和其他资产信息相关联的资本资产管理软件？

这些问题只是开始。根据这些问题的答案，您可能会发现数据集成工作围绕着数据链接、数据提取和验证来支持您的项目。如今，大多数情况下业主没有创建或实施任何类型的 BIM，他们也没有将自己的档案和业务流程联系起来。在这些情况下，您的工作变得与其他任何传统的事实调查和现场调查任务非常类似，增加了使处理结果能与 BIM 软件程序链接的需求。

无论您是链接现有数据还是从头创建新的数字资产，都要在标准化的数据结构中管理项目信息。目标是捕获易于与基于规则的规划系统链接的规范化数据。理想情况下，数据应该添加到一个基于开放标准的大 BIM 服务器中。

如果无法访问此类工具，请管理数据，以便公司可以方便地映射到其他工具上。确保每个数据只出现一次，这样只需要更新一次。使用某种形式的开放标准共享数据库结构，允许将标准化的信息链接到其他工具上。如果必须这样做，用于对大 BIM 系统进行种子设定的低级示例则可能是预定义行、列正确命名的规范化电子表格。

● 积累一组工具和资源，使您能够快速地填补任何项目议题的空白。

187　进度计划分析

> 您的目标是发现并客观地研究要创造成功的项目结果而必须解决的问题。

深入研究项目的组织问题、环境和进度计划约束。这一步骤生成的信息类型与传统可行性研究大致相同。首先查看用户需求、物理需求、进度、功能和策略。如何处理这些问题？项目应该如何进行？

这一步如何进行有许多选择。使用工具探索需求，这些工具允许您以有意义的方式可视化信息，以便所有利益相关者都能理解。思维导图是分析和呈现这类信息的一种非常有效的工具。思维导图工具包允许人们评估关系并通过整个团队进行沟通。成熟的思维导图工具包将预算编制、资源管理和日程安排联系起来。大多数通过文件交换链接到计划程序，如 MS-Project。一些思维导图工具还能直接链接外部网络。

188　　如今，思维导图工具缺乏直接链接到 BIM 的方法。无论是手动连接还是其他变通方法，

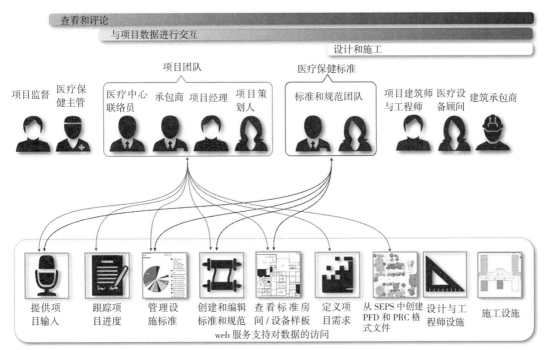

每个人都不需要雷同的信息、雷同的支持或雷同的数据访问。"进度计划分析"的主要目的是了解资产、每个群体的独特需求，并开发实现最高价值的初始概念。熟悉机会、客户问题、关注点和约束

图 5-7 项目实施团队基于网络的数据访问

都需要将数据从思维导图中挪动到规范化的电子表格中，然后再挪动到大 BIM 工具中。

希望随着新 APP 的开发，这些变通的解决方法能够消失，新开发的 APP 能够更好地集成思维导图和电子表格当前支持的信息类型。在那之前，这里有一个可能对您有用的选择：

在思维导图中勾画出项目的工作流程和策略，然后使用生成的结构在大 BIM 中布局项目的组件，然后再移动到小 bim 中细化概念。

使用相同的思维导图，添加持续时间、资源和开始日期来生成进度计划。然后将映射导出到 MS-Project，清理层次结构并导入 ArchiCad 进行基于时间的建模。

使用类似的方法来定义各进度计划之间的关系，然后输出到一个电子表格并导入大 bim 中进行可视化和进一步的开发。

考虑其他允许执行类似功能的工具。需要考虑的工具有 Trelligence Affinity、Beck 技术公司的 DESTINI 工具和 Onuma 系统。在撰写本书时，这三种产品都已上市。这些产品可以与富有活力的小 bim 建模工具和施工图生成工具一起使用，同时，还需探索该领域不断涌现的新工具，例如 Building Catalyst。

在网上搜索思维导图工具；下载一个看起来最有趣的；阅读入门文档；创建一个包含五个分支的思维导图：

● 为什么我需要使用 BIM？

- 为什么我不需要使用 BIM？
- 我现在已经知道什么？
- 我需要知道什么？
- 填补我知识空白的方法。

189　原型

　　了解筛选信息的流程，使其越来越精确，这对于创建可持续的、有韧性的结果是至关重要的，这些结果与整个项目的需求密切相关。

　　在项目开始时，明智的决策对于减少项目的初始错误是至关重要的。传统上，早期的决定是依据很少的事实、大量的传闻和没有根据的猜测做出的。为了适应传统工作流，关键决策常常被延迟到流程的较晚阶段。对于许多项目，早期的决策仅限于业主对一些不容争辩的事实支持的漂亮效果图的惊叹。这些决策是对一个没有得到充分支持的概念基于情感的认可。

　　从那时起，早期错误就开始累积。找到一个更好的方法来解决这个难题是进行验证研究的主要原因。如果凭直觉的决策会导致项目误入歧途，那么基于可重复事实的决定会增加成功的机会吗？答案是响亮的——是的，他们有机会！

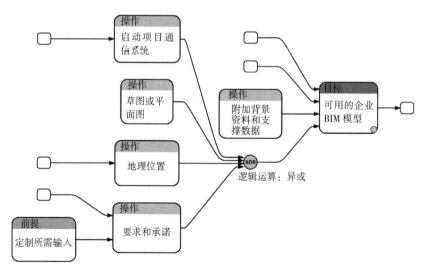

验证原型将信息模型添加到包含有关项目的所有内容的虚拟框中。如果业主想要作出明智的决策，您将为他们提供所需的事实和图形化视图

图 5-8　企业 BIM 模型启用流程

190　　一个人所作的决策也会成为原型事实的一部分。它们使人能够重新审视以前的决定，从而为将来的决定提供信息。我们在一个迭代的世界中工作，在这个世界中，决策建立在相互

依赖的基础上。通过捕捉早期决策背后的时机和推理，避免流程后期出现错误。

您可以快速地为项目所带来的问题创建一个概念性的解决方案。通过深入理解项目的业务、管理和设计需求，您就可以开始创建一个或多个解决方案。您构建的原型不一定是完整的解决方案，但是它必须解决所有主要的项目需求。

原型中的信息将成为所有未来发展的基准。该解决方案成为研究和测试假设的平台，成为衡量项目成功与否的客观标准。

您可以将虚拟原型的创建视为筛选过程。一开始，有太多的信息无法有效工作。随着过程的进展，人们会筛选数据，只保留所需的信息。在这个过程的某个时刻，我们会得到一个原型，其中只包含对解决方案至关重要的东西。

我们经常在验证过程中产生几种类型的原型。我们使用低精度图形和深度数据模型来研究关系、场地布局和时机问题为施工、能源和运营成本分析提供支持。我们使用具有复杂几何的模型去研究系统构成、美学、工程问题，并产生图像进行讨论。规划任何有价值的东西需要的远远不止详细的三维模型，还需要冷酷、确凿的事实。

在项目开始时，数据可能很少。然而，在项目的早期，数据往往比图形更重要。传统上，在项目开始时很难找到所有需要的信息，特别是对于一次性或独特情况的项目。缺乏现成的信息是传统流程如此演变的原因之一。

随着大 BIM 和数据库的出现，情况发生了变化。当可靠的数据存在时，它会链接并通知

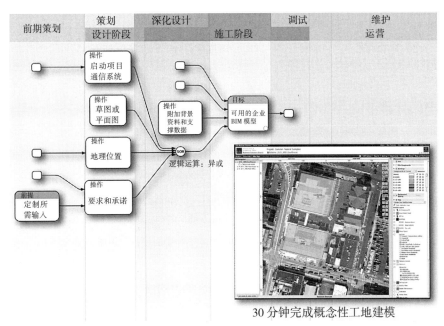

30 分钟完成概念性工地建模

根据工具集建模解决方案的功能，此阶段的模型可能从附加基于规则参数的几何学研究到从智能规划对象创建的虚拟建筑结构，到包含地板、墙壁、顶棚、屋顶等完整的虚拟模型

图 5−9 30 分钟完成概念性工地建模

验证模型。某些数据来自嵌入参数化对象中的数据，而这正迅速成为有远见的建筑产品制造商产品信息的可靠来源。

当没有数据时，我们现在可以访问可计算的推测、知识库、标准、公认的实践和经验来创建接近于实际答案的近似解；直到它们未来被基于更好、更可靠信息的解答所取代。

本书第 2 章，回顾了基于规则的系统的力量。例如，如果您要为 20 个孩子设计一个幼儿园教室，您可以——非常肯定——预测课桌、灯具、厕所等的数量。您可以计算所需的面积，以及顶棚、墙壁和地板；可以预测出构成教室的大部分东西。其精确度远远超过了我们最近在这个阶段所依赖的基于猜测和经验的方法。

一个成熟的 BIM 解决方案允许您在虚拟原型中嵌入这些参数。这些参数可以是文本数据的形式，比如支持工程量计算和空间分配的产品描述。

192　　　数据还可以表示为用图形表示的智能对象，以验证任务。房间里有牙科椅吗？房间在大楼的右边吗？模型中的预计成本是否会使项目无法达到业主的预算？

在原型参数列表中填空时，创建占位符表达根据经验需设参数的最佳可用答案。理解占位符假定的取值范围，否则您可能创建一个有缺陷的分析。例如，如果您正在为除雪添加一个占位符，以生成一个运行成本预算，那么您需要了解项目附近区域完成任务的成本范围。

验证原型可能包含大量的信息——通常很少或没有用户干预。事实和参数数据从来都是不完整的，因为它们很像一个生物，随着时间的推移而增长。这些原型可以链接外部数据，在开发过程中生成新数据，并允许您随着时间的推移添加数据。这种无处不在的链接能力使得大 BIM 流程如此引人注目。

- *您将如何为项目创建清晰、客观的成功衡量标准？拿出您的笔记本。概述您对所需信息类型的想法。记下您和其他人衡量项目成功（或失败）的所有方法。开始为项目定义一个具有客观衡量成功标准的系统。营利能力可以是其中之一，但还需要更多。从所有团队成员的角度看问题。*

定义范围

> 令人惊讶的是，一些专业人员现在才刚刚开始理解，超过 50% 的运营和维护所需的数据是在设计过程中创建的。

嵌入和链接的数据允许任何级别的模型在建筑生命周期的任何阶段使用（即，您可使用最早的大 BIM 进行工单管理或设计施工一体化服务的采购）。各级大 BIM 可以链接物联网（IoT）和多种业务数据。生态系统支持可视化和管理来自任何来源的数据，以及使用来自任何网络连接设备的数据。

通常，当我们在开发和规划的最初阶段研究约束、机会和威胁时，会为项目创建验证原型。 193 在此级别，原型用于定义项目的范围。它建立了一个包含成功项目所有参数的框架，并直接支持互联决策。

大 BIM 在设计阶段定义了正在规划的解决方案，而小 bim 通常承担了这个阶段的大部分工作。大 BIM 系统通常充当用于采购、许可和文档的数据中间件，并根据所选择的交付方法的需求进行定制（也就是说，面向设计施工一体化的大 BIM 可能专注于定义业主的关键需求，而不太会考虑对设计－招标－建造项目制作更传统的施工文件投标书提供支持）。

在项目执行阶段，大 BIM 开始专注于捕捉施工过程中产生的数据。工种协调、项目进度控制、供应链连接和成本管理等方面的数据被收集起来供下游使用。随着流程的铺开，施工方添加到位的和已完工的详细信息可支持下一步的运营和维护。

大 BIM 生态系统最大的好处来自运营与维护阶段。将现有设施数据、工单管理、与设备的链接以及其他与有效利用设施有关的信息联系起来，开始为业主提供新的工作方法。由于计划良好的流程可以避免重复的工作，因此无论在哪个阶段进入生态系统，都可以使您的内部流程更加顺畅，工作也更加省时、省力。

在运营与维护过程中创建验证原型以指导系统改造，或者对整个欧洲大陆的校园进行建模和管理。创建一个验证原型，以捕获由施工过程派生出的所有信息，为以后处理集成设施管理需求作好准备。或者，按照我们通常的做法，创建一个验证原型，作为从头到尾组织和管理项目的抓手。您可以决定您的大 BIM 生态系统的切入点和范围。

框架

194

有多少建筑师、工程师和其他创建模型的人，规划他们的 BIM 在未来可以很好地使用？多吗？他们中的大多数人似乎在忙忙碌碌完活交工过程中，错过了这样一个长期的愿景。

相反，大多数试图在设计和施工下游使用 BIM 的人认为，这种努力将会有某种长期的好处。他们要么被欺骗，要么自欺欺人。这种混乱是不应该发生的。有更好的方法。

今天的信息模型可以作为与未来建筑物的链接。如果我们要实现这一目标，这个行业需要超越目前流行的方法。今天创建的大多数建筑信息模型都是以确保模型永远不会发挥其潜力的方式创建的。不管人们是否理解或承认这一事实，这些模型注定会放在虚拟文件柜里并发生数据腐烂。

建筑业正处于学习在不断增长的大 BIM 生态系统中创建永久性数字资产的早期阶段。在这个生态系统中，模型不必成为固定的档案；在改进我们今天所做的同时，它们继续发展，以适应未来的需要。当大 BIM 生态系统在建筑业中得到广泛应用时，我们的模型将反映实时的现实世界的情况。

今天，我们为互联的未来播下了种子，我们创造事物的思路将走进未来。由于我们的大部分建筑已经建成，改造翻新是一个很适合的开始。

传统上，每个改造项目都是从一个旨在验证和记录现有条件的过程开始。通常，每次模型重建都从确认现有条件开始。因为在大 BIM 生态系统中已经存在（或即将存在）现有情况，所以验证过程更加高效。

使用生态系统中的数据，可以从更好、更及时的设施信息开始；而输入流程的初始数据，几乎都被淘汰了。同样，现在每次改建或扩建时，在手动确认过程中，也都会发生不可避免的错误。这个得到现有条件数据的过程可以更加丰富且速度显著加快，从而提供施工期间和完工后发生的所有更改的信息。

195   每次改建的核心都有两个公理：

1. 无法预测建筑物如何随时间而改变；

2. 每次改建都要从了解现有条件开始。

今天，大多数模型很少预先设置一些常见和已知的议题。人们别无选择。很少有人能够创建实时的存档模型，否则可能会从这些模型开始。对大 BIM 生态系统进行充分投资的企业更少。当人们接受模型作为原型时，这种情况开始改变。

与生态系统相连接的模型并非停滞不前。即使使用小 bim 工具创建的模型，它们也能促使生态系统更加繁荣。在开发的每个阶段，模型都是有用的或有价值的。如果您想获得这些好处，就必须吸取一些教训。

即使基于 BIM 也存在对纸制文件的模拟流程

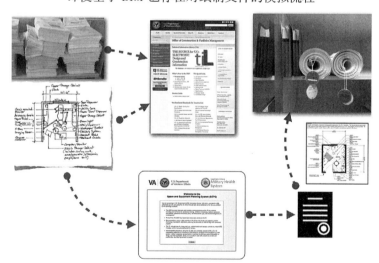

由于对纸张和纸质文件（如档案）的依赖，将信息从设计和施工过渡到运营和维护变得困难且成本高昂。即使是小 bim 也依赖于这种模拟方法。在一个被数据包围的世界里，我们还要继续通过整理大量文件来找到我们需要的东西吗？

图 5-10   BIM 应用下对纸制文件的模拟流程

过早地向模型添加过多的数据是不现实的。在实践中，人们没有信息、时间或预算在虚拟世界中重建现实世界，只能用足够的数据设计原型以支持当前的需求，仅此而已。想建设未来就需要在已知信息的情况下，让嵌入原型中的信息尽可能准确。有几种方法可以做到这一点：

1. 尽可能准确地记录下进入原型的所有内容，以使表现的质量胜过数量。这种方法要求对进入原型中的所有内容进行验证和配置，以与现实紧密匹配。更好的方法是通过开放标准来捕捉实际情况，以便与实际情况完全匹配。理想情况下，将空调表示为一个实际的数字对象，其中包括所有可能的参数。实际上，空调一开始就是一个具有正确尺寸的立体框，包括正确的制造商数据，并有用于输入和输出的基本属性。增加的细节是否与现实相符，是需要时间来确认的。我们假设，在您现在所做工作的基础上，其他人会在稍后添加更多的细节。

2. 在协调一致的参考框架内，为每个项目阶段的决策编制所需的文件。这种方法要求原型包含对数量和其他要素的精确表示，这些是作出基于事实的决策所必需的。

在地理空间中精确定位的小红点可能代表地板、墙壁和顶棚。它包括单元的实际大小，并链接到空调数据、物理属性和业务数据的外部数据库，然后以图形或数字形式提供数据，以支持分析和决策。假设原型是一个活的资源，当从各种数据源获得更多、更好的数据时，它将进行调整。

有两种方法与大 BIM 生态系统链接。第一种依赖于以人为中心的质量控制，并且经常导致基于文件的输出，这些输出很难（如果不是不可能的话）作为活动资产进行维护。这种方法导致较高的前期成本和大量的时间投入。

第二种方法依赖于外部权威数据，侧重于决策和需要人工干预的其他领域。这种方法可以非常迅速地实现，并且可以将早期成本降到最低。大 BIM 的成功实施需要对这两种方法进行谨慎的平衡和明智的使用。通常，在资金和其他资源允许的情况下，企业的原型会变得更加完整。

创造一个引人注目的三维对象，看起来真实，但在这个流程中几乎没有进一步使用的价值，这并不罕见。请记住，您是在为未来构建，要确保基础数据的真实性。

原型有许多用途和形式。设计和施工的原型可能完全不同于用于指导正常营业医院重大改造的原型，为城市更新而设计的原型可能与为办公空间整合而设计的原型完全不同。有些将需要面向图形的小 bim，而另一些则需要使用可以在 GIS 中可视化的数据，甚至使用红点模型。根据需求，您可以决定什么是最佳选择。

我们发现，模型在系统化流程中发展得最好，在适当的时间添加正确数据，以支持决策过程。为此，必须要有具备足够的知识并能够理解其中微妙之处的人，以确保正确地管理不一致性。这需要有训练有素和经验丰富的人参与其中。当原型任务在不受控制的情况下移交给未经培训或缺乏经验的员工时，可能会发生糟糕的事情。

196

197

随着越来越多的建模软件支持基于 web 的数据共享，并在建筑业中得到广泛应用，开发人员很可能会创建更多的工具来自动化这个流程。在其他领域，此类软件 APP 通过互联网得到了接受和广泛应用。在建筑业发生同样的事情之前，建模一如既往地依赖专业知识。使用您的专业知识来指导这个流程，并根据每种情况定制您的原型。

- 清除您头脑中的先入之见和任何您听到的推销说辞。忘掉（至少暂时忘掉）您所听到的关于市场份额和您的竞争对手在使用什么。去至少三个主要的 BIM 建模工具供应商网站，下载他们的免费或试用软件，通读每个工具的入门文档。您可以自己尝试一些试验示例，看哪个最适合您?

198　成本模型

> 使用大 BIM 能快速定义可行的方案，然后将这些方案与时间和质量联系起来，这样确定性评估和数量级评估之间的界线就变得模糊了。成本模型成为设计解决方案的约束，并成为施工和资产运营成本控制的基础。

随着大 BIM 生态系统的发展，使用成本管理作为约束，既要为预建元素建立有效的预算，又要更好地使设计和施工过程与预算要求保持一致。目标是设定时间、成本和质量的界限与

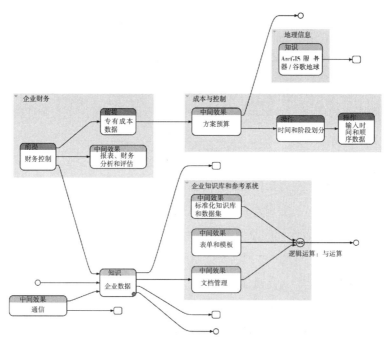

规划良好的成本模型是验证流程的核心。上面概述的流程可以帮助您设想项目的发展方向，并及早识别问题。该模型没有从华而不实的东西开始，而是从有根据的预测开始。随着项目的进展，这些预测会成为衡量成功的客观标准

图 5-11　成本模型中造价信息形成过程

限制，以提高结果的确定性。成本建模类似于代理施工经理使用的规划阶段评估，并由乔治·希里（George Heery）、CM 事务所和其他人在 20 世纪 60 年代末率先使用。

当与业主合作开发时，这种方法已被证明是控制项目结果的非常有用的工具，并且是将成本约束嵌入大 BIM 开发过程的最佳方法之一。目标是创建由包含成功项目所需的所有内容的模型组成的原型。 199

当您转换到侧重于成本即约束的流程时，您有多个选项：与一个优秀的预算员创建关联；接受额外的成本管理培训；雇用有预算能力的人。然而，您要做的是，将成本控制作为流程的基准部分。我们发现，使用现成的预算工具和内部成本数据的组合，获得成本模型中的成本预测是最理想的。

在创建系统时，首先要找到一个工具，以便在项目所需的粒度上快速计算成本。您的系统应该支持快速地进行备选方案比较，理想情况下，在您细化原型模型时，对成本预算进行实时更改。BuildingCatalyst 基于知识的成本和设施建模以及 Onuma 系统都提供了这样的功能。

有许多网络版和单机版的工具和数据库可以用于提取系统所需要的成本数据。值得考虑的选项包括：Whitestone 研究设施成本基准、建模和预测系统；RS Means 成本数据；BNi 建设成本手册；设计成本数据及其 D4Cost 交互数据库，用于初步成本估算、成本建模、特殊场景分析和成本研究。有几种方法可以将这些工具中的数据链接到原型模型。以下是启动原型成本建模流程的基本步骤：

- 定义项目的需求并理解开发问题。在需求分析的同时开始制定计划和策略。有关此主题的更多信息，请参阅第 5 章 "定义范围" 一节。
- 可视化并记录交付解决方案的策略。项目将如何设计和建造？需要多长时间？采购和施工实施的计划是什么？创建一个清晰的时间表。使用许多新的基于 web 的日程安排 APP 中的一个，这些 APP 具有微软的 Project 或 Oracle 的 Primavera 等功能。您还可以考虑使用思维导图工具来连接时间线、调度关系和更自由的信息表示形式。
- 将工期、项目策略和因素考虑在内。如果不了解阶段划分，预算可能会错过关键成本。如果对工作将如何进行没有一个清晰的愿景，风险管理就会更加复杂。有关此主题的更多信息，请参阅第 5 章 "进度计划分析" 一节。
- 创建一个解决方案的原型模型。以响应您已经发现的问题。有关此主题的更多信息，请参阅第 5 章 "验证：规划流程" 一节。 200
- 将质量数据和成本标记添加到原型中，使模型能够生成成本估算，或者为更传统的、主要是手动计算开发的工程量和单位成本。然后使用面积成本法进行概念化计算，或使用基于组件估算进行的更详细的计算。在这两种情况下，过程中产生的成本依赖于从原型模型中提取的数量。可以使用基于规则的工具和基于知识的预测来计算模型中缺失的值。用您的经验和常识来填补空白。

在模型中，数据以多种方式汇集在一起。即使在这个早期阶段，有些数据也可能非常详细。其他信息是高度参数化的。这些变化产生了对评估的需求，可以是非常详细的，也可以是非常概念性的。最好是在项目需求、您的专业知识和可用资源与评估方法的类型和粒度之间进行平衡。以下是成本模型中计算项目成本的常用方法：

基于来自模型的工程量和内含参数计算规则的成本数据。在原型工具中，成本和建筑面积直接联系在一起。改变任何空间的大小，成本也会相应改变。在这种模式下，单位成本是每个项目类型的市场的典型指标。有人或许会认为这是体积估算，它能更好地控制，而不需要手动提取建筑面积。

基于从模型中提取的工程量和外部成本数据的成本。根据另一个工具中开发的定制单位成本或通过与外部数据库的直接链接按比例更改空间大小和成本。将 Onuma 系统与 RSMeans 成本数据、BNi 建筑成本手册和 DC&D 科技公司的 D4Cost 系统等多个系统结合起来进行估算。结果的精度取决于外部工具的能力和用户的知识。

基于项目前期描述和标准化分类系统数据的成本模型。数量、单位和费率是基于标准化数据分类（如 Uniformat）输入的，使用人工输入和从标准化电子表格导出／导入的组合。

201   成本与建筑面积直接挂钩或独立计算。根据输入的分类，可以将此视为综合或单价估算。这种方法提供了创建更详细项目成本视图的能力。

基于通过 web 服务连接到外部标准化分类系统数据的模型的成本。工程量、单位和费率被导入或通过 web 服务直接链接到模型。成本与建筑面积直接挂钩或独立计算。通过 web 服务，这种方法提供了将外部成本控制与原型双向互联的能力。当外部模型发生变化时，它们反映在原型中，反之亦然。诸如 iFM 和 SEPS2BIM 这样的系统现在使产品制造商／供应商产品数据库、业主需求和大 BIM 之间的联系成为可能，从而为项目创建动态成本模型。

动态关联外部成本估算或预算模型。空间名称、区域和 Uniformat 分类数据从 BuildingCatalyst 等工具导入或链接到原型中。使用这种方法，在外部系统中完成非图形化的规划，并通过 web 服务链接到原型，或者使用标准化工作流导入原型。来自外部工具的信息被用来生成包含所提供属性的三维空间，实际上是自动生成模型。

- 自《大 BIM 小 bim》首次发布以来，验证流程中的成本管理已经取得了长足的进步。承包商现在专注于在成本数据、业主需求和空间之间建立联系。能够在建筑场景中动态地进行成本估算不再是一个梦想。您今天可以（也应该）这样做每一个项目。

成本模型：假设和备选

> 注意：不要跳过这一步。如果没有假设和备选方案，您可能会发现很难就成本模型达成一致。

　　包括对数据进行审计，并确定哪些地方可使成本增加或减少。使用大 BIM 工具来捕捉您在项目开发过程中所采取的每一个步骤和作出的每一个决定。如果必须的话，您可以在没有大 BIM 工具的情况下完成这项工作，但是要意识到这一关键步骤在人工完成时是很枯燥烦琐的。

　　列出您一路所做的假设。包括（或不包括）哪些项？为什么？在这个流程中使用了什么代码？当选择 A/B 时，假设了什么因素？把您假设的一切都列出来，以帮助别人理解您是如何找到解决方案的。202

　　用您能想到的每一个规则来思考如何使模型变得更好。空间可以被消除吗？总体成本是否过高？太多停车位？太少？其他饰面是否能提供所需的生命周期效益？根据您的假设提出备选方案，例如：成本包括大堂的大理石地板，而如将地板饰面改为瓷砖会有什么影响？原型，加上成本模型和分析工具，使我们能够在许多方面评估这种假设备选方案。最低的初始成本 vs. 生命周期运营成本？耐用性和美学？A 工艺流程 vs B 工艺流程吗？这些问题应该详细地加以处理。当您使用正确创建的模型快速评估选项时，一切都是公平的。

- 列出并估计业主在决定预算时可能希望考虑的每一笔增减费用。
- 评估用户需求并研究其他策略，以提供可能改进项目的解决方案。详细说明可能对项目产生负面影响的替代策略。
- 在不破坏基本项目需求的前提下，提供可能的折中方案。

　　找到备选方案为团队提供了讨论选项的平台。对备选方案进行坦率和公开的讨论，有助于确保经过验证的概念满足业主在各层面上的需求。业主作出最终决定，是否接受或拒绝任何提议。从表面上看，目标是节约和细化；在表面之下，目标是挑战和验证概念或误解。

　　我们发现，探索备选方法、减少和增加成本的选项会造成对立。登陆谷歌地球的建筑信息模型的真实性使得人们能清晰地设想已经完成的项目，并导致一些人将直接变更方案。相反，有的人认为模型没有完全反映实际情况。在这些讨论中，这两种情况都变得很明显，有利于最终项目达成一致愿景。

　　对替代方案言辞激烈的表达可以作为对项目正在采取方向的一种论证。尽管有大量的数据和许多决策可以帮助团队更清楚地理解流程，但所推敲的项目还处于整体项目的早期阶段，因此虽然讨论可能会很激烈，但所有人都能理解其他人的观点，这样，成本模型能很好地为团队服务。203

成本模型：类比项目

　　当我们自己不提供适当的类比项目时，我们的成本模型就会被牵强附会地与其他模型进行比较，而这些模型与所讨论的资产没有可比性。我们必须主动地阻止这种情况发生。在每个验证过程中应包括五到六个比较项目。

成本模型的最后一个组成部分是一组可比较的项目，可用于将您的项目与其他项目进行比较。业主希望了解与类似资产相比，他们的资产表现如何。这是人类的天性，我们每个人都希望了解我们的成本。在类似项目的背景下，业主会将我们提供的成本与他人已支付的成本进行比较，或与您正在原型化的资产的设计基准进行比较。

对比分析是我们解决这个问题的方法。积极地寻找和展示细节，将类似的项目与验证项目进行比较，以便业主能够作出更准确的评估。

我们发现，DC&D 技术公司的 D4Cost 系统是我们进行项目比较的最佳数据来源。D4Cost 工具允许从历史成本数据的广泛数据库中选择多个项目。在这个过程中，可以搜索项目类型、建筑用途、建筑类型、大小、位置等。首先，我们寻找与我们正在验证的项目类型和大小相似的近期项目；其次，使用 DC&D 技术公司的算法，对项目进行本地化和日期调整，将每个项目与成本模型进行一对一的横向比较。

成本模型：不可预见费
204

修订项目范围、修改以前的决策、提供更新的信息、延长进度计划、扩展服务或增加额外的顾问等变更，用预算的不可预见费更容易处理。通过精简额外成本谈判，您可以将出现危及业主与团队关系不愉快情况的概率最小化。

现实世界中会发生不可预测的事情。有些可以应付，其他的则是罕见的极端例外。例外事件会打乱任何远景和计划。每个项目的精确范围也很难提前确定，假设条件会随着项目进展而变化。即使有一个可靠的原型，也很难为每个可能的服务或所需的物品制定计划。简单地说，任何成本管理过程的目标都需要消除（或至少最小化）不确定性。完全消除不确定性及其带来的风险是不可能的。

为了管理计划外的、不可预测的风险，包含不可预见费是至关重要的。合理搭建架构，不可预见费允许业主对可管理的未知作出响应。随着交付的范围调整和替代方案的使用，不可预见费并不是管理项目成本的唯一工具。随着项目的进行，偶然情况造成了计划的灵活性。许多因素影响不可预见费的数量和类型：

- 将进度和阶段因素纳入不可预见费。当时间不确定或进度延长时，成本就会加快增长。您不是通过增大模型中的支出来考虑未知和潜在问题，而是设立不可预见费来管理不确定性。您可以在不可预见费约束范围内管理项目。

- 作出可靠的早期决策的能力取决于对需求的理解和概念性解决方案。精确的设计和清晰的沟通是业主控制标书嵌入"回避因素"的最佳工具。

- 完美的采购文件从没出现过，无论技术有多好，报酬有多高，没有人能达到完美。

- 场地信息的质量和准确性至关重要。BIM 和 GIS 在原型中的融合弥补了项目早期位置数据的一些问题，但并不是全部。
- 投资应该是锁定的，或包括一项单列经费，用于考虑增加的成本。

不可预见费是成本模型的一部分，允许您管理这些和许多其他因素。管理合法变更的附加成本必须尽可能简单。这种不可预见费消除了许多重复性审批——这对许多公共项目来说是一个巨大的障碍，因为您已经超支。将不可预见费纳入项目预算，比采取刚性方法管理成本要好得多。最后，预留资金可以帮助人们获得更好的产品，避免不必要的麻烦和法律纠纷。

有些人对项目成本抱有不切实际的期望。这些期望常常导致冲突和混乱。不切实际的期望已经被证明会产生额外的成本，并可能导致意想不到的项目问题。不切实际的期望包括：

- 认为："一旦我们签订了合同，您就应该提供所有需要的服务或产品。不论服务或产品是否包括在项目范围内。"
- 认为："您是专家，在我们就您的费用进行谈判时，我依赖于您对所需服务的了解。"
- 认为："与其他利益相关方共享项目数据将避免冲突或争议。"
- 认为："不管出于什么原因，都可以拒绝支付多出的钱。"

要使预期符合实际。认识到即使是怀着最好的意图和最高质量的流程，也会发生变更。为此制定计划，项目就会进行得更加顺利。利用不可预见费和真实的预算来管理更好。定义验证流程中的不可预见费，它们是项目成本，就像项目中的其他东西一样。

随着项目的逐步推进，您的不可预见费将进行调整，以实现灵活性，并允许您快速有效地对变更作出反应。成本模型所列的不可预见费可分为三类：

1. 设计不可预见费。如果从一个经过验证的概念开始，那么就对项目的发展方向有了一个清晰的概念。当项目从概念到设计，再到生产和采购，不可预见费允许在了解项目的更多细节时添加或删除成本项。没有这种灵活性，要么项目必须严格遵循经过验证的概念，要么在开标当天，结果可能与最初的预算出入巨大。

2. 施工不可预见费。无论交付类型如何，施工过程中出现变更单都是不可避免的。大多数施工单位期望每一个微小的变更都能带来额外的收益，不管这些变更是由错误、替换、意外的现场条件还是业主发起的变更引起的。在施工期间，预算以固定金额或施工成本的百分比的形式列出一部分不可预见费。施工不可预见费支付是由于施工流程的不完善性而产生的成本。

3. 项目不可预见费。除设计和施工相关变更外，用于其他意外费用的预算。典型的项目变更包括进度延迟、改变代建要求、业主发起的设计更改、未知场地条件、建设成本意外上升、增加融资成本，以及额外的专业咨询费用。施工作业、市场状况或其他因素也可能引发这些成本。

在 BIM 项目中，可通过管理不可预见费来管理项目财务。随着项目的进展，不可预见费也会随着对日常需求和决策的反应而上下波动。

根据不可预见费监控项目进度，使项目有最好的机会按时、按预算完成。利用项目完成时的不可预见费状况作为衡量项目财务成功的客观标准。

● 通过创建互联项目策略启动下一个项目。抛弃成见和标准方法。站在投标人的立场，写下您将采取的行动，以尽量减少对不可预见费和安全措施的需要。在这个过程中，您能改变什么来提高清晰度和理解力？同时维护项目的利益和需求？规划您的方法，并随着项目的进展衡量您的成功和失败。

207　限制和可能性

> 验证流程使业主能够根据实际情况作出初始规划决策。即使有数据，早期决定也只是预测和猜测。因此，早期决策不是一成不变的。随着项目的发展，它们不断成长和变化。这些早期决策成为衡量项目成功的标准。

变革的步伐、设计问题和经济复杂性增加了灾难性判断失误的可能性。超出预算、延迟交付和不适合预期用途是问题的症结。能够快速、经济地为关键项目决策者提供指导的解决方案很少。

验证流程的目标是定义项目成功所需的任务和组件框架。成功地实现这一目标，就会产生一个解决方案，这个解决方案很有可能符合业主的要求。原型在注入所有会影响结果的已知和预计的数据时，可以优化决策。

场景化决策数据使项目的可视化流程更加可靠。将对已知的和可预料的未知进行编目、管理和解析。设计方法来处理未知事务仍是个机会。即使是在一个充满不确定性的世界里，良好的早期决策，如果执行正确，将带来更好的结果，并提高利用机会的能力。

验证流程的最终结果是为对界限和可能性的精确定义，旨在指导后续步骤。这个流程的结果有几个功能：它们编纂了空间利用方案和项目成功的衡量标准；它们成为业主需求的陈述，可用于指导进一步的开发；它们优先考虑成本约束；它们成为采购文件的基础。

208　将 BIM 与地理信息系统链接起来

> 传统的场地信息与建筑信息的脱节已经不复存在。建筑和地理技术正在合二为一。这种融合正在发生，尽管两大阵营中资深专业人士都反驳这一说法。

地理领域和建筑业正在融合。这种融合是一个有着巨大机会的领域，可以改善我们在建成环境中生活、工作和娱乐的方式。今天，当人们徒步旅行、骑自行车或开车时，常常受地理空间信息的引导。此信息是用纬度、经度和海拔进行定义的，可将人们定位在地球上的任何位置。人们可以查看自己的路线，以便选择离自己最近的便利设施；公司也可以把附近商店的产品广告推送到人们的手机里。我们生活在这样一个世界里，我们的很多技术都是基于地理信息的。

过去，在这个地理空间世界中，建筑物和其他结构只不过是一些盒子或照片。通过向地理空间信息添加详细的建筑物信息，可以与建成环境的所有内容的完整代码进行交互。这些信息链接在一起，为建成环境带来了巨大的好处。

自 21 世纪初以来，这种技术的融合一直在发展。可以说，它始于锁眼卫星，最终成就了谷歌地球。首次实现了非专业人员可以不必像其他地理信息系统（GIS）专家那样背负沉重的包袱就可以使用锁眼卫星数据。他们可以放大一个地点，得到一个真实的视图，而不需要对 GIS 有太多的了解。但有一个使用限制：必须是联邦政府的工作人员才能获得访问权限。

随之而来的是谷歌（Google™）。谷歌在 2004 年收购了锁眼卫星。然后锁眼卫星变成了谷歌地球（Google Earth™），地理和建筑终于走到一起促成了大 BIM。在这不可思议的发展中，隐藏着一个不为人知的秘密，它可能会阻止发展的脚步。

这个秘密围绕着一个简单的问题——谁拥有这些数据？信息专有可能会破坏整个系统。需要有一种方法来确保信息保持免费和可用。需要有标准，但不是谷歌规则，而是公开的、与所有人共享的标准。

如果没有这些标准，谷歌地球仍将只是一个令人耳目一新的工具；而有了这样的标准，它才可以成为开拓新业务的基础，使我们能够实现真正的可持续性。2008 年 4 月 14 日，Galdos 系统公司主席兼首席执行官罗恩·莱克（Ron Lake）宣布，开放地理空间联盟（OGC）已经采用锁眼标记语言（KML）作为 OGC 标准。这一宣布为充满信心地向前迈进奠定了基础。 `209`

在这个世界上，地理信息技术在很大程度上推动了 APP 经济。而建筑业要么过于迟钝，要么过于孤芳自赏，以至于没有意识到自己已经落伍了。当世界其他领域正在迎接变革的时候，建筑业却仍然固守常规的经营方式。

手工协调基础设施和建筑需求会导致太多错误和浪费精力。在不支持整个建筑业需求的 `210` 信息孤岛中，维护场地数据不再经济。通过将建筑信息与地理信息联系起来，社区和专业人员可以更高效地工作，也更经济。更好协调的附加效益有助于提高环境韧性和减少下游错误。

根据开发阶段的不同，原型中包含的场地信息可以采用多种形式，选择范围包括从详细的现场调查到使用卫星图像。从传统地产的地形测量，到通过 web 服务可访问地理信息系统，再到公开可访问的基于云的场地信息，可用多种方式共享场地信息。可将地理数据链接到大 BIM 生态系统中的每个建模步骤。

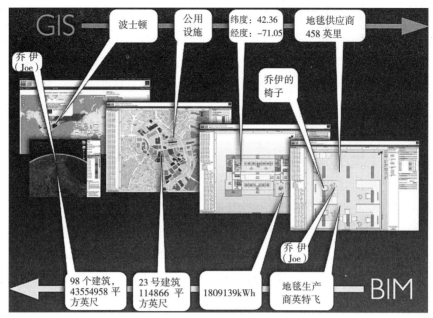

我们现在可以建立并共享与设计和施工过程直接相关的地理信息。我们现在知道，我们有一个稳定和可重复的方式来沟通和收集信息。而且，这完全是由于开放标准，使卓越的产品变得更好。通过链接数据，我们现在可以贯穿设施的整个生命周期获取所需的信息

图 5–12   项目上加载的各类 BIM 和 GIS 信息

今天，公共工具如必应（Bing）和谷歌地球是最容易获得且廉价的早期阶段地理位置点数据来源。通过仔细评估所使用的数据集，这些工具提供了令人惊讶的精确度和基本事实。它们明确地包含了周边环境，它们允许个人用户在一致和可重复的周边环境中维护原型，其他用户也可以使用这个环境。有一些问题需要牢记在心：

- 并非所有的谷歌地球的数据目前都是高分辨率的。在更强大的 GIS 服务器框架内管理的航空摄影或其他卫星测绘可能会显示更详细的信息。

- 在某些情况下，谷歌地球或其他 GIS 数据可能与手工整理的测量信息不一致。这是精度的问题，还是测量人员在现场进行的调整，有时很难确定。

当场地数据准确地表示地面真实情况时，即图像与真实情况相匹配时，场地数据是最佳的。其他任何数据都是近似值，从长远来看，都需要修正。请记住这一点，并根据手头的数据和原型的长期使用来评估每种情况。有时，传统数据、地界调查数据以及官方的公开记录会因为许多原因与 GIS 数据不同。找一个博学、有执照的土地测量师，让他或她帮您解决这个问题。

谷歌地球通常满足早期模型的粒度标准。您将发现谷歌地球提供了最佳和最一致的场地数据精度，以支持这种精度的模型。

211

- 注册并熟悉谷歌地球专业版，它自 2015 年初起就免费了。缩放至一个项目场地，并添加一个近似于该场地边界的多边形。保存多边形并导入 Onuma System/Revit/

Archicad/Bentley/Vectorworks/SketchUp 等软件中，即可开始基于地理定位的场地研究。

数据重用

当数据的用户创建独立的电子表格或简单的数据库，而无法轻松返回权威数据库时，就会出现混乱。

支撑大 BIM 生态系统的基础是资产信息档案。这些档案可以采取多种形式。理想情况下，归档文件遵从开放标准并可通过 web 服务共享。从概念上讲，我们的目标是将每个核心数据都保存在这样的归档中，以便那些从保持信息实时更新中获益最多的人进行维护。

我们其余的人可以根据需要，访问和使用数据，我们知道所使用的是最好、最准确的信息。这种权威的源数据为大 BIM 和互联决策奠定了基础。

考虑一下当小 bim 用户通过任何基于文件的协议手动输入或导入数据时会发生什么情况：

● 数据立即变得可疑，必须重新验证。在手动输入数据时，数字是否发生了调换？从源数据导出到当前导入之间发生了什么变化？缺失了什么？

● 当相同的小 bim 用户完成其工作，并希望将更新后的数据发送回源头时，该如何实现呢？如何知道新数据与原始数据兼容？如何验证替换数据是否满足源头需求？谁来决定呢？

当数据通过手动和基于文件的交换传输时，这些问题只占问题的一小部分。在许多情况下，诸如此类的问题会挫败维护共享和权威数据的尝试，即使对于抱着美好愿望的企业也是如此。

那些维护数据的人明白，他们所负责的信息必须得到管理和控制。正确保存数据所需的复杂性和直接干预可能成为压倒一切的任务。任何企业数据的系统都必须允许以一致和安全的方式存储和查找信息。数据必须以一致和可重复的方式共享。

建筑业的许多人似乎并不理解这些简单的事实。这种不愿遵从或缺乏兴趣的态度，可能是建筑业在当今的 APP 经济中远远落后于其他领域的原因。当无法有效地共享所有信息时，就无法消除信息孤岛，从而导致流程和工作割裂的情况发生。

在纸质系统中，就有创建了信息管理的图书馆。这些图书馆一开始是孤立的，后来遍布到全社会。随着技术的发展，图书馆也在进步。今天，它们通过网络与互联网链接在一起，而无论信息是纸质的还是数字的，都是通过共享和协作分发馆内外信息。建筑业也必须这么做。

在 BIM 世界中，支持 web 的模型服务器生态系统相当于图书馆。这些服务器的功能是保持信息鲜活。这些服务器的结构是为了承载模型数据，以便在严格的质量控制下添加和更新模型数据。在生态系统中，所有内容都是有时间跟踪的、相互关联的，并且能够与所有可用的权威源数据进行交互。

最有希望实现长期韧性的系统使用面向服务架构的设计模式。服务器充当中间件，使组件能够通过网络上的通信协议向其他组件提供服务。这些服务器不依赖特定的供应商、产品和技术。

IFC 模型服务器和专有模型文件服务器（如 Graphisoft 的 BIM 服务器和 Autodesk 的 A360 项目协作软件）仍然专注于设计和施工，使用基于文件的数据交换，尽管是在云中进行的。随着越来越多的建筑业工具走向更广阔的世界，将会出现更多的选择。

您将需要为模型存储和共享开发一种策略，该策略将允许在新的模型服务器功能可用时使用它们。请记住，如果没有管理和维护实时数据的能力，您的项目将会受到数据腐烂的影响。任何复制到硬盘、存储介质、文件或纸张上的内容都会立即开始失效，即使这些文件是电子的或在云中。只有使用实时数据（模型服务器必须是实时数据），您的信息才能在生命周期中保持可用性。

- 一个行业在从以小 bim 作为终极目标过渡到以大 BIM 生态系统为中心的过程中会有妥协。在短期内，并不是所有的数据都能够转移到 web 服务或通过面向服务架构方法实现数据共享的。

213 园区和资产组合

现实情况是，低成本模型现在正在被创建，以满足多建筑和多设施业主管理设施生命周期需求。大型业主利用大 BIM、小 bim、GIS、商业工具和设施管理系统的结合，已经实施了大型 BIM 生态系统来管理数千个地点的数百万平方英尺的建筑生命周期需求。

当《大 BIM 小 bim》出版发行时，当面临需要将设施信息移动到 BIM 时，企业业主的反应是：我们负担不起，即使我们可以负担，我们也没有时间等待有人来为我们创建一堆模型。他们对这个行业的评价完全正确。在那个时代，只有为数不多的热心的开拓者愿意跨出这一步。

直到今天，对于许多企业业主而言，情况几乎没有改变。他们根据顾问告诉他们的来考虑他们现有的设施资产，并放弃所有转向全生命周期 BIM 的希望。对于这些业主来说，BIM 仍然需要很高的成本创建既有设施模型。有众多理由不重蹈 2006 年覆辙。谁能责怪他们呢？这个行业通过结合"BIM 洗脑"和对小 bim 的强烈坚持，继续培育这种信念。

在谷歌地球中，代表园区和建筑的简单块体创建了对整个资产组合的全面展示。这些模型关注的不是资产组合中的图形信息，而是使很少或没有与建筑业有联系的用户能够访问业主的数据。用户点击系统，从显示卫星层级视图逐步到显示地区、园区、建筑、空间，最后显示装置和设备。找到信息，在需要的时候，做需要做的事。

模型包括设施内的设备。家具、固定装置、潜在的回收价值、结构的坚固性、表面状况以及几乎所有其他因素都可以在一个简单的盒状模型中获得。数据可用于生命周期决策，例如，接下来应该对哪个设施进行更新？我的会议在哪里开？预定的什么时间？我们应该把预算中最后的 15000 美元花在粉刷 2346 号房间上，还是花在修复 86-3 号楼的屋顶上？

人们不必一次只关注一个模型。一个已建立的大 BIM 生态系统允许同时创建多种形式的模型，其中包含任何级别的详细数据。每一个都可以生成用于进一步开发或在其他模型中使用的信息。它们是存储、维护和访问有关企业资产数据的基础。

在大 BIM 环境下，即使是红点模型和小 bim，也可以大大超过任何纸质或 CAD 竣工图纸的信息量和精度，但完全成熟的大 BIM 生态系统要完整得多。

传统的改造项目从实地检查、测量验证和新的基础图纸开始。业主提供的电子竣工文件通常是不协调的、不完整的或过时的，需要设计师通过现场测量创建新的基础图纸。长期以来，改造项目需要很大精力梳理这些杂乱的图纸。

现在，随着设施资产转变为改造项目，一个更详细的模型要么从大 BIM 生态系统访问，要么使用小 bim 创建。无论哪种情况，由于从一开始发生的所有变更都是在生态系统中进行的，所以不需要进行现场核实。

随着改造的进行，模型要不断更新，主要是增加新的设计方案、现场评审结果、分析研究、现场验证文档等。该模型聚合了所有 CAD 或纸质的竣工图、房屋资产信息，是进一步设计的起点。这样的模型，特别是从大 BIM 生态系统中孕育出来的模型，是经济的，可以在标准的费用和时间限制内获得高质量的采购文件。

我们与企业业主合作建立既有设施模型的经验包括：

- 逐个建筑实施小 bim。当需要交付独立的小 bim 时，分步创建竣工模型通常是唯一的解决方案，因为用于现状建模的资金通常是有限的，即使对于最大的业主也是如此。

- 启动大 BIM 安装，这样园区或资产组合内的所有设施都能以快速、粗细度方式建模，以充当数据桶，存储与生态系统相关的业主信息。当使用一个传统的过程，每次在精细图形细节层面完全创建一座建筑时，大 BIM 的环境和决策所支持的好处需要很长时间才能显现出来。

- 通过在大 BIM 中创建现状模型来保存原始信息（面积、坐标、进展数据和规划原则），从而获得直接的好处。随着时间的推移，在预算允许的情况下，可以将这些模型升级为包括几何形状和详细的设施数据。

- 模型是基于规则系统的理想候选者。从建模第一个项目开始，每一个后续项目应该采取相同的技术路线。当业主更新或更换设施时，模型会变得更加精确。他们

214

215

建立了机构的信息库，并使用大 BIM 作为中间件，将这些模型与其他资产数据链接起来。

- 拥有多了设施资产组合的业主可以拥有任何类型的建筑。他们可以有新建项目或翻新项目。它们可能涉及基础设施资产，也可能不涉及。在这种环境下，资产改善计划才是王道。整个资产组合的大 BIM 是管理这种复杂性的理想方法。

- 在拥有大量设施和多栋建筑的园区中，管理和消除延期维护现象是一项经常性的工作。预算限制常常迫使经理们一次只专注于一个改善项目。业主们面临着如何使用有限资金的困境。管理延迟维护的能力是大 BIM 生态系统的主要优势之一。

对于企业业主来说，最好的解决方案是开发一个大 BIM 生态系统，即包含场地信息和设施资产的大规模模型。模型中的项目可以采用多种形式，这取决于可用的信息。现有的设施开始时可能并不比存放原始数据的抽屉多多少。随着项目的发展，大 BIM 生态系统会捕捉到更多信息成果而变得更加丰富。

信息从概念到规划、设计和施工，再到运营和维护，在每一个步骤中，大 BIM 生态系统都变得更有韧性、更可持续、更经济。当业主学会了如何链接资本预算和整体设施流程时，其身价就会增加，也即能够参与这一过程的人将变得有价值。事实上，他们可能是不可或缺的。

- 构建一个园区现状模型作为下一个项目的起点。使用现有的 BIM 工具创建和记录新项目所需的基本信息。不要忘了项目的未来需求和模型的长期使用。

---

216 模型的持续使用

> 如果配置正确，大 BIM 工具可以使许多施工信息共享流程自动化，如冲突检测、验证评估和施工进度。但是不要仅仅使用模型来支持施工。最终目标的规划对流程至关重要。当您考虑到信息的长期使用时，您是在为成功的大 BIM 生态系统作贡献。

在恰当创建的大 BIM 生态系统中，信息并不仅限于在资产生命周期的某一个阶段使用。这些信息在施工过程中具有很高的价值，您可以在任何建造交付方法中使用这些信息，但是访问和共享资产信息的业务流程需要规划和预先考虑。制定您最擅长的为业主服务的方法。首先要了解模型的持续使用场景：

- 该模型会被用于对总承包商的公开招标吗？用于设计施工一体化谈判吗？用于设计施工一体化公开招标吗？用于集成项目交付吗？每种模式都有不同的模型使用方法。

- 施工企业将使用该模型进行冲突检查，还是进行 4D 或 5D 分析？如果是这样，模型支持这种检查。并相应地规划建造流程。

- 设计和施工是唯一的需要吗？或者，模型必须支持设施的整个生命周期？模型是大 BIM 生态系统的模型部分，还是一次性的、以图形为中心的模型？每种情况需要不同的方法。
- 模型会成为业主的长期资产吗？支持设施管理和运营？如果是这样，模型将包含很多数据。随着更多数据的生成，将如何管理这些数据？构建支持这些数据的链接。
- 如何链接其他团队成员的数据？所有参与人员是否都了解这个项目的具体需求？每个参与者都致力于长期目标吗？

取得更好结果的实践

217

> 在您寻求将设计和施工链接到大 BIM 生态系统的方法时，企业 BIM、集成项目交付、施工管理、设计施工一体化、设计 – 招标 – 建造和交钥匙工程只是众多可选交付方法中的一小部分。无论选择哪种交付方法，都有惯用做法可以改善交付结果，并使得资产的创建和管理更具韧性和可持续性。

历史上，市场力量将设计师和建造师分开，很少考虑到共同工作是项目成功的关键。为了克服不紧密合作造成的功能障碍和效率低下，设计和施工的替代方案应运而生。这些替代方案证明，早期合作可以改善项目成果。大 BIM 将这种早期合作提升了几个层次。大 BIM 通过共享数据集重新连接设计师和建造师，使他们通过可视化对施工过程中将要发生的事情能有更深的理解。

通过加快和支持流程的早期协作，我们可以使用大 BIM 来改进设计和施工。不论是用概念模型与设计施工工程总承包商谈判；还是帮助理解设计施工一体化模型，或者将一个详细的施工阶段模型用于总承包商招标；或者使用总装模型在互联的项目框架中工作；或者使用任何混合的建模和项目开发方法，等等。

重点是清晰地沟通和回答所有的问题，迅速且全面，以创造一个信任和知识共享的环境。无论选择哪种交付方式，以下七种态度和行动将帮助您实现一个更紧密的协作的流程：

1. 在您所做的一切中代表业主的利益和要求。透明地记录决策，并让所有人都知道。提供比预期更多的信息。填补信息空白，快速响应，轻松协作。

2. 使用模型来了解设计是否达到了目标。用图形和数据精确地定义一切。建设一个用户友好的项目网站，让每个人都能通过网站了解项目情况。

3. 根据项目和业主的需要定制流程。定制模型以匹配所选的采购方法。

4. 努力消除未知和不确定性。没有不该问的问题，无论它们看起来多么明显或普通，尤 218 其是在采购阶段。每一个回避或错过的问题都会在最糟糕的时候以麻烦的形式出现。

5.快速反应，作出可靠的决定。学会在议题变成问题之前解决问题，可以减少隐藏在投标中的模糊空间和意外事件，从而提高投标的响应能力。

6.通过共享模型自由地共享数据。如果其他人需要的话，甚至可以通过基于文件和平面文件格式共享数据。

7.要明白，不让其他人知道您在做什么或者想什么，是与合作背道而驰的。无论竞价市场多么激烈，要坚持为客户提供最好的服务。

接受这些做法，您将从项目中获得更好的结果，并为您的客户改善成果。通过在使用传统交付方法的项目中采用这七个做法，您将看到改善。

有些人发现采用互联的项目交付流程很困难或不好管理。对他们来说，变化太大、太快了。对未知的恐惧，对以传统方式做事的偏见，以及业主的沉默，导致了基层和企业高层之间产生无限大的差异。由于这些因素，一个人必须具有创造性和适应能力。

互联流程需要适应性和协作精神。在基本层面上，这些流程以如何使传统关系更有效地协作为中心促进沟通和理解。当团队中存在紧密协作的承诺时，项目会更成功。改进决策、改善管控、减少重复工作以及加强对费用和进度议题的透彻了解是这些项目的目标。

建立互联流程有很多变数。虽然有共同的主线，但每个项目都是独特的，需要采用定制方法。正因为如此，小 bim 项目流程需要由见多识广且知识渊博的专业人士来定制。任何缺失都可能导致出现问题。

219　● 要寻找改造传统流程的新方法，以获得互联流程。要知道，在企业 BIM 环境中，任何传统选项，即使调整为包括协作流程，都不能提供人们从集成项目交付中看到的结果。

灵活敏捷

传统方法中增加的折中措施通常出自团队的良好意愿，但经常很难执行和监控。

技术和教育或许是解决行业碎片化的关键，但这些都是长期的系统性工程。大多数人对这个行业的认识要短浅得多，也不那么全面。在许多人的想法中，最重要的是改变传统的交付流程，从而解决问题。

有一些经过时间检验的交付项目的方法，如设计 – 招标 – 建造、设计施工一体化、风险型施工管理和代理 – 施工 – 管理等交付方法都是一些传统的选项。要理解可用选项之间的根本区别并不难，但是评估每个选项的微妙之处和复杂性会有难度。

传统选项来自管理时间、费用和人们在建造过程中遇到的问题。可悲的是，没有一个选项能够满足高性能流程需求，从而克服困扰行业的问题。有些方法可能曾经奏效过，但现在不再有效。它们各有所长。虽然它们使行业发展取得了今天的成就，但它们都不是未来的终极解决方案。

在任何传统的交付方法中都可能包含某种程度的协作流程。然而，这些协作充其量只是一种折中的办法，往往会导致次优结果。有些方法，如设计－招标－建造，其核心是完全不协作的，其结果反映了这种方法的对抗性。有些，例如设计施工一体化，很容易操作，能克服一些问题。

当人们考虑各种选项并寻求解决每种情况的最佳方法时，问题就会大量涌现。从这个清单开始： 220

- 建设项目的最佳计划是什么？
- 您的概念信息模型是否已经包含所有必需的设计开发文档？
- 创建投标文件还需要付出多少努力？
- 您的模型是为了创建可投标的文档还是漂亮的图片？
- 您是否有一个使用信息模型工作的建造师？如果有，您的模型能够胜任这项任务吗？
- 您是否有一个可以与建造师对接的设计原型？
- 您的模型是否具备支持四维和五维的基础？您为所有系统建模了吗？
- 哪个交付流程最好？
- 您的概念模型和验证数据是否为投标设计施工一体化项目提供了足够的信息？
- 您的模型将减少投标人的不确定性，以实现更好的结果和更顺利的项目？还是增加困惑？
- 流程必须看起来很像传统的设计－招标－建造流程吗？是为了满足一些官僚的需要或命令吗？
- 您需要编制公开招标文件吗？
- 您是否需要遵守已定义提交要求的严格审查流程？
- 您是否已将模型构建到符合提交要求的级别？

无论您的答案是什么，都要灵活地调整传统流程，使其更具协作性。在传统交付方法中添加互联流程特征已被证明可以改进项目。这样做的好处虽小，但意义重大。

最大的收益来自这样一种交付方法，它允许所有团队成员（业主、承包商、分包商、供 221
应商、制造商和设计师）之间进行最多的互动。对于必须使用传统采购流程的项目，最大的收益来自对采用设计施工一体化或代理－施工－管理协作形式的精心规划。要了解如何调整传统交付方法以实现可能的目标，请查看每个可用选项。

以下是交付方法的主要类别，以便相对容易地创建一个与大 BIM 生态系统直接链接的协作流程。所有的方法在某些情况下都是有效的，而在另一些情况下则会误入歧途。在应用不佳的情况下，每一个方法都有可能失败。

属于传统选项的策略已经演变为使规避风险的设计专业人员能够将项目风险转嫁到其他人身上。由于这种规避风险取向，这些选项作为一个群体，并不是实现大 BIM 交付目标的理想方式。

我们从对未来最有希望的两个选项（即企业 BIM 和集成项目交付）开始，然后回顾了最传统的选项：代理 – 施工 – 管理、设计施工一体化、交钥匙工程、风险型施工管理和设计 – 招标 – 建造。

- 从美国建筑师协会合同文件网站下载每种交付方法的标准协议示例。网站还提供了合同关系图。

222　企业 BIM

> 企业 BIM 允许任何开放和可访问的服务或系统的参与，以支持企业的需求。所有流程都与业主的动态模型相关联，使互联的团队能够在真实的、接近实时的环境中工作。对工具几乎没有限制，项目的每一方都可以使用相同的数据进行协作，以实现业主的目标。在决策或花费巨额成本之前，项目各方都要承担消除冲突过程的风险和回报。

企业 BIM 的核心是创建一个生态系统，将基础设施连接并映射到业务运作中。生态系统具有从管理到早期设计、到施工、再到资产运维的生命周期视野。实施企业 BIM 的企业，可以是位于单栋建筑中，也可以是位于一组建筑群里，还可以是位于分布广泛的多个园区中。

这些系统的目标包括降低成本、提高可持续性、增加韧性和改进企业决策。预先建立的长期的关系、集成的供应链和支持大 BIM 的团队以支持这种级别的互联业务流程。企业 BIM 的实施需要许多系统、工具和人员创建分布式网络，以支持企业的活动。

地理信息系统、文档管理系统、建筑信息模型、业务管理系统等等，提供和接收实时数据，然后对这些数据进行重组，以支持互联决策。企业不受限于任何单一应用程序或施工方法的功能、更新或可用性。通过松耦合数据，企业可以利用许多资源更好地规划现在和未来。

企业已经成为现在和未来可持续生态系统的一部分，在变革的年代里成长，并适应不确定的未来。在生态系统中，任何不同项目交付方法的融合都可以用于支持企业的设计和施工需求。

通过混搭多个品牌传感器系统接口，可在单个 web 界面中进行管理，以满足那些与建筑业没有直接联系人员的需求。地理信息系统（GIS）、建筑信息模型（BIM）、业务系统和设施管理数据聚合在一起，以适合任何用户的详细级别创建企业状态的全局视野。

223　多个专业公司在项目工作中使用不同的流程和工具，并将数据提供给企业的规划和设施管理系统，从而为那些决策者们提供一个共同的操作图像。多个承包商，在多种交付方式下建造设施，使用他们各自所选择的软件解决方案，同时向企业的大 BIM 生态系统中推送和提取数据。

● 将人、地点和事物连接起来的能力，使许多工具和方法能够链接到一个生态系统中，从而取得结果。

集成项目交付

集成项目交付（IPD）在维基百科中被定义为：流程中由人员、系统、业务结构和实践组成的协作联盟，利用所有参与者的才能和见解，优化项目成果，为业主增加价值、减少浪费，在设计、制造和施工的各个阶段最大限度地提高效率。

开发和施工小组在规划开始时相互联系。团队按照某种同甘共苦的方式合作，这种方式是对做好正确事情的奖励。作为所有项目文档的重点，团队创建从冲突检查到进度和成本管理的模型和转换。施工完成后，团队和模型顺利过渡到运营和维护。

IPD 是一种承诺提供更好的设计、更好的可持续性和提升成果确定性的方法。当 IPD 应用于企业大 BIM 生态系统中拥有成熟的团队的项目时，是最大化业主长期价值的理想方式。当仅用于设计和施工时，IPD 是朝向纠正困扰传统项目问题迈出的一大步。

IPD 的目标是为业主、建筑师、顾问、承包商和分包商提供公平的工作环境。协作、信息共享、公开性和透明度对这一流程至关重要。从早期设计到项目完成，业主、主要设计人员和建设人员要全程参与。建立在同甘共苦原则基础上的新的 IPD 合作协议，要求在早期阶段投入时间和资金。长期的利益远远超过短期的花费和努力。

IPD 利用团队的知识、才智和洞察力，在设计、制造和施工的各个阶段增加项目价值、减少浪费和优化效率。在这种环境下，有效地解决问题符合每个人的最大利益。在某些方面，这对所有人都有好处。推卸责任和寻找替罪羊的行为减少了，取而代之的是一个激励生产和高质量工作的环境。项目的成功取决于这种方法。

224

IPD 需要愿意为所获取的价值而付费的业主，也需要有想通过为项目增值赚取利润的规划、设计和施工专业人员。不为实际增值付费的业主，以及依赖错误、浪费和低效率营利的专业人士，都会导致 IPD 失败。

IPD 的决策制定过程不存在等级制度，考虑的是多个参与方的专业知识。为了在项目涉及的各个方面实现优化交付，动态领导层经常变化。将那些在某个领域的专家迁移到优化项目所有领域的交付。项目受益于企业和成员为团队带来的具有相当深度和广度的知识。单一规模并不适用于所有人，但流程适合团队的每个成员，使整个团队一起建设、成长和履约。

业务收益与所分担的项目风险和共享的项目回报是相关的，这取决于项目的结果。IPD 的基础是在协作环境中分担风险、共享奖励（可以有，也可以没有激励池）。IPD 可以有多种形式，以不同的进度发生。一个典型的 IPD 项目的基本步骤清单可能包括：

- 规划和概念开发。
- 验证或扩展方案设计。在设计过程中，顾问及专业承建商的参与可以节省成本。他们的输入用于检测发生在设计过程早期的冲突和其他问题。在施工开始之前，消除代价昂贵的设计错误。其结果是，在施工过程中减少了对信息的请求和变更。
- 详细设计、分析和实施文档。
- 机构评审、质量保证和收购。

225

- 施工。在施工前，您可以管理问题并优化项目以提高效率。分派责任和共享 BIM 工具使团队能够从头到尾控制过程。工种协调、进度、成本管理和流程的所有其他方面受益于以消除施工浪费为目标的前端规划设计。当成员直接从他们创造的效率和避免的问题中获益时，施工流程就会得到改善。
- 竣工和调试。
- 运营和维护。

建筑业对项目而非业主资产的关注，往往会缩小或限制 IPD 的潜力。在未来，IPD 可能会成长为一种支柱工具，使成熟的专家团队能够在全生命周期中处理业主资产。在今天的 IPD 中，上述步骤看起来与任何传统设计和施工流程中的步骤非常相似。

一些大型跨学科团队将 IPD 视为一个机会，认为其可以更好地满足项目采用更全面和可持续方法的需要。在一些地方，较小的公司和客户也看到了 IPD 的前景。缺乏法律先例、缺乏灵活的采购规定、缺乏经验、惰性，以及在谈判合作协议期间大量时间和金钱的早期投入仍然是很少实现 IPD 目标的主要原因。

早期实施人员提供的证据表明，交付项目所需的成本和时间最多可减少 25%。证据也显示出项目成果的更大确定性。即使有这些好处，企业的复杂性和对协作工作环境的不熟悉也使得 IPD 在当今的承包环境中很少见。

少数业主承担了风险，将 IPD 应用于他们的项目，其结果可能导致由新兴技术引领 IPD 全面应用的项目出现。然而，如今多数人关注的是不那么全面的实际回报。

很多时候，团队继续以 IPD 的名义修改交钥匙交付、设计施工一体化、风险型施工管理和代理 – 施工 – 管理交付，结果都是喜忧参半。它们虽然都实现了一些效益，但是没有一个能充分发挥优势。

226

- 访问并订阅詹姆斯·萨尔蒙（James Salmon）的协作建造博客，了解关于集成项目交付的问题和需求，重点关注相关协议。从美国建筑师协会在线合同文件系统下载他们对集成项目交付文件的评论。从总承包商协会的 ConsensusDocs 网站下载其他协作协议。

代理－施工－管理

> 代理－施工－管理是一种管理施工过程的方法。代建经理是业主工作人员的延伸。他们是业主的代理人。在这个角色中，成功的施工经理成为实现业主需求的执行者。

集成项目交付流程中的基本概念与当今许多最成功的代理施工经理所使用的概念类似。如果管理得当，这种方法与集成项目交付非常接近，并且可以取得本书其他地方讨论过的大多数协作项目的收益。

设计人员尝试性地表达业主的需求，并使用建筑信息模型最小化未知因素。目的是在规划和设计过程中，尽早为团队提供高精度的图形和数据，以提高他们对项目的理解。然后代理施工经理开发成本模型。

代理施工经理还负责通过控制项目的不可预见性管理成本约束。通过自动化管理系统，团队还实现了快速的、"近乎实时"的任务提交、通信以及对设施管理的支持。

不同于支持集成项目交付的协作协议或多方协议，业主在施工经理的支持下成为所有各方之间的发包主体。代理施工经理不持有承包或设计合同。业主是直接当事人，其参与的协议比其他任何一方都要多。

代理－施工－管理根据业主的利益管理合同和保证担保。由于代理施工经理不是承包实体，因此由各个承包单位而不仅是一家承包单位通过担保或其他方式承担风险。

代理施工经理（ACM）还根据业主的利益管理成本，以确保向承包商付款时将违约风险降到最低。由于代理施工经理不持有任何合同，其发不义之财或隐藏利润的机会受到了限制。

在缺乏集成项目交付情况下，代理－施工－管理为项目的实施提供了最透明的协作战略。这种方法的合同基础可让各方之间进行公开的自由交流。由于施工经理是受业主信任的顾问，且设计团队根据合同有义务共享和协作，因此代理－施工－管理为向集成项目交付方向发展迈出了重要一步。在这种模式下，业主的额外管理成本最小。

● 下载并阅读美国建筑师协会关于代理施工经理作为顾问的参考资料。

设计施工一体化

> 传统的设计施工一体化流程为业主提供了单一的设计与施工责任、早期的价格锁定以及缩短交付时间的潜力，还限制了业主管理质量和验证变更成本的能力。重点放在低成本上，而不是放在高质量或业主的需要上。在面向 BIM 的设计施工一体化项目中，业主有机会更好地管理流程，从而平衡成本、质量和业主需求。

许多业主选择设计施工一体化，是因为这种方式承诺对设计和施工全权负责。许多人认为这个选项提供了减少成本超支和冲突影响的最简单的方法。如果管理得当,这可能是正确的。

设计施工一体化始于承包商主导的流程，而成本最低的设计团队提供的支持极少。总承包商，利用他们自身的能力首先成为业主，在最大限度地减少来自设计师干扰的同时，利用设计施工一体化创建新的工作。这种方法常常导致折中的解决方案和粗制滥造的工作质量——大多出于好意，但有时也并不总是如此。基于不完善的理解和劣质的文档，设计施工工程总承包商提供的价格往往不能准确反映项目成本。

对于这样的设计施工一体化项目，为了满足业主的实际需要，产生变更单和额外的费用是司空见惯的。与外行的业主打交道,降低质量是为了节省成本——所有这些都让业主（有时）稀里糊涂地接受。

228　　当对资产进行全生命周期管理时，这种设计施工一体化方法远远不能满足要求。如果目标是为满足业主长期需求的项目质量（和数量）支付最低成本，则需要更多的资金。创造性地管理设计施工一体化流程是消除差距的必要条件。一种消除质量和需求差距的方法是让业主创建一个详细的标准来指导设计施工工程总承包商的实施。

业主的构思通过使用早期验证模型进行快速测试和评估，以最小化不确定性，从而消除设计施工一体化流程中导致成本变化的许多未知因素。设计施工工程总承包商根据业主的验证模型进行工作，先完成详细的设计，然后报价并实施。业主验证模型中表达出的全面愿景则明确了设计施工一体化的性能需求。

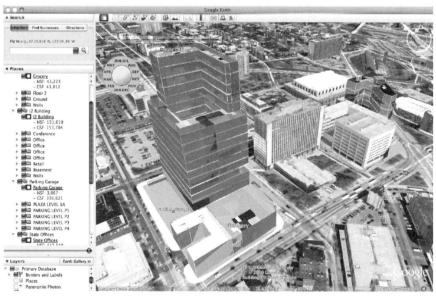

大 BIM 项目的愿景为设计施工工程总承包商的设计流程奠定了基础，并在业主要求和设计施工工程总承包商的流程之间架起了桥梁，以实现业主寻求的许多长期利益

图 5-13　项目在谷歌地球中的视图

业主收到所需的数量和质量，目标是减少或消除由于设计施工工程总承包商们不得不应对偶然事件而产生的不确定性。以最优惠的价格向他们提供他们需要的东西，以建设项目。拥有关于客户需求的高质量信息，加上清晰的沟通，可以使设计施工一体化项目大获成功。将这样的互联流程添加到设计施工一体化项目中，会带来很多好处。

需要解决的一些问题：

229

- 在设计施工一体化项目中始终需要精心策划、专业齐全的设计解决方案。没有这一步，许多工作只能用从很少或没有工程输入的目录中提取的系统组件来完成。

- 今天，很少有工程师改变他们的方法来适应集成项目交付或这种设计施工一体化模式。正因如此，设计施工工程总承包商常常依赖于设计阶段的性能标准，这些标准可能描述也可能不描述项目的理想解决方案，而不是相关工程的构思。这是一种折中的方法，可能是项目的弱点，导致成本上升或系统性能不佳。随着越来越多的工程师开发互联流程，他们的系统将能够在验证模型中进行测试和分析。

- 性能标准中包含的每一方面内容都需要建模和分析。如果协助业主的工程师还没有以互联的方式工作，他们的性能标准文档会是这个流程中的一个弱项。没有精心策划的导则，业主会将没有明确目标的系统设计责任推给设计施工工程总承包商团队。对这一场景适当管理并建立合同约束条款，可允许设计施工工程总承包商在定义的框架内自由行事。然而，在许多情况下，这与互联业务的基本原则——建立成果的确定性背道而驰。

- 在许多市场中，整个设计施工工程总承包商团队在 BIM 应用中不起作用。因此，当将项目交给设计施工工程总承包商时，业主将失去互联流程带来的长期优势。如果设计施工工程总承包商团队不精通 BIM，那么好处就会在转换验证模型时停止。在这种情况下，业主获得来自基于全面定价文件的更好的投标结果。但却几乎没有获得长期好处。

短期利益仍然使这个流程有价值。然而，对业主来说，大部分价值来自运营期间。摆脱这个困境的部分解决方案是让业主的设计施工一体化顾问在一个并行的流程里维护项目模型和项目记录。这种并行流程允许业主保留长期利益，尽管需要额外的成本。

即使使用设计施工一体化，目标也应该是与能够链接流程的团队签订合同。在一个类似于集成项目的工作流中，支持设计施工一体化的标准协议是可用的。随着新的合同和采购工具的出现，许多与透明度和协作有关的问题正在演化。即使怀揣良好的愿望，业主和设计施工工程总承包商仍然是各自独立的实体。在设计施工一体化流程中，各方之间总是存在发生冲突的可能。

参与方仍然有大量的机会在为自己创造利益的同时伤害了他人，而没有人知道发生了什 230么。使用设计施工一体化的结果将继续取决于良好的意图和有道德的行为。尽您所能，最大限度地调动所有参与者的善意和恰当行为。

- 下载并阅读美国建筑师协会关于设计施工一体化的参考资料。此外，请从 ConsensusDocs 网站上阅读总承包商协会的设计施工一体化指南。

交钥匙模式

> 交钥匙模式是将项目的全部责任分配给开发实体。在此模式中，业主监督开发实体的进度，并可能参与开发流程的任何阶段或全部阶段，也可能不参与。开发实体雇佣设计人员和施工人员，并全权承担交付职责。

如果存在同甘共苦的内部关系，则可以在开发团队内部使用互联流程。要实现业主需求和最终产品之间的高度匹配，需要有精心准备的协议和清晰的需求范围。制定开发实体的性能标准（以验证业主需求的模型形式）是一个良好的开端。

这个验证模型可以为项目定义一个远景，逐项列出项目需求和详细的业主需求。然后，该模型可以作为项目成功的可度量标准。在验证过程中，拥有大 BIM 工具的业主可以通过测试来消除不符合其需求的解决方案。当与开发实体（作为两个步骤的流程）一起完成时，该模型可以促进团队的协作。

交钥匙流程中的关系和结果可能会受到隐藏的意图和妨碍合作的企业自身利益的不利影响。由于开发实体承担了全部的建设和交付责任，财务信息的透明度可能会受到影响，导致参与方打小算盘，关注自身而不是团队或项目需求。业主和其他参与者之间的合作通常取决于良好的意图和有道德的行为。在不让任何人知道发生了什么的情况下，为开发实体创造利益而损害业主或其他参与方的利益的机会是存在的。

231　一些业主要求的交钥匙交付包，包括设施建设完成后的运营。业主保留自行经营和管理设施，或聘用开发商经营和管理设施，以及出租项目的权利。对这些额外的服务，业主可以怎么有利怎么来。

- 如果开发实体拥有（或能够获得）高效捕获和管理整个流程中的数据所需的技术支持和系统，那么通过强制整个流程中数据的紧密链接，就有可能在工作进行时实施互联工作场所管理和使用其他工具。

风险型施工管理

> 当业主选择使用风险型施工管理（CM-R）模式时，整个项目的责任类似交钥匙交付模式。关键的区别是，通常大型总承包公司充当开发商实体，减少了一层组织和相关成本。施工经理支持业主，同时保留交付设计和施工的责任。

许多地区大型、高知名度的项目青睐这种模式。由于它们的规模和复杂性，这些项目提供了强调单个模型功能的机会，尽管这种单个模型有时几乎没有下游价值。这些通常是大型项目，它们依赖于小 bim。而据传，很多"BIM 洗脑"都发生在这些地方。

可视化、冲突检测、四维、五维、基于云的项目控制、条形码、激光扫描等都是这些项目采用的技术。即使存在实施生命周期 BIM 的资源，能否取得这些项目的长期收益仍然是一个悬而未决的问题。

虽然 BIM 基本上为必选项，但是很少有使用风险型施工管理模式的公司在一个全生命周期的大 BIM 生态系统中工作。团队成员使用 BIM 工具改进与他们利益相关的文档，设计师从更好、更快的图像中获益，承包商使用管理工具更好地协调项目文件和参与人员。除了软件，没有什么变化。

在许多地方，某种程度的协作交付可能与此选项相关，对于那些希望尝试单个模型特性并以易于控制和可向他人展示的方式选择互联交付的人来说，这是一种很好的方法。也就是说，风险型施工管理模式保留了许多与设计 – 招标 – 建造模式相关的基本缺陷。

合同关系和工作流程几乎很少发生变化，以反映同甘共苦协作方法的需要。这个流程充满了隐藏的意图和阻碍透明度的商业私利。一旦超过协议规定的保证最高限价，施工经理将承担全部施工责任。信息共享，尤其是财务信息共享，经常会受到影响。一个风险型施工管理项目可能会这样进行：232

- 使用基于资格的流程选择设计团队。CM-R 不与直接为业主工作的设计师签订合同。
- 施工经理是独立选择的，使用基于价格和资格的选择流程。
- 设计团队创建用于报价的概念方案。他们使用业主的规划，并采纳了施工经理的意见。
- 施工经理对概念方案进行报价，在设计团队、业主和分包商的帮助下提供一个保证最高限价。
- 业主与风险型施工管理方在经过调整和协商后，以保证最高限价签订协议。业主与单一风险型施工管理方签订施工合同。施工经理提供单一的保证担保。
- 设计团队创建一组施工文档。
- 施工经理根据施工文件重新报价。业主和风险型施工管理方依据变化调整保证最高限价。
- 在修改了保证最高限价后，风险型施工管理方被授权开始施工。通常，要求风险型施工管理方通过招标采购分包商，并与业主协商将合同授予中标实体。
- 风险型施工管理方根据施工文件建设项目，并对项目进行控制，就像设计施工一体化方法一样。将开发过程中发生的更改生成变更单。风险型施工管理方和业主根据商定的方案共享节省的资金。

从表面上看，风险型施工管理模式提供了一种改进的单一主体责任模式，但实际情况可能完全不同。随着项目的进展和施工的开始，不再要求风险型施工经理分享财务细节。突然间，与专业分包商进行的详细谈判、变更单花费的实际成本，以及项目支持人员的成本都成为问题。

233   即使有保证的最高限价，业主也常常在没有意识的情况下受到伤害。节省下来的资金本应该归业主所得，但往往由风险型施工经理得到了。即使严格遵守合同的风险型施工经理，也有很多机会提高项目成果，从而使公司受益。

- 下载并阅读美国建筑师协会关于风险型施工管理的参考资料。同时，阅读总承包商协会的 CM-At-Risk 指南。

设计 – 招标 – 建造

设计 – 招标 – 建造模式（简称 DBB 模式），是美国传统的设计和施工流程。为业主工作的设计团队创建一组设计文档，然后帮助业主获得承包商的标书。承包商为业主工作，中标后开始工程施工。设计团队与承包商之间不存在合同关系。

设计 – 招标 – 建造是重组协作和联系最困难的选项。使用此选项的决定与协作、联系、长期需求、可持续性或韧性关系不大。这一选项长期以来一直是政府采购人员和公开招标的首选。

当被问及选择这一选项背后的原因时，许多人认为设计 – 招标 – 建造符合公众的最大利益。倡议者会让我们相信，这种方法是向所有人保证，我们的钱花得最值的最好方法。很久以前，在一个遥远的地方这是事实，但多年来，事实已经大不相同了。

在设计 – 招标 – 建造流程中，业主、建筑师和总承包商之间的关系是有意对立的。与设计 – 招标 – 建造有关的判例法和公认的谨慎标准明摆在那儿。有成千上万的法庭案例和先例。对许多人来说，这一选项意味着承诺意外的变更和诉讼。事实上，一些知名的大型业主对他们的项目进行预算时，认为诉讼是一种保证。

234   克服这些问题需要付出巨大的努力。与任何其他选项相比，设计 – 招标 – 建造产生了更多的不合格项目、更多的诉讼和更低的生产力。历史表明，它经常导致冲突加剧，且人们在工作中无法沟通。设计 – 招标 – 建造项目经常会延迟，大大超过预算和最高成本。有些人认为这有违直觉，认为设计 – 招标 – 建造是确保最低价格的唯一途径。但这种看法一再被证明是错误的。

面对设计 – 招标 – 建造作为唯一的采购选项，所有的参与者都必须关注人们如何以及为什么有效合作的原则。尽管有合同的限制，但利用互联交付的优势已经越来越成为所有相关人员努力做正确事情的目标。业主必须在这方面发挥领导作用。

在这种最低限度互联的环境中，重点可能是使用传统流程，并在原型模型中维护用于下游使用的建筑运营和维护数据。设计师创建一个模型，而后将其移交给施工团队。然后，施工团队创建一个施工模型，通常从零开始，用于冲突检查和其他任务。在施工过程的最后，团队向业主提交一份文件，用作运营和维护的基础。这是提取 COBie 数据的模型，有关细节请参阅本书第 1 章的 "COBie 检查" 一节。使用设计 – 招标 – 建造时，即使添加了 COBie 数据，仍然存在大多数传统的低效率问题。

- 下载并阅读美国建筑师协会关于传统项目交付的参考资料。同时，阅读总承包商
  协会关于总承包的资料。

案例研究：社区中心

> 公园和康乐主管评论道："我们选择这家公司是因为他们应用 BIM 在项目的早期阶段，帮助了解我们的项目。作为一个郊县的部门主管，我不经常参与设计项目。每次参与之前，我都必须增加我的设计和施工知识。"

这个项目有趣的地方是什么？

- 要求使用链接到大 BIM 生态系统的小 bim，采用改进的设计 – 招标 – 建造交付方
  法公开招标。
- 建筑信息模型的下游重用，以支持分阶段交付。
- 在财政支出严重受限的情况下，阻止了本项目所涉建筑的衰落。只有少数资金可用，235
  而且只有在整个项目得到严格管理的情况下才能使用。
- 使用互联流程和工具改进结果的项目决策。

地点：丹顿，马里兰州，美国

马里兰州加罗林县（Caroline Country）县获得了一座闲置的马里兰州国民警卫队军械库（建于 1938 年）。按协议规定，该县将该军械库用作社区中心。军械库是 20 世纪 40 年代末军用设计的一个例子，带有阶梯式护墙、铸石镶边和钢窗。由于年久失修，建筑物的整体状况很差。只有在稳定了外墙，防止其迅速恶化之后，才能满足使用需求。

县政府维护和修复军械库有很多限制，需由马里兰历史信托基金会（Maryland Historical Trust）监督。使用详细精确的小 bim，可以管理这些需求，同时也可管理该县对项目的需求。

设计师明白，一份好工作会带来另一份好工作。在这个案例中，军械库附近最近完成了 236
一次成功的改造，结果引发了可否将军械库改建用作新的社区中心的讨论。在这个过程中，

图 5-14　马里兰州国民警卫队军械库

评选委员会成员显然明白早期决策支持的好处，从而使他们的项目能够获得成功。他们不叫它 BIM，也不认为它是一种链接，但他们知道严格的成本控制和结果的确定性是至关重要的。

最后，业主将基于大 BIM 的流程与传统交付流程相结合的能力作为选择团队的决定性因素。虽然评选委员会对 BIM 一无所知，但他们知道，他们需要的不仅仅是传统的设计流程所能提供的。

机会：支持业主的决策和审核过程

人们可以使用成熟的商品化软件小 bim 技术，利用自己的能力，交付超出业主预期范围的项目，即使是最小的改造项目。在这种情况下，我们可以使用这些工具和我们的流程知识，帮助业主尽早作出明智的决策。该团队积极主动地与该县合作，根据事实和机会寻找完成项目的策略。

由于总是从了解业主的需求和问题开始，所以对于军械库，我们的首要任务是进行实地测量、生成设施条件评估和现状模型。然后，团队建立修复模型以形成设计解决方案。

- 思维导图用于整合早期数据收集流程：嵌入式数据用于项目时间需求和成本分析；思维导图组织了需要提交的文本文档。同时，思维导图被用来捕捉需求，并与公园和康乐人员一起进行空间规划。

接下来，将这些信息放入一个现有状况的模型中，该模型将成为用于验证业主需求的设计概念模型的基础。从这个模型中，我们提取了现有的和建议的工程量数据，以支持生成项目预算。项目预算是一个参数化成本模型，它与项目假设、交付策略和进度计划相关联。从项目预算中可以明显看出，该县可为该项目提供的资金严重不足。

县里的工作人员知道他们没有足够的资金来完成整个项目，因此，团队通过重新设计概 237
念模型并重新生成预算，以确定在可用资金范围内的工作范围，并增加对未来阶段的预测。
概念模型，包括阶段划分并与预算一致，为项目的所有后续工作奠定了基础。通过增量添加，
该模型允许提取每个阶段和子组件的施工文档。此外，项目预算成为管理所有阶段成本和时
间的工具。根据这些文件，项目成功地完成了。

完成后，将根据思维导图、概念模型和项目预算创建的验证研究提交给县里，以帮助他
们理解项目的短期和长期目标。同样的数据也提交给了马里兰州以锁定资金。

机会：项目分阶段进行，有多少钱办多少事

项目预算，加上模型的早期细节，成为该县分配可用资金的工具。最终的决定是：放弃
这个项目，把它归还给州政府；或者立即找到更多的钱；或者分阶段建设项目。

由于有了部分资金，决定分阶段进行这项工程。第一阶段包括修复屋顶泄漏与墙体系统、
增加一部电梯、增加无障碍厕所和一部分内装改造，将所有剩余的工作推迟到未来阶段。

- 公园和康乐主管对这个过程的评价是："设计团队从一开始就提供了详细的信息。
  他们的方法帮助我理解了项目中的所有内容。这种理解致使我问了一些在正常流
  程中可能不会问到的问题。在其他项目中，我得到了楼层平面图和草图，不得不
  假设它们包含了所有内容。当细节最终出来时，我们经常发现我们需要变更。这
  些变更花费了大量的努力，花费了太多的时间和资金。然而在这个流程中，细节
  和所涉及内容的清晰画面是显而易见的。因此如果我想要一些改变，就能很快进
  行改变，这样在投入过多资金之前，就可以看到它如何影响整个项目。它使我们
  能够自我改进。"

该团队在 ArchiCad 中设计并记录了该项目，生成了第一阶段的施工文档。该项目随后向
总承包商公开招标。该县在项目预算确定的招标价格范围内授予了合同。

由于项目预算中明确了进度时间，因此预先购买了电梯。随着施工流程的展开，该县调 238
高了项目预算中的不可预见费。小 bim 模型简化了对变更的理解和管理，减少了错误和施工
问题。该县得到了他们出资改造的项目，甚至更多。

一期工程按时完工，问题极少。项目管理数据库和小 bim 模型捕获的竣工数据、交付文
档和变更单，可供下游使用。可用资金已用完，而用于剩余工作的资金很难在短期内到位。
在完全关停该项目之前，该县做了有限的清理工作。

- 县工程师评论说："能够将项目的电梯部分分开，允许提前采购，节省了大量时间，
  使我们能够满足资金计划。创建一个建筑的三维模型，也是提供清晰的项目愿景
  的一个很好的优势。通常情况下，评选委员必须查看二维平面图和立面图，但无

论看多少次，都很难想象能看出什么，而三维的效果图则显示得很清楚。"

在第一阶段中，马里兰历史信托基金会多次要求对窗户进行分析，以便未来进行建筑外装修设计。利用从第一阶段竣工模型和记录现有条件的照片中提取的细节，本研究以最低成本完成并提交了审查，但设计工作在完成窗户调查后便终止了。

由于资金的限制，该项目后来搁置了，那栋建筑基本上仍无法使用。该县里有一栋防风雨的建筑，只有爬过半段楼梯才能进去。饰面又老又旧，供暖断断续续的，而且运行费用昂贵，铅和石棉也是个问题。

两年后的一个周五，团队意外地接到了来自该县的电话，该项目再次被列为优先项目，但需求已经发生了变化。公园和康乐部门接到指示，要尽快搬离县城的中心办公楼，并为实现这一目标提供资金。该部门想搬到军械库去。最初，他们希望确保这栋建筑仍然可以成为社区中心，但该部门的需求已经发生了戏剧性的变化，他们不能确认是否所有的东西都能装进这栋大楼。

机会：管理不断变化的规划需求
239

清除石棉、修复军械库射击场的铅污染，以及拆除炮弹是第二阶段工程的主要内容。在改造过程中，我们对原训练区的硬木地板系统进行了回收再利用。

上述工作一完成，就开始平衡项目的工作。工作包括依据历史建筑修复导则恢复外饰面和安装新的窗户和门。室内设计在保留尽可能多的历史元素的同时，使空间适应新的用途。

- 随着流程的展开，县工程师评论道："社区中心项目进行得非常顺利和高效。这个团队合作得很好。贯穿整个过程的沟通有助于工作开展，使许多事情化繁为简。"

第一阶段的小 bim 竣工模型允许团队重新评估和重新设计项目，项目在两周内重新启动。第一个任务是重新建立通信系统并重新评估项目需求。在第一阶段完成后的两年内，用于项目分析和在线交流的工具有了显著改进。第一阶段使用的小 bim 建模工具已经进行了重大升级。

团队重新启用了小 bim 竣工模型，并在短时间内彻底修改了早期的概念。该县收到了他们需要的决策支持信息，可以快速、廉价地向前推进。所有这一切都归功于小 bim 建模工具对不同版本的向下兼容，使模型能够快速转换到更新的版本。

重新启动需要团队重新评估业主的规划需求，并重新设计以适应更改。从公园和康乐部门当前和预计的空间需求清单开始，团队再次使用思维导图审查和验证需求。随后团队更新了项目规划和方案预算，很快得到了县政府的批准。

完成后，军械库的空间分配为：公园和康乐部门的办公室安置在地下室，在一层创建了娱乐中心，在二层设置了支援设施。

240
这个项目从将要废弃，到给设计团队打电话，再到批准重新设计，只用了两周，与传统流程相比，速度更快，成本更低。这个流程只需要很少的现场工作，因为在第一阶段就已经创建了小 bim 竣工模型，仅这一项工作就为该县节省了 50% 的费用。

第二阶段工作的细节包括，更新的小 bim 被用于了原型的问题区域；采用隔声系统，对篮球场和办公区域之间的声音传输进行了控制；采用该地区首推的可变制冷剂流量（VRF）系统，以高度可持续的方式对空间逐一进行了温度控制。

- 一位施工项目经理这样描述这个流程："从一开始，沟通和信息就很清晰，处理起来也很快。问题得到迅速和有条理的处理。在改建的过程中，总会有一些隐藏的问题，但是建筑师对建筑和施工有很深的理解，并与我们一起快速解决任何问题。"

设计进展顺利，我们提取了施工文件进行公开招标。2008 年 11 月 13 日，这个完全修复的社区中心被献给退休的马里兰州国民警卫队副官詹姆斯·F. 弗雷特德（James F. Fretterd）将军，并向公众开放。

军械库项目的成功与其说是技术的问题，不如说是人的问题。小 bim 能够更快、更准确地交付服务，但是人们通过协作来实现业主的目标才是成功的真正原因。

- 公园和康乐总监评论道："作为一个经理，我喜欢找一些容易管理的小事情来组织和完成工作。这家小公司经营得很好。首席设计师有远见卓识，会寻找合适的工具以最有效的方式完成工作。项目经理具有很强的施工背景，设计团队产生想法并创建构思。他们的项目经理向我保证，细节正在以务实的方式得到解决。这种关系为我们提供了一种'阴/阳'的方法。他们能轻松地进行调整，很快就适应了；而大公司就像恐龙或远洋轮船，需要很长的时间和很多努力才能转变或改变。"

企业资产

> 历史上，设施并不被认为是至关重要的资产。建筑是企业成功或失败的必要因素，但不是关键因素。人员、资金、地点、交通和营销一直都很重要，而建筑就没有那么重要。

这种传统的建筑观正在改变，由于资源变得紧张，新的和意想不到的事件正在影响业务的可持续性。具有韧性响应、维护业务功能和启用其他业务功能的能力已经变得非常重要。由于风暴、地震和恐怖主义而导致此类功能灾难性损失的事件表明，有必要从不同的角度看待建成环境资产。要取得长期成功，现在需要有实现所有企业资产（包括建成环境资产）互联的方法。

长期以来，业务规划人员一直使用数据理解和规划对企业任务至关重要的功能。财务、营销和管理规划是长期建立和成熟的系统，地理信息系统和设施管理系统也都混合在其中，所有系统都在不停地生成数据。

当其他领域采用可共享和可复用的数据时，建筑业仍然专注于纸张和文件。因此，大多数建成环境的组件都储存在信息孤岛中，没有与企业资产规划建立联系，也不影响企业的资产规划，使这些数据可共享和可访问链接的机会显而易见。

很少有企业将他们拥有的所有信息链接起来。已经尝试过（这样做）的企业发现，链接所有信息的过程代价高昂，其复杂性已让企业各层级业务不堪重负，许多企业在探索中都失败了。

企业大 BIM 生态系统改变了这种状态。对于任何多建筑和多园区的企业来说，其好处是显著的。地理信息系统成为链接各地数据的统一准则。

只要有需要，复合数据随时随地都可以得到，供任何人使用，就像在互联网上一样。生态系统依赖于 web 服务、云计算、开放标准、信息共享和工具之间的互操作性。

242 案例研究：集成决策

> 由于政府机构庞大，他们面临的问题往往得不到有效处理。原因包括：割裂的职能分工；过时的采购系统；制度惯性，以及风险规避管理系统。通常没有简单的方法处理他们的艰巨问题。

哪些方面值得考虑？

- 那些在国家层面上引领大 BIM 的人正在努力使所有的数据在需要的时候和地方安全可见、可用，以加速决策。
- 国家倡议开始允许人们更加开放和合作地工作，以作出更好的决策和改善治埋。
- 高瞻远瞩的机构通过提升推动技术不断发展能带来好处的认识，正在积极创建大 BIM 生态系统。

地点：全世界

美国联邦政府面临着一系列独特的资产管理问题。在深入挖掘并发现存在大量残缺系统和不适当的流程之前，各机构看起来似乎是稳健一心的。他们似乎拥有丰富的资源，直到人们意识到他们支持的大量任务。

利用技术应对政府机构面临的挑战，让纳税人付出了巨大的代价，但结果却并不令人满意。机构制定计划并讨论改进。他们允许，有时还要求软件供应商创建不公开透明的解决方案。他们自夸自己的创新项目，而对真正的技术创新却口惠而实不至，浪费了数十亿美元。

谈及 BIM 时，许多联邦机构并不了解全局问题，而是使用小 bim 方法来代替手工绘图和CADD。这些机构倾向于采用静态的、以供应商为中心的小 bim 应用，而这些应用是不可持续的，缺乏韧性。他们将 BIM 作为软件，而且只使用一个软件程序。

这些机构在技术解决方案上的尝试太过复杂、太过保守，也太难以使用。他们在把大量时间和金钱花在有缺陷的方法上失败之后，不得不重新开始。这种失败很容易预测的。 243

幸运的是，联邦政府中的一些人正在朝着不同的方向前进。他们将互联网、web 服务、开放数据、信息交换和 APP 经济融合在一起。美国联邦总务署 18F 办公室 *、MAX.gov 和 GovLab.org 等机构已经成立，以获取信息为目标，改善治理美国的管理流程。

庞大的国家之船正在慢慢转向开放数据和基于 web 的信息交换。他们正在探索一种面向服务架构方法来实现基于 web 的信息共享，而不是依赖于手工归档和一次性数据交换方法。

这样的倡议和开放不是一蹴而就的。在一小部分政府机构中，个人通过实验、测试和原型化的方式，更好地利用数据进行治理，更快、更聪明地工作。他们的努力经常与更传统、更根深蒂固的同僚们发生冲突。在以网络为中心的环境中，领导大 BIM 的机构创建了关注共享知识资源的系统。他们转向了多对多的数据交换，这使得许多用户和应用程序能够访问相同的数据，从而超越了过去的局限。

走在前列的政府机构正在利用技术更好地完成使命，并转变做事方式。他们积极推行设施规划、设计、施工、运营及退役 / 更新的互联战略，以降低全生命周期成本，创造世界级的设施。

这些变革的倡导者面临企业和文化协作、业务流程、工作流和技术方面的挑战。问题表现在许多方面，包括：

- 企业和文化问题阻碍任务执行。机构发现很难有效地与外部服务提供者合作，如建筑师、空间和设施规划人员，以及需要获取信息以提供负担得起的服务的顾问。克服来自传统系统的惰性，有时会压倒我们中最优秀的人。

- 协作通常是困难的，或者根本不存在。单用户系统比比皆是。数据与任何开放标 244 准不一致或不标准化。由于故作神秘和培训驱动的需求，用户访问受到限制。现有的技术和管理使一项艰难的工作更加困难。

- 现场业务流程和工作流依赖于静态文档或手工数据输入，从而导致固有的人为错误。为了避免错误，所做的工作违反了已公布和立法的标准。由于手工和基于文件的系统，甚至内部文档和规则也经常发生冲突。

- 效率和服务交付与内外部安全需求相冲突。要使工作得以完成，需要变通创建不受管控的安全威胁。各机构正在努力改进与设施相关的应用程序、数据和设备的网络安全管理。

---

* 综合数字服务云平台项目由美国联邦总务署的 18F 办公室负责运营，18F 担负着引导美国政府数字化转型的繁重工作。综合数字服务云平台是一个基于 Pivotal Cloud Foundry 的政府创新平台，由"政府开发人员开发，为政府开发人员所用"。该平台正在帮助众多联邦机构步入云开发的现代世界，为联邦机构提供快速便捷的方式托管并更新网站（和其他 web 应用，例如 API），因此，联邦机构的雇员和承包商可以专注自己的任务，而不必为联邦系统公用基础设施和合规要求争论不休。综合数字服务云平台的运作方式以及技术资料，可以参见其官方网站。——译者注

虽然领先团队遇到了多种管理变革问题，但他们仍在努力创新，朝着大 BIM 生态系统迈进。随着时间的推移，他们所作出的努力将创造更有成效和更有效率的基础设施，以造福所有人；他们也致力于改进从全球资产分布到单个设备信息。如何可视化与便捷使用相关的数据。他们的工作是在整个设施生命周期中把这些点联系起来。在某些情况下，这些团队引领了行业发展。引领大 BIM 的机构是：

- 与众多（和更多类型的）利益相关者有关联，包括内部和外部，及政府机构圈内、圈外。

- 致力于利用建筑信息模型（BIM）、地理信息系统（GIS）、设施管理（FM）和移动平台等技术与下游数据的使用进行链接。

- 寻求改进规划、设计、施工和运营之间的反馈，以及改进它们的规范和标准。在领先的机构中，标准和总体规划正在成为有生命力的文件，而不是手工更新和打印在纸上或使用其他一次性方法保存。

- 通过云计算扩展机构能力，整合数据中心和虚拟化。领导者们强调可计算数据的可访问性和可重用性，而不是托管数据、归档纸质文件或其"数字等价物"。

- 使用小 bim 和其他各种软件工具和流程来创建大 BIM 生态系统。

245　　在大多数情况下，小 bim 继续在联邦政府建筑、施工领域获得认可。小 bim 在规划和工程方面的参与度紧随其后，再次是在运营和维护领域的认可。领先机构的战略包括使用建筑信息模型、地理信息系统、运营和业务数据，以最有效、高效和可靠的方式支持其任务，同时与国家安全、运营需求和最佳价值企业业务实践的要求保持一致。

- 参阅本书第 9 章"政府领导案例研究"一节。它将详细介绍为推动美国联邦政府进入互联时代所做的工作。

第 6 章

共享和协作

利用技术，最小的企业有可能与在市场上曾经独占鳌头的大企业进行竞争，利用同样的技术，大企业也有可能在曾经只有小企业服务的市场上提供服务。这两种情况都需要更改建筑物业主和相关企业处理项目和资产的方式，且这两种情况也都需要改变结构、流程和态度。

由于很少有企业拥有应对其面临的复杂性所需的强有力的领导能力，分级指挥控制组织正在被淘汰，取而代之的是基于分布式共享和协作的、以流程为中心的组织结构。这种协作环境要求我们组建具有适当技能以处理问题的团队。合作计划对他们的成功至关重要。

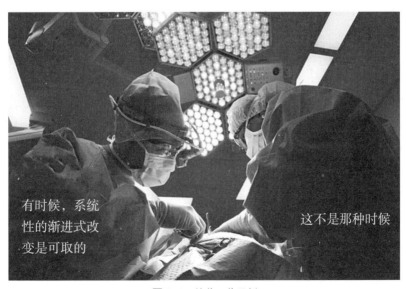

图 6-1 协作工作示例

249　未来的企业

> 创建一个完全链接的结构，能使用可用的工具来利用资产和技能。有了这样一个组织，就可以更聪明地工作，用更少的资源创造更多的价值。

世界每天都在扁平化，大企业和小企业之间的界限越来越模糊了。这种商业平衡之所以会发生，是因为技术已经发展到允许小企业与大企业一对一竞争的水平。小企业可以产生相同的质量、相同的公众形象和相同（或更好）的结果。计算机桌面和网页上可用的战略联盟和工具使小企业能够做大做强，并与任何人竞争。以下几个特征塑造了未来的企业：

- 它们能够持续创新。
- 它们喜欢建立开放和合作的关系。
- 它们采用扁平的组织结构。
- 它们使用自适应的、灵活的业务和运营模型。
- 它们根据经验定制自己的技能和专业知识，而不是墨守成规地工作。
- 它们有敏锐的市场敏感度和洞察力。
- 它们是有情境感知的。
- 它们是易转型的。

花一些时间创建深思熟虑的、周密的行动计划，并集中精力填补大 BIM 生态系统中的一个或多个生态位。在先入为主之见中寻找机会，设计产品和结构，就像设计其他项目一样。

250　规模不是关键问题

> 我们需要信任那些与我们一起工作的人。

在大 BIM 生态系统中，企业的规模对于互联流程来说不是最重要的。技术模糊了个人、小企业和大企业之间的界限。使用移动技术，一个人就可以带领一个数千人的团队解决问题。使用基于云的工具，小企业可以使用与最大竞争对手相同的技术；而传统的大型企业不再具有技术优势，因为任何人都可以使用相同的工具和资源。

在当今移动化、众包化的环境中，大型企业建立和维护相互信任的关系势在必行。人们在与大企业打交道的过程中经历了太多的问题。这凸显了一个事实，即许多大公司的初衷并不是为了在数字时代维护信任。人们不再相信大型企业能在出现问题时提供帮助。

由于存在不信任的氛围，大企业需要真正把精力集中在客户身上，光说不练的企业很快就会暴露出来。如今，即使是最大的玩家也必须赢得信任。当大企业专注于建立强大的信任关系时，成为一个可靠的倡导者，帮助人们理解和使用大 BIM，可使项目有很多优势：

- 在需要大量时间的项目上投入大量人力资源。
- 将多个领域的专业技能应用于大型、跨阶段项目。
- 给喜欢与类似规模公司合作的大业主带来一定程度的宽慰。

小企业经常冒险去做它们从未做过的事情。它们明白客户的信任是建立在透明、包容和负责任的业务实践基础上的。在人们追求确定性的环境中，小企业有真正的优势，并且可以：

- 迅速适应今天的工作方式。不需要咨询和说服太多的人就能完成工作。
- 创建一个易于理解的层次结构。因为它们很小，所以它们已经是扁平化的组织，每个人都会做一些事情。
- 关注它们的个人技能和才能。它们可以集中精力在需要的地方和时间使用它们的资源。
- 利用互联网，以及当前和下一代技术，与最大的公司平起平坐。

251

规模只是传统方法受到冲击的一个方面。设施业主厌烦浪费和错误。新闻媒体把成本超支和项目管理不善编成专题文章。行业艰难地应对紧张的费用和风险与收益不公平分配的维护标准。这些攻击源于没有适应我们社会变化的建设流程。

- 无论企业的规模有多大，只要做些必要的变革让它变得更好，企业就会从中受益。利用当今工具和流程的力量，以增加结果的确定性。无论是独资企业还是拥有数千名员工的公司，都要着眼于长远，专注于为所有相关的人提供最好的服务。

决定如何适应

> "在准备战斗时，我总是发现计划是无用的，但制定计划是必不可少的。"
> ——德怀特·艾森豪威尔

我们无法避免整个行业变革所带来的隐患。任何士兵都知道，没有任何计划在遇到敌人后还能继续执行。我们能学会平衡计划和行动吗？能让我们在前进前清除冲突吗？知道一旦我们作出决定，问题就会改变，需要作出其他决定吗？我们怎样才能跟上变革的步伐？

很多时候，我们表现得好像我们可以在前行之前解决所有的问题。我们制定计划并创造工具，我们开发复杂而晦涩难懂的标准，并试图确定每个应急措施，所有这些都是为了在我们最终前行时尽量减少错误。在当今世界，这真的是最好的方法吗？假如我们能够改正，所有的错误都是不可原谅的吗？完美是我们唯一的选择吗？计划得越多，错误就会越少吗？一点也不。

似乎很多人都错过了世界其他领域的巨变。有些行业已经从惨痛的教训中认识到静观其变的保守做法会导致灾难。我们不能再这样下去了。事情变化得太快了。

252   信息的潮起潮落如此之快,以至于将事实联系起来以支持决策的能力变得至关重要。伴随互联网的飞速发展,我们很少有机会孤立地解决某一问题。当我们这样做时,通常情况下,我们处理的是蜕变的数据。我们需要能够与最新的信息进行交互,这样当我们作出决定时,我们就能使用最新的事实。

假如我们接受变革,是变得更敏捷、更有能力,还是其他什么?建筑业必须加快这一进程。否则,这个进程会自己加速,把我们甩在后面。如果我们要把这个行业带入 21 世纪,就需要改变。我们有三个选择:

1. 革命性的变革:抛弃过去的一切,就像旅游业一样。在这种情况下,行业将面临重新开始的压力。新领袖将创造一个全新的流程。许多人将会落后。

2. 渐进变革:建立在传统流程的最佳部分之上,并替换那些不再有效的部分。行业可以承上启下。许多人会适应,有些人会被甩在后面。

3. 保持现状,回归传统:这种选择我们不是对行业所面临的形势作出反应,而是担心众口难调,难以达成共识,且希望世界能够回归到我们可以认知的状态。其他人将取代我们的位置,做我们现在做的事情,成本更低,效率更高。

在上述任何一种情况下,都会产生一种不同的经营方式。过去,建筑业的系统性变革需要集中控制。英国目前正试图使用第二次工业革命的控制模式和第三次工业革命的工具来实现 BIM 愿景,以解决第四次工业革命的问题。没有任何一个实体可以使用旧的工作方式推动这些变革。建筑业过于复杂,而且四分五裂。

团结起来,我们就能做得更好。建筑业不再依赖于多层控制结构。现在,个人有权在未经上层人员许可的情况下进行变更。这就是围绕着我们的 APP 经济。但是,我们需要加快步伐。

253   5 年曾经看似是一段很长的时间,而现在 5 年好似瞬间。这个行业从大多数人从未听说过 BIM 开始,发展到大多数人使用 BIM,或者声称使用 BIM,或者知道 BIM 将很快成为一种必需品。当建筑业从手工绘图过渡到计算机辅助设计和绘图(CADD)时,同样的过程花费了 15 年多的时间。

我们已经有了利用实时数据获益的工具。建筑信息模型(BIM),再加上地理信息系统(GIS)、设施数据、移动设备和互联网,都有助于我们获取互联知识。我们使用基于规则的规划系统来捕获和连接所有层级的知识。如果您能描述某件事,您就能以文字或数据的形式捕捉它的本质。如果您已经捕获了一些东西,您可以定义它们与其他知识和事物的关系。

- 与我们周围的海量信息进行交互的能力正在改变世界。信息甚至改变了我们对世界的反应。常规的方法不再产生期望的结果。剩下的唯一事情取决于我们将如何适应这些变化。

胆子要大一点

计划如何融入这个信息世界。您不必制定一个宏大而全面的战略。但是，您需要一个计划。您的计划应该是对您业务的详细描述，决定您想要如何进行。

要知道您工作的环境是不断变化的。改变您处理传统流程的方式。找到添加生命周期信息的方法。接受创建大 BIM 生态系统的新工具和新范例。

我们没有很好地调整如何使用我们的资源。在大多数情况下，我们的流程是线性的。如果传统上依赖于线性流程和已建立的规范，那么请寻找能够实现创新和快速发展的方法。采用这种僵化方法，要想在设计和施工中及时作出决策很难，也使得参与运营和管理变得非常困难。

假如您在大 BIM 的生态系统中占有一席之地，就可以为这个系统增加价值。在今天的变革速度下，墨守成规不再是最好的解决方法。不要专注于那些需要推倒重来的策略，那是最后的办法。起初就要将当前的和不断发展的技术融合到传统方法中，以创建新的业务方式。

技术可以让人们使用更好的数据进行预测，可以快速反应，可以详细地研究变革，并提供数据来证明新想法的合理性。通过应用控制知识交互的规则，人们可以比以前更快、更准确地评估选项。制定规划曾经依赖于概括性和经验法则，现在人们可以使用大 BIM 来模拟现实生活。 254

当今世界要求人们冒着风险前进。传统上，速度和风险的增加通常会导致错误的增加和更高的失败率。BIM 和互联流程为人们提供了工具，使人们能够进入一个采用明智决策的环境，从而降低风险，更好地预测结果，将失败最小化。在计划中加入及时决策。拖延制定重要的决策会造成许多引人注目的社会问题。作出的关键决定太迟在工作流程中是一个普遍存在的问题。时机不当的决策是未来产生问题的根源。

● 要认识到，宁可犯错误，胆子也要大一点。我们这个行业有些积弊，谨慎小心，却浪费资源，保守使我们犯了太多的错误。因此决策必须更好，预测必须更准确。我们必须变得更加灵活，必须有更长远的规划。否则，改进是不可能的。

行动规划

您思想中谨慎的一面在起作用。您关心谁将领导企业中的变革，担心您的企业文化会强烈抵制变革，因为您正在重塑您的文化和项目实施的方式。

您将如何将大 BIM 生态系统带入您的生活和工作中？您会采取什么措施？您对变革的概 255

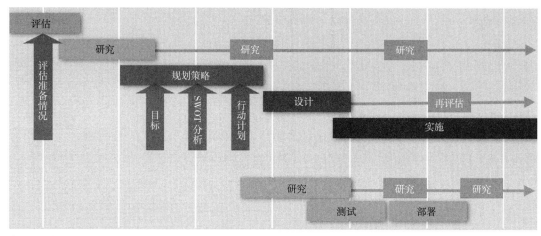

注：SWOT（Superiority Weakness Opportunity Threats）：优势、劣势、机会和威胁。

图 6-2 行动步骤图

念和范围有了很好的了解后，就可为重塑您的企业创造一个愿景。您如果认识到互联流程是可以给您带来竞争优势的领域，您可能就已经开始为互联的工作流和流程构建业务案例了。

有许多优秀的工具和书籍可以帮助您进行这方面的探索。我最喜欢的书是亚历山大·奥斯特瓦德等人写的《商业模式新生代》和《价值主张设计》。这些书（以及相关的网络工具）提供了超越陈旧商业模式以设计未来企业的独特视角。通过搜索，您会发现许多其他的资源可以指导您。如果您不知道从哪里开始，请按以下步骤操作：

第 1 步：评估准备；

第 2 步：战略性规划；

第 3 步：分享您的规划；

第 4 步：实施规划；

第 5 步：变革。

第 1 步：评估准备

> 质疑当今世界的一切，了解您现在所处的工作环境：您在哪里提供价值？您为谁服务？谁支持您？您如何创造价值？是什么让您与众不同？您的答案会因您的工作类型而有所不同。

您准备好接受大 BIM 和互联流程了吗？如果是这样，那就先进行反思：看看您是怎么做生意的，看看您如何与您的供应链（您的顾问、专业咨询和供应商）进行交互，了解您的客户对新的做事方式的反应，评估您如何组织项目、生成文档，以及您的员工如何应对变革。

这一步是对您目前状况的内部评估。

　　您的目标是要为您的下一步行动提供清晰的指导，因此不要泛泛而谈，而要把注意力集中在您所做的事情以及如何做的细节上。以下是一些需要考虑的事情：

- 谁是您的关键合作伙伴？
- 您做的最重要的事情是什么？
- 做您所做的事情，您需要的基本资源是什么？
- 如何创造价值？您的客户认为您的价值主张是什么？
- 您提供什么产品和服务？
- 您为谁工作？您和他们的关系如何？
- 您打算联系谁，为谁服务？
- 您如何与客户沟通？您如何为他们提供价值？
- 您做生意要花多少钱？您如何计算您的费用？
- 您可靠的收入来源是什么？您从每个客户身上赚了多少钱？您的管理费用是多少？
- 您的团队组成是什么样的？是什么让他们每天来上班？

　　这些只是您应该问的几个问题，应让尽可能多的朋友、家人、同事和员工参与进来，进行提问。其他企业通过让员工独立准备评估，从而得到了有价值的数据。他们发现，衡量他们的团队如何理解他们所做的工作以及互联流程的含义非常重要。这将成为进一步讨论的良好起点。这个过程需要做几周的预算。

- 许多人发现思维导图软件是记录和交流任何业务变更过程的理想媒介。通过思维导图，您可以处理关于您自己的数据片段，然后把它们组织起来，以找出规律；用头脑风暴，看看您的思绪能到哪里，同时保持跟踪并构建您的工作方式，以便其他人可以快速理解并加以评论。

第2步：战略性规划

> 　　SWOT（优势、劣势、机会和威胁）分析可以指导您评估对推动业务发展的事物的看法。这个过程帮助您识别积极的和消极的因素，这些因素促进或抑制了企业的努力。当您做SWOT分析时，要评估影响业务的内部和外部的因素。

　　您可通过收集有关使您的企业独一无二的信息来开始您的战略性规划。在这个阶段，您要在您工作的环境中了解您的公司，然后对未来进行规划。制定规划是至关重要的，没有规划，您就会一直被动应对问题，永远不会站在时代前沿。简单来说，战略性规划可以帮助您做到：

- 明确相关业务的目标。

● 记录财务状况和历史。

● 记录客户群和市场。

要使用结构化的方法评估影响未来方向的事情，就要从正式制定目标开始：打算做什么？计划达到什么样的最终状态？是分步实施小 bim，还是实施完全互联的大 BIM？记住，您是在寻找实现成功的关键因素，因此您应该努力做出清晰的、有优先排序的规划，而不是为了规划而规划。

258　　需要考虑使用的一个工具是 SWOT 分析。SWOT（优势、劣势、机会和威胁）是一种结构化的规划方法，可以帮助人们确定实现目标所需的行动。SWOT 是一个提出问题和头脑风暴的过程。

优势和劣势是企业运行的内部因素。这些因素使您在市场中处于优势或劣势。要找出自己的优势，也要了解自己的劣势。要考虑到资源、知识、产品、通信、技术、地点、人员、资金、能力和容量。

机会和威胁都是外部因素。找出可能带来麻烦的事情，然后计划如何利用机会。要考虑宏观经济问题、黑天鹅事件、政治、时事、趋势、文化变革、市场和竞争。

把内部因素和外部因素分开，直到结束。关键是要把优势、劣势、机会和威胁都记录下来并按轻重缓急排列好。根据您的评估，您的目标是否可以实现？如果不能，修改您的目标，重复这个过程。将您的优势与机会相匹配，以找到竞争优势。

● 您的优势和机会之间的差距在哪里？

● 您需要做些什么，把您的劣势转化为优势？

● 威胁能转化为机会吗？

● 您能看到新的市场吗？

● 您如何最小化或避免风险？

● 您成功的关键因素是什么？

花足够的时间做好您的规划。规划做得越好，您离成功就越近，因此为制定战略性规划要做几个月的预算。接下来，要利用 SWOT 的知识设计前进的道路。

● SWOT 是一种规划工具，需与您的团队协作使用，以发挥 SWOT 对变革流程的支撑作用。

第3步：分享您的规划

259

您不能只有自己高度重视您的规划，企业里的每一个人都必须高度重视才行。规划完成后，发布您的规划并与企业同事进行讨论。如果您不让员工参与讨论，就会大大增加失败的概率。

利用您从 SWOT 分析中收集到的信息，指导您对未来的展望。从您的评估结果中，找出最佳的方法来强化您的优势和弱化您的劣势。制定一个规划，利用您的机会，抵御威胁。

准备好如何在更广泛的商业战略中采取有意义的行动规划。先从规划和设计互联流程开始，然后进行需要用于战略实施的运营、资源和项目规划。把规划分成小块，按优先顺序排列。

写一个实施规划。为制定一个让您能不断取得可见进步的循序渐进的规划，需回答以下问题：

- 您将来想做什么？
- 您将采取什么步骤来达到您的目标？
- 您将如何实现您的战略目标？
- 需要什么工具和资源？
- 要花多少钱？这些费用将如何筹措？
- 五年后您的公司会是什么样子？十年后呢？

设计您的流程可能需要多次迭代。以本书所述的结构和您的技能与经验为起点，留出两周到一个月的时间来制定规划。

第 4 步：实施规划

260

> 不要立马把所有事情都联系起来，现在就做您能做的。随着时间的推移，您将能够在 BIM 这个更大的世界中建立更多的联系。从规划开始，一步一步地建立您的流程，直到成为一个互联的实践。把本书当作您的指南，开始在 BIM 环境中开发您的项目；寻找新的方法来创造小的成功；将您的新流程告诉您的顾问；推销您的新能力，以一种互联的方式工作；成为互联流程的推动者。

当向互联的业务模式转型时，需要接受变革，以成为终身学习型企业。

三四个月过去了，有些公司已经完成了评估和规划过程，而另一些则可能需要更长的时间。无论花了多长时间，初始过程都已完成，现在可以开始了。您知道您要去哪里，您的规划已经准备好了，您对您的未来有一个愿景。

现在开始吧。把您的时间花在做事上，比纠结于拥有一个完美的规划要好得多，即使以后这些事情还要变更。无论您做了什么决定，这个过程都会随着时间的推移而改变。一个互联的业务系统不是静态的——事实上，它每天都在变化。

正因为如此，您的规划应该是灵活的、适应性强的，且相关的您的业务通常需要进行重大变革。与任何如此巨大的变革一样，事情也不会十全十美，您会犯错误，遇到障碍。因此要坚持到底，在前进的过程中不断进行调整。

一开始，您会发现自己处于不断调整和纠正的状态中。您应该计划一个固定的周期来重新审视您的战略和解决方案。随着您的成长，更改它们，在这个过程中变得更加专业。应至少每季度或每两年依据企业状态对规划做一次评审。

261

第 5 步：变革

成为互联的实践需要时间和投入。随着您的大 BIM 生态系统的推出和成熟，您将能够做一些曾经只是梦想的事情。为了获得最大的利益，您要专注于变革您的业务，以应对未来。请记住，您可能需要改变行为模式和开展业务的方式。

- 要有自我意识——了解并理解您是如何工作的。
- 接受快速试错的哲学。继续前进，而不是继续有缺陷的流程。
- 更早地与他人合作。
- 在项目前端最大化知识输入和生产力。
- 适当调整收费结构。
- 考虑一下您的新工作方式。
- 管理法律责任。

您秉承的态度和采取的行动将明确支持互联工作流的理念。接下来，我们将探讨大 BIM 生态系统中如何推动业务的变革。

变革：自我意识

> 了解自己并理解您的企业如何提供服务是大 BIM 成功的第一步。这项工作从信息和管理开始。

过去长期坚持的实践方法必须进行变革，以支持任何类型的建筑信息模型。通过理解和阐明您是如何工作的，可以创建一个以最适合您的方式连接技术的框架。通过定制流程，您可以从最好的工具和最近可用的高性能流程中获得可用的好处。

- 最先要了解您是如何开展业务的。查看如何设置项目以及如何生成解决方案。了解您的技能和不足，即您的优势和劣势。
- 提前考虑，以避免麻烦和陷阱。
- 认识到您与他人的互联方式。观察如何在这个新世界中提供价值。扩展您对世界的愿景，以及您在建筑业中所处位置的愿景。

262
- 对每件事都要提出质疑，并深入研究其他人使用的流程。把每件事都分解成最小的部分。从这些元素中，您将创建适合您的工作流程。

- 找到最好的地方来使用您的资源。在这种环境下，需要一步一个脚印，通过制定规划，可以实现平稳过渡。

- 决定您将以多快的速度做出变革。人们接受变革的速度不同：有些人比其他人准备得更好；有些人有更多的钱，更多的支持，可以更快完成转型；有些人喜欢开快车；有些人喜欢缓慢而稳定的方法。要积极主动。无论您设定的速度如何，都要根据您处理变革的能力来调整您的速度。

- 充分利用您的优势，找到克服劣势的方法。转向为现在和未来设计的流程。

阅读本书所有案例研究中包含的有关开展业务的新方法。将技术与任何业务进行互联都需要管理变革。您对待员工、客户和顾问的方式将根据您选择的业务流程进行调整。在以信息为中心的世界中，您的实施战略需依据以高度责任感接受新技术的业务和设计流程进行调整。

约束会影响我们所做的一切。研究约束理论（Theory of Constraint，TOC）及其应用，您会发现，要么您可以管理约束，要么约束将以不可预测的、有时甚至是有害的方式控制您。相反，如果您试图管理每件事，那您就什么也管理不了。通过约束进行管理是一种平衡行为。要评估您当前的方法，请考虑使用基于约束理论的流程。约束理论（TOC）和丰田生产系统（Toyota Production System，TPS）是两个经过验证的管理理论，可以与您当前业务流程中最成功的部分相结合，帮助您更好地规划和管理。

1984 年，从物理学家转型为商业顾问后，埃利亚胡·戈德拉特博士（Dr.Eliyahu Goldratt）出版了一本名为《目标》（*The Goal*）的书。他的理论是，任何企业都可以通过应用科学方法解决组织问题，从而改善其结果。戈德拉特认为，每个企业都有一个单一约束，限制了其相对于目标的绩效。

通过管理这一约束，公司可以克服生产上的障碍，变得更有效率，反应更快。在您的企业中发现和管理这个约束是至关重要的，因为约束理论把企业看作一个系统，而不是一个层次结构。戈德拉特的理论解释了为什么代理－建设－管理是有效的，这也是丰田公司成功的主要推动力。约束理论支撑着当今许多行之有效的管理方法。 263

开展业务的方式受到许多约束的限制，通过识别这些约束并逐一管理它们，就可以控制任何流程的绩效。斯基尔公司（Sciral）和诺斯罗普·格鲁曼公司（Northrop Grumman）的飞行逻辑软件是一种基于约束理论的视觉推理工具，用于理解复杂的系统。在开始探索如何利用技能才能做得更好时，可能需要考虑使用该工具。

在我们的探索中，我们将各种形式的成本确定为当今大多数建成环境流程的主要约束。我们逐渐认识到，进行成本约束管理是可以做出的最重要的一个变革，它可以改善对客户的支持方式。我们发现，管理成本约束能以积极的和以客户为中心的方式改变结果。最重要的是，这是有据可依的。管理成本约束已经沿用了 40 多年！任何一个成功的代理施工经理都很清楚。

通过适当的成本控制，客户近年来提出的许多有关不良文档、成本超支和其他问题都是可控的。由于没有管理成本约束，这些问题在过去20年里增加了，并已成为通病。通过管理成本约束，可以显著提升设计和施工流程的结果。

- 研究如何在整个流程中管理成本约束，并将约束理论应用到企业中，步骤如下：
  1）识别流程上的约束；2）决定如何使用约束来提高绩效，以达到目标；3）让约束变得重要——通过将其连接到您的流程中来赋予控制力；4）将约束嵌入日常工作流程中。

264　变革：快速试错并推进

> 在APP出现之前，通常最好假设任何新技术在采用之前都会经过详细测试并在市场上得到验证。传统的开发–扩展–测试–部署方法不再总是最佳方法。今天，采用这种方法最多只能延迟行动，而且常常是失败的信号……特别是对于定制软件的部署。

世界正在以越来越快的速度变化。新技术和新思想层出不穷，一些是好的，有些是坏的，大多数只会增加复杂性。今天，我们将快速探索各种方案。我们寻找能够提供解决问题最佳方法的工具。作为终身学习者，我们要适应不断变化的工具、设备和系统。我们尝试新事物，抛弃那些没用的东西，接受那些能带来巨大好处的东西。

已经创建了形式化的流程，如敏捷开发，要利用这些新的运营方法。我们需要展示新的工作和思考方式的项目；需要更加协作、创新和互联的新形态。我们需要一种新的工作模式，让人们能够快速地试错，然后继续前进。

没有风险，就没有改进；没有创新，就没有增长。在我们最佳的状态下，我们不断地进行尝试。早期会经常失败，但我们在这个过程中能尽可能多地学习。没有失败，就没有进步。接受，甚至拥抱那些将失败视为创新代价的过程，是企业向采用互联流程迈进的不可缺少的一个步骤。如果没有这种方法，我们许多最著名的发明可能永远不会发生。

然而，失败并不总是可以接受的，应该权衡失败和可能的后果。在一些高度发达和关键的系统中，我们不能接受失败。这样的系统必须零容错、零误差。我们没有人愿意在飞机处于故障模式的情况下在飞机上，那将是一场灾难。

当任务很重要或涉及人的生命时，要仔细考虑运作流程的检查清单。我们希望飞行员在起飞前使用检查清单。清单应由专家以多年的研究和经验编制而成，包括了每一个潜在的故障点。飞行员在逐一检查清单时，发现任何错误都应立即更正，否则航班将被取消。飞行员和外科医生都是这样。

　大BIM使我们能够在早期模拟故障，这样在生命周期的后期，当系统变得至关重要时，我们就可以最小化故障率。在规划的早期阶段发现潜在的问题是使用计算机模型设计原型的原因之一。早在飞机制造或飞行之前，就存在冒险和犯错。我们创建模型，并在制造之前使用它们来识别故障点。

问问您自己：什么时候失败是可以接受的？什么时候失败是不可接受的？请记住，这是创新与修复成本、损失成本、资源成本、信誉成本等之间的平衡。

当一个系统对故障零容忍时，创新就会停止。在零失败的情况下，恐惧主宰一切。人们沉迷于追求完美，几乎没有前进的动力。很少有人敢冒险，结果什么都没有改变。创新很少发生，即使发生了，也很少有重大意义。

另一个极端是混乱。许多想法涌现出来，但却很少有人去做。当没有人对结果负责时，进步就会停止。当失败总是可以接受的时候，在任何时间、任何过程中，它都可能是灾难性的。

在创新带来的风险和可靠的绩效之间作出平衡。当需要大量的资金、时间或资源来纠正错误时，我们会将错误最小化；当危及生命时，我们会消除失败。大 BIM 使这种思维方式在建筑业可行。现在我们可以在花费大量时间或资金之前,通过快速地模拟和可视化来发现问题。

细节水平（LOD）概念，正如最初设想的那样，是一个框架，用于在信息模型中预先加载故障信息。通过将数据链接到模型来表示位置、质量和其他决策信息，我们模拟了故障……用最少的努力和小题大做的方式。虚拟故障很容易修复。但当我们浇筑混凝土时，或在项目完成并投入运行后，故障就会成为更大的问题。这种区别是信息建模和关联决策中的关键问题之一。

在当今云计算、信息建模和模型服务器的世界中，如果我们正确地使用技术，诸如 LOD 之类的定义可以提供很大的灵活性。这完全依赖于协作和互联流程（这些流程系统地从概念发展到文档，再发展到实现），以及对失败的价值和危害有一个开明看法和理解。

- "BIM 风暴"的设计理念是"快速试错并继续前进"，几乎没有风险。它们可能被 266
  认为是使用大 BIM 的在线头脑风暴。研究一下 BIM 风暴，并实施一个小规模的
  BIM 风暴，或者加入一个正在进行的 BIM 风暴。BIM 风暴允许您建立一个虚拟
  的项目程序，并使用谷歌地球等免费程序探索以 3D 方式登陆的解决方案。

变革：协作

> 团队成员通过学习协作，变得更有价值。他们利用教育技能和自然技能完成任务，以使其他人能更好地工作。他们培养了创建和管理复杂流程的能力。

网络成员之间的协作得益于允许团队成员开发他们的技能的流程。当成员们看到什么有效，什么无效时，他们会逐渐获得专业知识。他们很快试错，然后继续前进，而不是通过惩

罚性的手段加以纠正。错误是通过重新做一遍任务并把它们做好来解决的。

要做到这一点，通信必须畅通无阻。明确权威数据所在并能快速访问它们只是保持通信顺畅的两个原则。花时间从许多来源寻找和提取信息是低效的，并会阻碍通信。当您适应大 BIM 生态系统时，许多工具都会发生变化。其中变化最大的是电子邮件。电子邮件并不是生态系统中工作人员之间的主要通信形式。

- 电子邮件不安全。对于大 BIM 通信来说，它不够强大或可靠；它能被操纵和干扰。使用电子邮件，人们可以掩盖错误并推迟决策，这将破坏协作和高效的团队配合。
- 电子邮件可以成为一种逃避工具。我们经常听到："什么电子邮件？……您给我发过电子邮件？"或，"我从来没见过您说的任何电子邮件。"这种事经常发生。电子邮件很容易丢失或发错地方——不管是故意的或者不是故意的。电子邮件在依赖于时间戳和透明度的世界中并不好用。

我们需要更好的东西。BIM 邮件是一种解决方案。BIM 邮件可从模型中的某一位置或某一对象发送消息，并带有注释和时间戳。

267 嵌入式和互联通信减少了出错的机会，并简化了数据流。BIM 邮件通过将界面友好的沟通方式置于工作环境来支持协作。附属于房间里灯具上的 BIM 邮件就传达了设计和施工团队关于灯具的对话。

为什么选择这个灯具？为什么设计师觉得这个灯具是必要的？如何克服成本问题？供应商是如何完成任务的？权衡利弊了吗？为什么采用这种布线方式？灯具是否适用于一些不明显的较大系统？

就像灯具的 BIM 对象可能包括尺寸、重量、光通量、供应商、成本和其他数据一样，我们可以将对话添加到对象中。然而，这将付出巨大的努力。

BIM 邮件提供了模型的背景，可用它来作决策和跟踪决策。使用 BIM 邮件，为下游工序更好地理解项目如何达到当前状态奠定了基础，而且随着时间的推移，不再需要重构逻辑，并增加同步思维的成分。通过 BIM 邮件，项目的生命周期逻辑是透明的，所有人都可以看到和理解它们。大 BIM 使这种额外的功能成为可能，而不需要付出很大的努力。以下是受 BIM 邮件影响的真实示例：

在构件级

- 使用电子邮件：一个机修工搜索有关 A 空调的通信，然后出现一个电子邮件列表。这是所有邮件吗？是否有些电子邮件被标记为 A 暖通系统而不是 A 空调？关键的电子邮件是否丢失？有什么东西不对头吗？这会导致犯错吗？
- 使用 BIM 邮件：机修工可以在任何支持网络的设备上查看其选择使用工具中的 A 空调模型，然后选定 A 空调的 BIM 邮件。那么，与此组件连接的所有相关通信都将显示出来，并能显示日期及时间。很容易查看，几乎不可能丢失信息。

在工程现场

- 使用电子邮件：业主代表打开自己的电子邮件客户端，发送一封电子邮件，主题为：致建筑事务所老板——分级问题。老板将电子邮件转发给建筑师，邮件的主题是修改过的：分级问题——今天解决。建筑师吃完午饭回来，心情不好，不小心删除了电子邮件。由于不知道还能做什么（也不想让任何人失望），就什么也没做。业主代表奇怪为什么没有人处理这个问题，而老板很忙，忘了跟进。小问题被放大了，感情受到了伤害，诉讼不可避免。

- 使用 BIM 邮件：业主代表用其网络电话打开大 BIM 网站，并将带有副本的 BIM 邮件发送给建筑师的老板。由于建筑师是设计主管，因此他能自动接收到网站有新附件的通知。如果建筑师推迟处理，系统就会发送提醒。当他在平板电脑上点击该网站，然后点击该位置的 BIM 邮件时，他看到了上下文中的沟通。了解了达成解决方案所需的所有的事实。他在 BIM 邮件中添加了一句简短评论，然后转发给土木工程师，土木工程师收到后在 5 分钟内就解决了这个问题。业主代表在一个小时后打开网站，查看该问题及其纠正。问题解决了。 268

类似的场景也可能发生在建筑和房间的层级上。这种精确跟踪的沟通方式改善了协作，从而在整个资产生命周期中产生了巨大的好处。

- "为了支持快速、高效地开展业务，该系统能够全面查看和更新多源异构数据。以前这是耗费太多人力、时间的工作。"

——工务署署长

变革：最大化前端

> 正是由于建筑业微观层面的简单性和宏观层面的复杂性，使得我们将成本作为行业唯一的统一约束。大大小小的企业、各种形式和规模的企业，都是由某种形式的成本驱动的。

我们在一个高度互联的流程中工作，利用这些联系让我们有能力影响遥远未来的事情。我们有两个选择。我们可以作出改变，增加未来成功的机会；我们也可以继续按以前的方式工作，不理会影响行业的重大变化。就是这么简单。

如果我们要进入大 BIM 生态系统，很多事情必须变革。其中一些变革与技术有关，但大多数变革与技术无关，而与人有关。它们包括思维方式和世界观的变革。这些以人为中心的变革是最复杂和最具挑战性的，它们是大 BIM 背后的驱动力。

建筑业非常多样化，该行业中的大多数企业都是小型企业，专注于建筑领域的一小块业务。建筑业的人员差异很大。

269　　　理解各个组件并不太难，理解和更改系统要复杂得多。它们之间的联系似乎是无限的。当学习如何适应大 BIM 生态系统时，必须考虑到这一点。

　　显然，在建筑业中的任何流程都有许多约束，如果试图管理所有的事情，最终会一无所获。利用我们从约束理论中学到的概念，我们发现，通过控制成本，我们可以以一种积极的、以客户为中心的方式控制下游流程。

- 许多人陷入了对事件作出反应的陷阱。它们允许约束控制，而不是主动出击。他们从一个危机跳到另一个危机，结果往往是糟糕的文档、成本超支和交付延迟。作为一个行业，我们必须终止这种循环。第一步是将该行业视为一个可以通过约束进行管理的互联的系统。

变革：调整结构

> 弗兰克·劳埃德·赖特说："人类最好的建筑都是在条件限制最多的情况下建造出来的。"

　　在赖特先生的时代，建筑业是完全不同的。他们有更多的时间思考和评估。但从今天的眼光看，那时的速度是缓慢的。

　　这就是为什么今天的许多建筑专业人员拒绝为他们的工作流程增加新的限制。他们拒绝将成本作为设计和施工过程的额外约束。他们担心从一开始就控制成本会损害他们的设计过程。这种态度正在损害该行业，也是造成设计和施工问题的一个原因。

　　设计通常不考虑财务现实。设计方案只注重美学和功能，并丝毫没有得到关于成本和其他细节的承诺。这将导致项目启动不利并产生下游问题。成本通常只是确认："我们认为项目将在预算之内，而不是一个管理约束：我们的系统显示，应该为这个特定的设计方案明确工程量。"一些人把成本推到未来某个日期，让其他人来处理。还有一些人现在开始探讨这个问题了。

270　　　直到最近，专业人士还认为增加成本作为约束是不可行的。没有任何工具可以在不增加重大额外努力的情况下评估早期阶段的费用。增加成本约束将要求在其他关键方面的投入被成本估算所取代。几乎没有公司有钱或有意愿走这条路。今天，这一立场已不再可行。

　　现有的工具能够进行持续的成本预测，在规划和设计的最初阶段在很少或没有干预的情况下用对应的设计深度支持决策。设计在变化，成本也相应地变化。所有相关人员都可以进行交流，并就与设计深度相对应的成本作出决策。决策信息是其他任务的副产品。

　　在这些问题成为现实世界的关键问题之前，让我们在虚拟世界中消除它们。现在，我们可以对发现的问题进行适当的调整，并从项目构思的那一刻起就把精力集中在成本上。我们可以捕获早期的决策并使用它们来加速流程。使用大 BIM 工具来捕获、可视化和分析。

工具和技术是可用的。使用它们需要意愿和新的态度。

需要考虑传统的设计和投标文件的编制流程。在这一流程中，有许多机会可以通过早期决策提高效率。也有很多地方，可能会浪费其他领域更有效的流程所节省的时间和金钱。随着流程的推进，可以保持早期收益。

今天的现实是，即使是在一个互联的流程里，也会签发招标和施工文件。建筑行业可能会通过与数据和区块链数据库技术相链接的模型，以成本方式进行管理并进行利润竞价拍卖。

区块链是比特币的基础技术，它提供了一个基于信任的基链，使人们能够在没有中介金融机构的情况下确定交易。但这一技术目前仍在发展的早期。

业主们发现自己进退两难。他们既希望项目能尽快地向前推进，又希望确保项目结果。在传统流程的每个阶段，在团队进行下一步之前，按理都需要业主对上一步进行验收，但大多数情况下都没有执行这样的决策。大多数决策信息只是在业主已经花费了大部分费用之后才得知。

有了互联流程，就可以逆转这种情况。团队在开始动手干时就已经在虚拟世界中完成了许多工作。关键决策是在早期做出的，并包含在项目原型中。团队确保原型解决方案是由可重复的事实支持的。 271

在自动化流程里，以协调、标记、首选的格式设置生产模板，用于生成任何可能需要的电子文件或纸质文件，包括平面图、立面图、剖面图、详图、表格等。

如果所有的团队成员都在大 BIM 框架中工作，则项目是自组织的，干扰得到了抑制，并与生态系统绑定。大 BIM、IFC（工业基础类）交换和相关数据网都非常高效，因此制作施工文件的工作归根结底就是整理和打包。生产团队不必重新解释或等待决策，就可直接生成文件。这使得项目更容易控制和预测，减少了许多冲突和错误的发生。

在当今的互联流程中，我们仍然需要某种形式的招标和施工文件。现在，传统方法和所谓的互联方法之间的区别可能只是关注点不同和工具的效率不同。当我们审视今天的设计流程时，即使使用小 bim，许多东西也无法计算。

在这一流程进程里，未来在什么地方出现一些问题似乎不可避免。这一流程几乎没有尝试去阻止下游问题或从头到尾控制成本。今天有太多的设计和文档生成流程是这样的：

● 团队从方案设计开始，创建概念供业主审批。结果取决于设计师的能力和知识。业主的支持主要源于信任。除了草图和可爱的图片，团队几乎没有提供什么真实的信息。

● 在下一步，设计扩初（初步设计），团队开发了项目系统。到此为止，这个流程是孤立的。工程师的输入信息几乎为零，承包商的输入信息也为零。理想情况下，团队向方案设计中增加价值和细节。在最坏的情况下，团队要修改和重做已批准的概念。

272　● 接下来，将进入施工图设计阶段。届时，设计团队需要将工作移交给生产团队。如果设计团队得到了所需的决策，正确地将其记录下来，并在预算内完成流程，那么生产团队的工作就能得以简化。如果不这样做，生产团队就会带着明显的不利因素接手。由于交接和最终确定细节的需要，关键的项目决策仍在继续进行，因此生产团队发现他们不得不重新解释和实施设计团队的工作。而做这些工作时，有时有设计团队的参与；在尝试弥补费用的损失的情况下，有时设计团队不介入。

项目出现成本超支和错误有什么好奇怪的？如果在一个联系更紧密的互联流程中，有什么可以做得更好呢？您发现了多少潜在的变更？让我们从设计人员的角度来看看这个流程。流程是这样的：

设计师审查业主的计划并提出一个概念。业主的报价是每平方英尺的成本，这并不比她采用"空间需求计划"制定出的估算更精确。方案设计阶段使用了10%至15%的费用。

然后设计团队开发概念、定义系统。基于一个良好的管理流程，他们在上一步工作的基础上开展工作。团队改进了上一步提出的概念，工程师们创建了系统概念。设计师的成本估算师改进了每平方英尺的成本估算。设计开发（初步设计）使用了15%至20%的费用。

然后生产团队制作施工文件。基于一个平稳的流程，他们在前两步工作基础上开展工作。传统上，这是设计团队和业主为项目作出大部分详细决策的阶段。

有时，决策需要对第一步中完成的工作进行重大更改。在此流程接近尾声时，设计师的成本估算师根据单位成本和编制规则完成第一次预算。生成施工文件使用费用的30%—45%。

然后，采购团队开始向承包商招标。由于在此之前很少（如果有的话）与承包商进行互动，设计师们公布标书后，就看谁的报价最接近了。采购费用约占整个费用的5%。

273　最后，业主收到了报价，也即，收到了投标并定标了。这些报价可能高，也可能低。常识表明，报价通常都会较高。如果报价高了，设计师会与承包商合作，削减一些东西，以满足预算要求。设计师会重新进行设计，但不会得到太多的价值回报。任何重新设计的目的都是为了剔除一些东西，所以通常不收取额外费用。然后，设计团队将其费用的15%—25%用于管理事后变更引起的问题。

这种情况有什么问题？从互联流程和最佳利用的角度来看，一切都是错的！

当项目投标超过预算时，业主通常要承担额外的费用，要么增加超预算资金，要么以资金的形式支付重新设计和重新招标的费用。业主还要承担其他成本，包括招标后可能的价值工程支出和其他问题引发的支出——甚至由设计团队成本管理不善造成的超支。

如果设计师希望营利，他们就必须学会将工作付出的与可得的资金相匹配。当开发一个项目的成本超过这个项目的预算费用时，就有大麻烦了。如果您是一个设计师或设计公司，您会常常忘记这个简单的等式吗？

274　事实上，设计师比其他人更重视他们的流程。在今天的市场上，许多设计师的工作方式

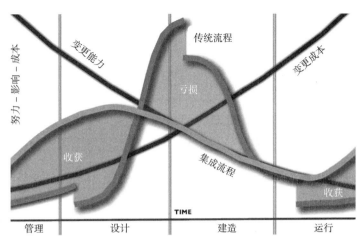

从变更成本曲线上可以看出，随着项目在开发过程中的进展，很少有发生变更而不产生后果的情况。BIM 能帮助我们对开发过程进行前期投入，利用变更……在它们需要占用大量资源之前

图 6-3 变更成本曲线图

是无效的——对业主无效，当然对设计师也无效。如果这种情况继续下去，将很难推动行业转向基于事实的设计和施工方法。我们处于这种情况的原因有很多：

- 人们按自己的方式工作而误入歧途时，他们（或他们的项目）就会陷入麻烦。隐藏的问题往往发生在他们最意想不到的时候。他们还没有接受或理解可能克服这个问题的工具。
- 大量的时间花在了只是为了美学目的而完善上。很少或没有事实能证明，设计师有正确的解决方案。
- 由于在开发过程中的适当时间没作出适当的决策，开发高效项目的能力被削弱了。
- 诸如如何做，做了多少，这样一些平常的问题不会被问到，或者忘记去问。
- 通常有一种错误的观念，认为设计师理解是什么驱动着业主，又是什么让施工变得高效。但这几乎没有事实依据。

退一步说，看看一个优秀的建筑专业人士的性格特点，并将其与从传统过程中形成的大部分的性格特点进行比较，可以发现有明显的偏差。传统流程很像装配线，由一大群半熟练工人进行大批量生产。这一流程几乎没利用任何人的能力来创建可持续和高性能的解决方案。

这个流程充满了不相关的任务、重复性的工作，以及由计算机可以更好地完成的工作。该流程从一个节点移动到另一个节点，不断推进着建造进程，但它是低效和笨拙的。这是一个在非线性世界里的线性流程。

互联流程和大 BIM 关注于及时决策，以提高可预测性，并对结果提供更多的保证。它们需要非常不同的方法和一组不同的提问：

- 我们如何才能更紧密地与良好的设计和施工交付相关联的特性保持一致？
- 我们能做些什么来减少或消除单调重复的输入和其他任务？

- 我们如何才能清晰地获取知识，并以可持续和有韧性的方式为未来提供信息？
- 整合我们周围复杂数据的最佳方法是什么？

275
- 我们如何才能减少目前困扰建筑业大多数企业的工作流问题？
- 需要发生什么变化才能让有创造力的专业人士专注于他们最擅长的事情？
- 我们能做些什么来改进流程，更好地为客户服务？

变革：新的工作方式

> 我们研究了传统流程早期阶段的费用分配。很明显，在互联的流程中需要以不同的方式分配成本。在互联流程中，在最初的步骤中所做工作的量要比传统方法的更大。费用百分比需要调整以适应变化，大部分费用要分配给前端工作。

互联流程和大 BIM 帮助我们专注于及时决策，提高可预测性，并对结果提供更多的保证。对于设计师来说，大 BIM 生态系统的最大好处可能是能够显著提升每个相关人员的理解力，制订出既出色又有数据支持的设计解决方案。为了说明在互联设计和文档生成中可能遇到的结构，请考虑以下流程：

1. 进行验证性研究。由经验丰富的建筑师、工程师和施工人员组成的团队与业主和使用方密切合作。在研究中，团队要分析需求和目标，并创建原型模型；准备进度表和项目策略；创建成本模型，进行成本假设和比较分析；进行日照、可持续性和其他分析，然后与业主一起审视这些结果，并随着研究的进展，作出适当的决策。他们记录下所作的决策并将其嵌入原型中。验证研究是资金预算、采购和所有未来开发的基础，它就如同一个虚拟箱，其中包含了业主需要的设计和施工要求的所有部分。验证费用占设计费用的 20%—25%。

2. 向已验证的原型添加详细信息。有两个主要的选项。首先，如果业主认为这是最好的解决方案，那么就要将设计理念融入验证研究中。

276
其次，验证过的概念是最佳选择吗？如果是这样，您将继续向概念模型添加详细信息，直到模型为下一步做好准备。或者，团队从头开始创建一个新的原型，用验证流程对太大、太复杂或需要特殊处理的项目进行控制。

此类项目最好由大公司或签名设计师承接。在这种情况下，验证成为管理流程的框架，并作为创建最佳解决方案的约束之一。验证原型则成为评估任何新解决方案是否满足业主需求的基础。无论哪种情况，都能以所需的任何形式提取必要数据。团队嵌入了详细的咨询数据。他们输出模型视图来创建采购文档，或者为下一步更详细的建模做准备。团队对成本进行细化和分析。设计解决方案的原型开发大约需要 25% 的费用。

3. 创建合同文档。如果采购是通过总承包进行的，团队会对原型进行更多的细节处理，从而将模型提升到可以提取公开招标文件的水平。这个原型的大部分工作包括列出工程量清单、梳理条款和执行质量保证操作。团队对成本进行细化和分析。开发施工原型使用了18%—22% 的费用。

4. 将文件打包给投标承包商，或与建造商协商价格。因为他们从一开始就与建造商和业主共享材料和解决方案，所以他们都对项目的走向有一个清晰的认识。团队专注于回应所有的问题和关注点，不能遗漏任何问题，目标是消除投标中的不确定性。采购流程需要约 8% 的费用。

5. 最后，收到投标方案。您仍然处于市场力量的支配中。然而，现在您的分析、测试和验证能力已经达到了这样一种水平，您已经能消除混淆并消减大部分不可预见费用。经验表明，中标价通常不会超过第一步验证过的预算的 5%。现在，您有大约 20%—25% 的费用来管理一个明确且易于理解的项目。

值得注意的是，在互联流程中，早期设计阶段的费用会增加。为了补偿本阶段的努力，创造顾客认知价值，与传统流程相比，该流程需要在前端增加成本。虽然费用在各阶段分布不同，但总体费用低于或等于标准费用。

这种互联方式给了业主高度的确定性，同时保留了至少与传统施工流程相同的管理费用。这样做可将创造性精力集中在尽早作出高质量决策上，并将下游问题最小化，更专注于作出最好的决定，而不是专注于生产。优先处理初始阶段的问题，后面成功的机会将会增加。如上所述的流程为重新调整项目的重点方向创造了机会。

该流程将决策转移到开始阶段，将设计人员的精力集中在创建正确的解决方案上，并分配资金支持该工作。通过将决策转移到开始阶段，业主更能参与到流程之中。这些方法使客户对他们的项目走向更加自信和胸有成竹。

当您想成为大 BIM 生态系统的一部分时，有几个问题要问：

- 我怎样才能在项目的开始，最佳地利用 BIM 和我的知识库在流程中尽早地作出每一个决策？
- 怎样才能做到从流程开始就使用建筑信息模型构思设计？
- 要管理好成本必须做哪些变革？我可以在新流程的哪些地方增加价值？
- 我可以在流程的早期使用建筑信息模型与施工方和供应商进行沟通吗？
- 我应该如何根据客户的要求和最有效的交付流程，根据所在位置定制采购？

经验表明，设施业主一旦了解了问题并体验了好处，就会高度重视前置决策流程。大BIM 生态系统使决策更容易理解，因此当事情出错时，每个人都知道是怎么回事。

变革：管理法律责任

作为一个行业，我们厌恶风险、害怕未知。我们犹豫是否要踏上一条新的道路，即使它可能会解决我们面临的许多问题。然而，不管您喜不喜欢，我们的世界正处在变革之中。我们有两个选择：积极主动地变革以迎接未来；或者，找点别的事做。

在未来的完美世界里，我们将能没有顾虑地进行设计和解决问题；争论和相互指责将成为过去；诉讼将过时，法律事务将被长期遗忘；每个人都将和谐地工作，共享数据而无须担心知识产权。我们什么都不浪费。

是的，没错！但这不会很快发生。现实情况是，在我们工作的环境中，传统的交付流程和我们处理风险和回报的方法都会导致不信任他人，使人际关系产生敌对。建筑专业人士必须时刻注意自己在做什么。每个项目阶段都独立于之前和之后的阶段。我们专注于规避个人职业风险。我们坚持我们的传统方式。即使我们的客户抱怨，社会已迫使其他行业采用了新的工作方式，但我们还是经常会违背客户的意愿。

任何行动或新的尝试都有风险，转向大 BIM 生态系统也不例外。大 BIM 是一种颠覆性的变革，最好用开放的眼光看待它。您已经在努力应对这种变革了。事实上，您已经在生活的许多其他领域做出了类似的变革。您正试图弄清楚如何保护您的资产、您的声誉和您的家庭。在我们前进的过程中，这些都是需要重点考虑的。考虑以下影响建筑业专业人士的问题：

当我们在模型中嵌入不正确的数据时，会发生什么？当不清楚是谁创建了数据（或谁造成了问题）时，谁来处理不准确的信息？风险如何分配？

答：跟踪数据质量是一个不断演变的问题，几乎没有确定的答案；BIM 是法外之地。在目前的小 bim 项目中，COBie 和 BIM 执行计划等工具是管理这些问题的首选武器。但是，要认识到它们是权宜之计，需要大量人工努力才能实施。

您的保险是否涵盖了由此变革带来的潜在风险？标准化的协议是否解决了这种变革带来的新问题？

回答：在大多数情况下，保险公司的反应是积极的。为了应对变革，标准化合同处于不断发展的状态。

互联流程是否会改变我们提供的相关标准？

回答：标准正在改变，以适应小 bim 和集成项目交付系统，而且随着大 BIM 的广泛应用，这些标准还将发生更大的变化。探究包含交付和协作质量、环境责任和生命周期资产管理的标准。

随着大 BIM 的普及，以及可靠信息的互联和清晰的责任跟踪变得越来越普遍，手工数据录入的需求将会逐步消失。在此之前，这是一个需要特别关注、进行密切监测和质量控制的领域。

注意：如今，时间戳跟踪做了什么，什么时候，在哪里，对谁，已成为大 BIM 生态系统的固有组成部分。

如何在整个项目团队（包括业主）中公平地分担风险？

回答：探索同甘共苦的项目结构。集成项目交付标准化协议提供了分担风险的合同框架。向更多的律师咨询，寻求指导和帮助。

为了履行职责，所有团队成员需要共享哪些信息？

回答：恕我冒昧，有什么不可以共享的呢？BIM和协作团队要求团队成员在一个公平的环境下工作，目标是让每个人都努力实现一致的成果。每个人都要对项目结果负责，而不是每个成员只关注他们工作是否舒适和个人利益。当团队成功时，也就是团队成员的成功。

当决策前置时，我将拥有什么样的法律和财务风险？

回答：早期错误是建筑业的祸根。有多少次我们看到不明智的早期决策，随着项目的进展而渐显后患？决策前置需要预先协商筹措一笔资金用于应对工作流的更改。

有趣的是，更好的信息加上更多的沟通和理解可以减少后续错误和法律风险。通过尽早排除潜在的冲突，团队可以专注于最有可能取得成功的方向。通过在决策开始时让合适的团队成员参与进来，我们减少了出现意外结果的可能性。我们不能预测一切，但我们可以更好地评估潜在的结果。像往常一样做业务已经不够了，继续使用传统方法弊大于利。　280

使用传统流程的最大好处可能是有先例可循。我们知道如何应对，因为大多数问题以前都发生过。我们也知道，当有人提出索赔时，我们的保险公司和律师会知道如何作出反应。既然这个系统已经就位，我们可以像往常一样继续工作，让别人来处理问题。

● 带您的保险代理人或律师去吃饭，看看他们对BIM有什么看法。他们是否接受过最新的使用BIM和互联流程管理风险的培训？他们是否能熟练地处理这些问题，无论是正面的，还是负面的？如果不是，要考虑换人，以确保您有一位了解您和您的业务走向的顾问。

工作流：小bim建模软件

281

> 把您的先入之见放在一边，这些噪声对您的决策无关紧要。如果某个软件不能改善您的流程，不能为您提供长期的互联数据，那就不要买它。小bim软件产品的成本，与试用12个月后发现采购是错误的而产生的直接和间接成本相比，简直是小巫见大巫。

小bim平台是大BIM中可购买的商品。然而，仔细选择一个小bim平台是非常重要的，值得仔细考虑。在选择产品时，品牌知名度并不像人们想象的那么重要。

任何销售IFC认证产品的供应商都可以向您出售一个小bim解决方案。这些供应商开发各种各样的策略来吸引人们购买他们的产品。他们尝试了所有的方法，从减少功能限制的版本到免费提供非 BIM 遗留产品的升级，再到订阅服务。不要理会供应商的炒作，也不要被围绕着小 bim 建模工具市场的营销弄得晕头转向。

太多的人试图基于他们的原有系统或供应商建议来实施 BIM，但结果并不理想。事实上，按照文字定义去做，许多人都失败了。这种使用 BIM 工具的方法可能是一种痛苦的体验。

有时卖主对销售比讲述实情更感兴趣。软件和硬件供应商之间对市场份额和主导地位的竞争反而使更多的产品信息得以披露。有时候，实情会被炒作所掩盖。"BIM 洗脑"泛滥成灾，因此要找到适合自己的产品，让工作更有效率。

在互操作性的世界中，大多数小 bim 供应商所青睐的单一产品方法是传统守旧的。基于对遗留产品的经验，许多专业人士仍然认为需要一个单一的产品线来实施 BIM，但事实并非如此。事实上，没有任何一个单一的产品线或工具可以完成所有要做的工作。

在这一领域，推广单一产品线的真正赢家是供应商，而不是用户。今天，您的目标应该是为手头的工作选用最好的工具，而不是为所有事情使用相同的工具或产品线。要找到能让您顺利高效工作的产品，您在选择时应考虑以下因素：

282

- 需要多少培训？界面有多直观？
- 保持最新版本每年要花费多少钱？
- 要安全地归档您的工作，需要多大的存储容量、什么类型的存储空间？您能把您的文件保存在一个加密硬盘上以提高安全性吗？
- 标准的工作流程是什么？使用变通方法或插件可以完成哪些工作流？
- 什么格式的文件交换是标准的？什么格式的数据交换是标准的？它们是双向的吗？
- 是否有受过适当培训的人员可以应对生产高峰？您是否会非常忙碌并需要短期帮助？
- 高级职员和非专业人员是否能够使用该工具，还是只有技术人员能用？
- 其他。

沟通、连接、互操作性、知识和数据推动了 BIM 的发展，并专注于创造最有效的方法来支持企业的需求。一旦开始改进流程并开始看到成功，企业就可以扩大业务范围。如果采用了与其他成功企业一样的工作方式，随着时间的推移，您的企业的实力就会增强，就会在建筑业创造更大的价值。

越了解企业的深层需求，就越容易找到一个或多个 BIM 解决方案。一步一步来，以最适合您和您客户的方式做出改变。

大多数用户只关注具有冲突检测和分析能力的图形建模功能。请记住，除了填写表格和其他内部用途之外，还应寻找其他机会利用 BIM 里的信息。

桌面小 bim 建模系统通常是基于文件的，它们将软件和嵌入的数据紧密地绑定在一起。数据通常是内部的，而不能与外部数据库交互；这些数据很难访问，而且容易造成数据失效。这两种情况都可能影响您的长远利益。

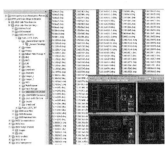

对于今天的许多人来说，数据腐烂几乎是生活中的一个现实。无论是在云端、本地服务器、数字媒体上保存电子文件，还是将纸张存放在文件柜或硬纸盒内，或将印刷品存放在档案卷筒里，信息都可能不是最新的，也可能是无效的。权威数据需要是实时的

图 6-4 电子文件和纸质文件示意图

　　一些供应商正尝试允许对使用他们的系统创建的 BIM 模型中的信息进行更多的访问。小 bim 系统在充分利用信息方面的能力还不成熟。通过 IFC 和 COBie 进行数据交换可能非常先进，但请注意，在这方面没有哪两种工具具有相同的功能。要充分利用小 bim 解决方案的信息，就需要专业知识和培训，但常常缺失简单性和明确性。

　　每个主要的小 bim 建模工具都有不同的 BIM 方法。每个工具都能把一些事情做得非常好，而另一些则做得不太好。深入挖掘，就会发现每一种工具都有其优缺点，这将影响您的工作方式。找到与您的工作流、策略和理念最匹配的工具，您的项目可能需要在组织内建立特有的任意数量的流程，您也可以使用 BIM 解决方案来改进它们中的任何一个。找到合适的产品可能需要反复试验。

测试小 bim 产品

　　以下测试小 bim 产品的方法对一般企业都有效：

● 第一天下载小 bim 软件试用版时，请一步一步地阅读产品教程。

● 或者，报名参加供应商的一天入门课程。

● 第二天，开始一个新的项目。无论是新建设施项目还是既有设施改造项目，都应该是适合您企业的典型项目，且这个项目应该是真实存在的，而不是教程中的内容。不要为了容易而选择项目，要让这成为一个真实的测试案例。

● 第三天结束时，您的模型应该包括楼板、墙壁、屋顶、门、窗、楼梯、卫生间和厨房设备，以及一个基本的地面。至少，您应该已经制作了效果图、演示级的平面图和立面图。这些图片的质量应该足够好，能够完美地呈现给客户。

● 提取所有空间的面积，包括门、窗、墙以及屋面的数量和面积。一些有此经验的人也已经制作了一个虚拟的现实模型，或者在诸如 BIMx™ 这样的面向移动设备的系统上测试了他们的模型。

- 您已经创建了第一个原型。您已经有了三天富有成效的锻炼，其中大部分应该是有产值的。如果您对该产品感到满意，那么您可能已经找到了您的建模工具。如果在第三天结束时，您连这个级别的产品都做不出来，请尝试另一个建模工具。

案例研究：控制您的项目

> 不管议题有多重要，有时您都无法改变先入之见。有时当地的形势和压力迫使人们作出错误的决定。作为一个专业人士，您仍然必须进行尝试。

- 斯坦斯通咨询公司（Standing Stone Consulting Inc.）的副总裁伊恩·汤普森（Ian Thompson）打趣说："如果您不是领头羊，您的视角永远不会改变。"

汤普森先生发表这番评论之前，他刚刚与一位校监开会，讨论如何组建一个新项目团队。校监要求采用教科书给出的方法，她无法理解为什么一所高中可能需要 CPTED（通过环境设计预防犯罪）的支持。

在项目开始时，我们在校监没有信服建筑需要考虑安全问题的情况下就离开了。会议是在 9·11 事件前一周举行的。

这么多年来，您见过多少项目是以有缺陷的规划开始的？有多少资金不足？有多少超标？有多少因错失关键系统而最终导致失败？

大 BIM 的一个主要目标就是避免这种类型的失败。这些失败通常源于项目起始阶段一些小的、容易纠正的缺陷。从概念上讲，一开始就纠正它们是很简单的，但实际上这样做却困难得多。

285 设计和施工流程根植于传统实践。行业专业人员太过度依赖原有系统了，它们本应根据良好的业务理念进行改进。不用链接到客户的业务系统就可以工作的日子已经一去不复返了。

从项目一开始，借助商业软件就能够让建筑专业人员更好地控制结果。他们不再必须依赖手工的、线性流程。我们现在有数据库、互联网和大 BIM，该是成为变革的领导者的时候了。

我们看到这样的场景反复上演：老板雇用了一个团队，却没有让他们了解现实。团队创建了一个符合美学要求的概念，但忽略了在项目前期阶段容易处理的问题。他们建造的设施要么太大，要么太贵，要么某些方面不协调，问题就开始了。企业艰难地运营设施，然后（只有在那时）才意识到他们错过了一些重要的东西。

由于解决问题的时间太晚，需要花费大量的资金、法律服务、时间或其他资源才能使问题得到解决。

- 开始就正确，这看起来很简单。当我们完成更多的项目时，我们看到了一个脱节的流程。人们忘记了正确做事的基本原则。此外，下游问题通常源于早期的错误决策。

案例研究：基于场景的规划

> 在项目的最初阶段，安全顾问应通过环境设计预防犯罪（CPTED）原则和技术鼓励适当的行为，阻止不适当的行为，并提高应急响应能力。通过结合安全原则、操作参数、破坏性设备特性和设施数据，专业人员提高了在悲剧发生之前预测结果的能力。

博弈模拟和灾难模拟是为应对新的和意想不到的情况做准备的，也是经过时间考验的方法。规划应急响应和减少损失是大 BIM 生态系统支持的一个领域。传统上，安全性已经附加在项目上，要么在设计过程的后期考虑，要么在施工之后考虑。这种事后处理的方法限制了人们的选择，充其量是事后诸葛亮，会导致安全技术防范的失败。

自 9·11 以来，安全部队变得更加引人注目、警惕和高效。今天，应急人员训练有素、装备精良，并学会了如何应对突发情况、保护关键资产。大 BIM 使他们能够考虑几乎所有影响响应的问题。

应急人员现在可以在完成详细设计和施工之前，使用适当的建筑信息模型分析他们的应急方案。通过使用模型鉴定遭到毁坏的建筑，可以提高建成环境其他领域结果的确定性。

在大 BIM 生态系统中，可用多个来源的相关知识模拟可能的场景。通过将运营数据、用于安全和防护的最佳措施与易于理解的图像结合起来，可以生成基于真实情况的模拟和查看潜在的结果。9·11 之后，这种对安全和防护问题的模拟利用了大 BIM 整合数据的能力，能快速生成解决方案，让人易于理解，从而创造出尽可能安全的环境。使用大 BIM 进行早期评估和场景规划的例子包括：

1. 在美军进行部署期间，专业人员可以评估设施处于封锁状态时位于查尔斯顿港的基地的安全状态和军队的保护状态。通过结合使用小 bim、数据丰富的模型（包括设施评估数据）和 GIS，团队创建了可视化的方案。他们在 500 英里之外的地方发现了潜在的问题，创建了能够快速减轻和管理威胁的多个场景。

2. 作为一个主要社区学院系统安全和防护规划的一部分，专业人员应使用大 BIM 对可能影响学生和工作人员威胁的响应进行可视化和评估。对校园内托儿所潜在威胁的场景模拟，需要对避难区进行评估，制定缓解策略，并找到能够容纳师生安全的外部聚集区，还需要与应急人员的能力和响应时间协调一致。

模拟预防犯罪和应急管理的原则有助于安全专业人员平衡安全需求。应急反应场景规划的成败取决于能否快速、准确地建立物理与运营模型。不考虑多个可能运营方案的安全响应是没有用的。

场景规划系统使用户能够理解业主做了什么，以及他们如何做他们所做的事情。准确理解业主的使命是制定全面、互联战略的基础。在场景规划系统中创建的规划必须基于实际需

286

287

求，而不是基于一般的安全方法。

然后，必须根据每个业主的情况，设计出能够提供长期绩效和价值的策略。对于每个场景都有多个解决方案，有很多方法可以达到预期的目标。由安全顾问、设计人员和业主决定最佳解决方案。解决方案将包括风险识别，然后搞清楚哪些环境因素使设施易受威胁。

最后，团队确定降低风险的方法。那么，您可将您的发现转化为可实现的目标，创建计划来实现这些目标，以支持设施的日常运行。场景规划能让您响应物理和运营问题，从而找到解决方案：

- 识别需要保护的资产并给出优先级。
- 定义组织和设施可能面临的威胁等级。
- 从识别的风险中找出安全漏洞。
- 评估组织完成目标的风险。

大 BIM 整合资产数据和运营数据，为安全专业人员提供所需的工具，以快速定制每个设施、区域、组织、校园或分布式建筑网络。通过大 BIM，安全专业人员可以评估应急对环境的影响；可视化应急方案和估算应急成本；为基于规则的系统建立标准；为业主提供安全可靠的环境。

关键是要确定问题的范围，将需求与可用的专业知识相匹配，并让合适的人员管理应急响应。应急系统必须能容纳和关联新的专家，而不需要每个人都在同一个房间里。为了确保在这种环境中取得成功，需要协作、快速响应和开放的系统。

288　　　在快节奏且混乱的应急现场，数据和信息至关重要。应急响应负责人使用中央存储库中的数据，以新的方式将信息链接起来。这样，他们就能更好地理解和利用可用的资源。使用相同的信息支持建筑、商业运营、近海状况和其他影响建成环境的因素，以达到高水平的态势感知，做出实时、基于实际情况的决策。

在流程的早期包含对安全性的投入，可以减少重新设计，并最小化成本，同时实现高性能的安全和安防系统。确保选择适当的策略，以符合总体安全目标和设施的实际使用要求。通过先开发并关联安全性，就可以在完成设计和施工后的这种本地环境中工作，而不是在项目上添加安全性的环境下工作。

- "一刀切"的做法并不适用于安全和应急响应规划。在一种情况下有效的方法，在另一种情况下往往会失败。每个设施都存在于一个独特的环境中，并且需要一个同样独特的规划。

案例研究：儿童剧院

快速从模型中提取和使用数据的能力，加上互联流程，使德尔马（Delmar）儿童剧院能用早期、完整和详细的信息支持筹款和剧院项目开发。

这个项目有趣的地方是什么？

- 在组织开发的早期阶段使用大 BIM。
- 使用 BIM 详细规划未来的道路。
- 流程验证了 BIM 在研究组织结构、物理需求和运营问题方面的应用。

地点：德尔马，马里兰州，美国

我们没有很多钱，没有场地，我们还在拼凑资源。然而，我们有一个愿景。我们必须为未来三十年做规划。

德尔马儿童剧院建设经历了预算编制、筹资、购置财产和组织发展各个环节。剧院建造应用了成熟的商品化软件并使用了用于定义新组织的技术。

概述

德尔马儿童剧院是一群人真正心甘情愿做的项目。这些表演团体的创始人埋头苦干、满腔热情、富有远见。他们的投入和专注是成功的关键。创始人们创建了一个独特的和令人兴奋的计划，旨在让青少年接触表演艺术。他们不仅使用 BIM 规划一栋新建筑，还使用 BIM 规划一个新组织。

德尔马儿童剧院的创始人认为拥有一个永久的场所对于长期的发展和持续的成功是至关重要的。支持这一需求的是剧院标志性的教育节目"单人脱口秀"的巨大成功。这场表演开始于 6 名当地儿童的表演，他们成为第一批参加公开试镜的 15 名表演者的佼佼者。当时的目标是让单人脱口秀每年从 6 场发展到 24 场，同时允许更多的孩子参加每一场表演。

该组织对项目做了模拟，意在为年轻人提供一个成长渠道，鼓励他们在培养表演艺术技能的同时保持自己的激情。项目的目标是加强各表演团体之间的关系，同时创造表演艺术传统。参与者的增加和项目需求推动了德尔马儿童剧院朝着创造永久性空间的方向发展。

创始人可以根据从模型中提取的准确工程量评估项目成本。即使在开发的早期阶段，团队的舞台监督和导演就使用项目的虚拟建筑模型对观众视线和后台交通流做了可视化分析。

团队从一张白纸开始，为一个富有远见的新组织创建了规划和框架。要使解决方案成为现实，就需要他们与所有的利益相关者进行接触。设计团队、创始人和其他参与者之间的合作至关重要。从参与者或资金来源的角度来看，这个过程很容易被归类为学术活动。

- "我有一个设想，那就是建立一个剧院，为儿童作品提供舞台，为专业作品提供场所，如果您愿意，请为儿童戏剧项目提供资金支持。我是做活动策划和筹款——我想让人们以很少或没有成本的方式提供帮助。然而，我不知道从哪里开始。
- 我认为，让人们了解我的想法是迈出的一大步。我与他们交流了我的想法，问他们我们能用最少的钱创造出什么。我们的收获是巨大的。我们得到了三维效果图，

289

290

一份策划书，和一个告诉我们应该如何推进的详细估算。他们给了我们建设项目的依据。"

——卡洛斯·米尔（Carlos Mir），德尔马儿童剧院创始人

为设计、土地征用、施工、运营募集资金以及吸引捐赠都需要制定一份易于理解的剧院运营规划。从一开始，核心团队就包括剧场的创始人、有着强大商业策划背景的会计公司、董事会成员、家长和设计团队。

美国一些成熟社区剧院的导演参与了这一过程，他们提供了输入、审查意见和评论。放贷人、银行家、房地产经纪人、其他非营利组织的领导人，以及作为剧院命根子的年轻人，推动着剧院的决策。将所有参与过程的人联系起来至关重要。

建立支持系统和提高认识是该组织最大的成就之一。由于缺乏固定的场所，该组织开发了德尔马儿童剧院项目，以充分利用露天场所和小型社区设施。这个城市没有一个良好的百老汇般的场所，能帮助年轻人在一个关怀、安全和支持的氛围中成长，并学习如何成为更好的表演者。布景、道具和服装的设计是为了在已有的空间中发挥作用，并考虑后续在永久性固定场所使用。

社区开始重视儿童剧院项目。在没有固定场所的情况下就能创作出成功的节目，使演出团体受到了鼓舞，演出的画面也抓住了人们的想象力。

下一步是创建一个项目可行性研究报告，依此演出团队可以自豪地向赞助人、银行和乡村发展管理局募集资金。当请求个人和公司提供大笔资金时，演出团体做好了一切必要的准备。

291　团体领导层任作"明天的剧院"报告时信心十足，展示了它的图形、效果图和详细的估算。这个流程使得他们可以用更少的钱来完成更完整的报告，比正常的开发流程要快得多。

结果

- "我们是一小群人，主要是家长，我们关心的是为我们的孩子和社区的孩子提供一个表演艺术的设施。有一个我们孩子可以称之为家的剧院很重要。一直以来在一个没有围墙的剧院里，我们很成功。这么做对我们的孩子很好，但它是不可持续的。我们需要一个剧院和一个长期运营的创收计划。我们对建设剧院的理解就是这些。
- 我们得到的不仅仅是图像和估算，还有一个我们可以拿到的长期发展计划。令人惊讶的是，拟建的设施非常符合我们的需要。我们现在明白了我们必须做什么才能实现我们的梦想。联邦政府投资部门对这项工作和详细的规划印象深刻。我们的项目可行性研究报告已经说服了一位赞助人为我们的项目首批投入 10 万美元。"

——W. 弗兰克·布雷迪（W. Frank Brady），董事会成员

德尔马儿童剧院的设计旨在使剧院成为社区的一个不可分割的部分，并向青年提供面向教育的体验，以加强该地区的整体文化体验。该组织已成功地与广大年轻人和成年人合作，以支持这项工作。他们没有固定的场所，依靠别人免费提供的设施和租用设施开展日常工作。

团队的目标是确定他们应该采取哪些步骤来实现他们的长期愿景。第一项任务是开发一个概念模型，以引起公众的兴趣并为制定规划募集资金。有了制定规划的资金，后续流程向社区开放。接下来，开发出一个设计愿景，包括预测成本数据和对项目需求的验证分析。

验证过程包括对类似设施的广泛研究，并请一些成功剧院的导演参与。设计团队与演出团队的舞台监督和导演一起制定了演出时间表，并利用它们预测收入和支出，为制定长期融资计划提供支持。根据这些数据，剧院可以筹集发展资金，并开始就首选场地展开谈判。

当创始人探索哪些因素能够帮助剧院正确起步并迅速获得社区认可时，BIM 很好地提供了支持。在花费详细设计和施工资金之前，在 BIM 中进行虚拟建造，使得决策者在流程的早期就可以清晰地看到缺点、可能性和机会。

292

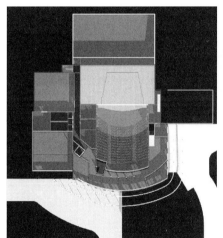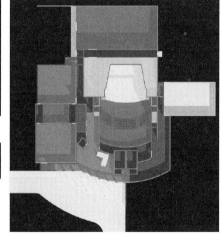

该设施的主剧场是一个正规的百老汇级别的剧场，阶梯式固定座位。另一个剧院——黑匣子剧院（Black Box Theater）允许在一个开放和创造性的中立空间内自由表演。该设施可有多个剧目同时演出，主剧场可上演较大的剧目；而黑匣子剧院则上演小型室内剧。剧院还有舞蹈工作室、教室、行政支持办公室和所有必要的幕后空间。同时还成立了专业的音视频制作工作室和音视频灯光控制工作室

图 6-5 德尔马儿童剧院示意图

大 BIM 对于人员沟通、召开演出团队讨论会以及决策会议特别有用，能增强团队对项目的理解并作出决定。

早期规划并不总是告诉人们他们希望听到的，也并不是所有的项目都能顺利实施。通过将早期的决策信息公开，大 BIM 暴露了项目后期可能出现的问题。通过研究备选方案（由数据支持），团队可以对项目作出最佳和最明智的决策，但有时作出的决定并不是我们当中的乐观主义者所希望的。

293　在这个流程中，这个团队清晰地认识了很多事情：

- 如果没有这个剧院，他们提供课外活动、戏剧营、工作坊、针对有风险青少年的教育节目和巡回演出的能力就会严重受限。

- 演出团体需要一个称之为家的剧院才能生存。作为一个没有固定场所的剧院，只有在创始人愿意并有能力制作节目、筹集资金和推动其愿景的情况下才能运转。

- 由于缺乏有效的承保人和社区足够的财政支持，无法通过表演收入或外部捐款维护日常运营，使得该项目在财务上不可行。

没有一个固定场所的剧院是不可持续的。在了解了所有事实后，演出团队投票决定放弃该项目，并自此停止运营。

第7章

流程胜过产品

集成项目交付不是信息建模的最终成果。集成项目交付是一个帮助利益相关各方利用信息模型的过程。

信息建模的成果包括更好地协作、企业整合、互联决策制定，以及一个可度量的更美好的世界。通过尽早深入地研究组织结构、物理需求和运营问题，可以使问题变得清晰。您所做的一切都是为了获取智慧和管理知识的规则。

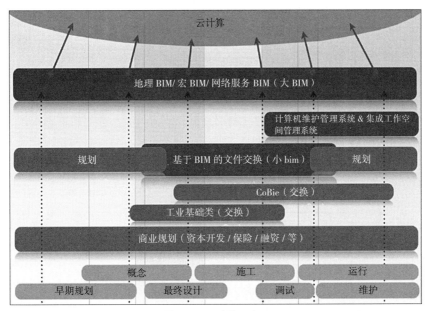

图 7-1 云计算示意图

接下来的章节包含了一些汇编，如常见的误解、关于行业现状的文章、建议的解决方案和具体操作，以及当您应用大 BIM 生态系统时可借鉴的经验教训。这些文章涉及的背景、触发因素和逻辑是书中其他地方议题的基础。

297　坏脾气的监督者

> 用过量信息和已有重复信息过度建模会导致生产力下降。就像那些坏脾气的人一样。

BIM 的先驱们在 20 世纪 70 年代开始了他们的探索。70 年代是一个混乱、冲突和变革的时代。1972 年，麦戈文（Mc Grovern）在美国总统竞选中输给了尼克松，但到 1974 年，尼克松却已经被迫辞职了。那时，鹰图公司（Intergraph）[*] 正在起步，而 AutoCAD 还没有出现，软盘和微处理器也才刚刚问世，大多数人使用的计算机还是打孔机。多数人认为丰田汽车是针对那些资源有限的国家的廉价进口汽车，而福特汽车才是黄金标准。未来主义正如火如荼地进行着，未来有无限可能。

那个时代的每个制图室似乎都有一个脾气暴躁的人。他（他们都是男性）的工作是让每个人都专心工作。他的办公桌通常在开放式工作室的后面（工作室必须是开放的，因为这是最新的创新）。他身居高处，可以看到开小差的人和干私活的人。他在他们绘制每一幅图时，能寻着他们画笔断断续续的嗒嗒声找到他们。这个"恶人"要为公司的利润损失、延迟交图和"无法赚钱"负责。

尽管这种描述有些夸张，但在那些在手绘和 CADD 环境中长大的几代人中，这种情景已经很常见了。从中世纪建造师开始，过度的绘制和过多的细节设计就一直是一个问题。

今天，制图室已经像恐龙一样消失不见了，绘图桌也不再需要，20 世纪 70 年代建筑设计的标准工具现在变成了博物馆的藏品。现在，如果能上网、拥有一台高速电脑和一台移动设备，就能拥有整个世界，就可以在任何地方做任何事情。

大 BIM 生态系统使得在网络世界中复制现实世界成为可能。我们建模、模拟和链接，网络世界和现实世界之间的界限越来越模糊。随着我们从信息时代过渡到互联时代，生产、管理和治理的整个系统都在受到颠覆。

298　在这个新世界里工作的效率仍然会影响工作成果。制图室和坏脾气的人很多都消失了，但一个人仍然可能是低效和浪费的——比人类历史上任何时候都要严重。像往常一样，仅仅改进工具和流程并不能使事情变得更好，如何使用它们才是关键。

---

[*]　鹰图公司是空间信息管理软件领域领先的全球供应商。——译者注

减少浪费

随着第四次工业革命或互联时代的到来，技术、知识和物质世界正在趋于协调。在这样的环境下，如果我们能够克服一些重大的问题，建筑业就能够加快步伐行动起来，为世界上最紧迫的问题找到解决方案。

我们大部分时间都在建筑物里度过。建筑业的浪费是其他行业的五倍，这并不奇怪。如果我们拥有能够帮助我们理解和管理信息的工具，就可避免这种浪费。我们有处理棘手问题的方法。最重要的是，我们开始认识到，仅仅将传统流程电脑化是无法解决建筑业走下坡路问题的。

这个行业的高度分散和复杂性使得寻求解决方案非常困难。在一个由成千上万的小型独立企业组成的行业中，即使最大的组织也倾向于依赖一个分离的独立生产系统，使其他工业更具生产力的工具和流程在建筑业并没有发挥出那么好的效果。

无序竞争、高度自我驱动的创业者频频出现，以及建筑业发展状态的高度周期性，都影响了人们的看法。从传统意义上来讲，那些最成功的人趋于寻求一种快速逐利的方法。他们为项目而战，为应对错误而战，为在竞争激烈的世界中营利而战。敌对关系往往是主流模式。

能使一部分人受益的新工具要么被忽视，要么被认为与其他群体无关。在其他行业，少数技术创造者可以开发支持全行业流程的软件工具。而在建筑领域，每个群体和子群体都认为他们的需求是独特的。随着其他行业生产率的提高，随着个人电脑的出现，建筑业一直在走下坡路。这种狭隘的态度是罪魁祸首吗？

通常情况下，自以为是、碎片化和操纵行业克服重大经济问题的外部力量，推动着行业前行。不考虑这些因素的解决方案只能掩盖浪费和效率低下。

技术供应商和大型公司一直致力于开发响应任务的系统，或者顶多是开发面向项目需求的系统。他们创建的大多数系统都是对流程的扩展，这些流程仍存在碎片化、糟糕的通信和缺乏链接等问题。大多数工具所做的不过是计算机化操作，而计算机化操作永远无法处理行业所特有的复杂性。

这些问题的复杂性和广度似乎令人望而生畏。克服这些障碍导致许多人放弃努力，专注于个人利益，因为他们知道自己受制于无法控制的力量。从这里开始，我们需要相信我们能够解决这些问题。

- 把技术作为力量倍增器，而不是对旧方法的替代。
- 集中精力开发开放的工具，提高我们对人、业务和经济问题作出反应的能力。
- 交付处理二阶问题的工具，而不是仅仅基于传统方法。
- 接受系统思维、适时交付，类似的流程能够提供对未来新方法的洞察。将各领域的活动紧密联系起来，是降低该行业受经济波动影响的途径。

- 接受互联，成为真正的合作伙伴。而不是仅仅承认趋势，同时继续自己的商业实践。
- 成为开放数据中心；不再支持每个行业集团作为一个僵化的、割据的封地。
- 参与变革，成为世界的积极管理者，少受自我意识驱动，多受务实的常识驱动。
- 重新考虑我们对项目的看法，把重点放在资产上。

300   当适当地互联时，计算机可以处理大量的信息以影响和指导决策。在某些方面，这是非常快速和全面的。有了正确的知识，储存在易于访问的数据库中，计算机可以弥补人类大脑分析和发现模式的能力，从而在复杂和快速变化的世界中作出正确的决策。

有了才能、智慧和创造力，人们可以利用技术来补充他们所学到的东西，从而最大限度地提高作出正确决定的机会。大 BIM 和大数据为纠正不再提供价值的传统流程提供了一条道路。当我们学会超越传统，拥抱相互关联的商业实践时，我们将大规模地减少浪费。

- 资产是对组织具有潜在或实际价值的项目、事物或实体。资产可以是任何有形的实物，如贵金属、机械、车辆、设备、建筑物和土地，以及流动资产，如库存；还有如专利、商标、版权、商誉、公司信誉和认知等无形资产。

——综合了维基百科和 ISO-55000

案例研究：远景

> 市政工程部主管说："我们很早就能着手处理细节问题了。这些决定节省了大量的时间和金钱。这些文件反映了各项决定。对我们输入的响应是一个快速的评估和清晰易懂的图形。将此添加到流畅的设计过程中，消除了在设计中经常出现的干干停停的过程，从而使业主、设计师和承包商之间建立了流畅的亲密关系，并在必要时提供了轻松的变更解决方案。"

本案例研究的有趣之处包括：

- 在大 BIM 中，设施管理与地理信息系统关联，可以随着时间的推移，对设施进行定位，从而实现更好的长期管理和运营。
- 在大 BIM 生态系统中使用小 bim 优化设计施工一体化协作。
- 将新团队成员关联到小 bim 流程中，以丰富早期使用大 BIM 的结果。

地点：海洋城，马里兰州，美国

301   虽然马里兰州的海洋城只有 8000 多名常住居民，但那里夏季的平均人口超过 25 万。人口的这种动态波动需要一种能够很好地满足小城镇和小城市需要的基础设施和支持系统。在

图7-2　美国马里兰州海洋城建筑效果图

这种环境下，早期规划、准确的资金预算和协调的项目交付是至关重要的。

机会：管理 10 英里长的堰洲岛上的市政设施

如何正确定位和设计度假社区的市政设施本身就是一个挑战。这些设施服务于每一个旺季所激增的人口，在全年经济运行中也都能起到作用。设施必须经得住暴风雨和腐蚀性的环境，在财政紧张的环境下，这是很难管理的。

机会：在一个拥有大量资产的小镇上管理一个多元化的利益相关者群体

城市工程师－公共工程主管－应急服务主管－志愿消防队长－城市管理者－市长－镇议会。这些人员或团体（以及更多的团体）对城镇设施设计、建筑和资金方面都有利害关系，其意见举足轻重。

需求和计划各不相同，常常相互冲突。保持沟通和过程核验是一个平稳有序的基本建设程序所必需的。解决方案是与合适的专家建立联系，建立一个经济高效的流程。

一位受雇于该镇的管理者对第一个项目评论道："我们做了个很好的项目。设计很完美。我们很早就建立了良好的关系，使整个项目的沟通和协调更加顺畅。这种关系在项目交付之后仍然存在，承包商会回来处理小问题或修理小故障。"

机会：在卖方市场规划、设计和建造设施

报纸上经常刊登超出预算的项目报道。实际超预算项目数量通常是公开的两倍多。即便是小镇也不例外。实际成本通常超过预算，并且项目很少能按时完成。这就需要一种不同的管理方式，一种即使可能存在风险，镇领导们也愿意尝试的新方式。

海洋城最初的合约是加固设施，以容纳其公共工程部的行政和维修职能。这些项目的设计和施工问题最少，时间紧迫，预算可控。

项目任务已扩大到包括整个 10 英里长的沿海岛屿社区的公共工程和应急服务设施。这个过程的关键是业主有一个代表，他了解施工及其各部分如何组合在一起。

海洋城公共设施开发项目采用高性能管理系统和现有技术，以有效和低成本地支持市政工程需求。首要是关注成本制约。互联的前瞻性思维、协同的规划和设计流程能在早期发现价值和确定成功策略，因此项目采用了互联的、由信息支持的工作流。

互联的流程增强了市政当局同所有团队成员快速有效地沟通问题和决策的能力。项目在 GIS 架构中开发，使用现成的和成熟的设计工具。每个项目都有地理坐标定位。在有实际需要和有益的情况下，项目已经使用广泛的分析系统和可互操作的软件工具进行了原型测试，使团队能更好地构思、建设、管理和维护城镇设施。

303 建筑信息模型与 GIS 和 CAFM 融合，优化的传统流程再与之结合，使团队能够创建强有力的环境支持城镇正在进行的投资项目。

安全性、保密性、资金保障、各方需求以及长期规划都与项目流程相关，此外紧急救援／应急服务、软件开发、会计、房地产评估、酒店／汽车旅馆／餐厅开发和运营、金属建筑制造业，以及"透过环境设计预防犯罪"的专业人士也都参与其中。

利用所包含的丰富模型数据，从最初的概念中提取信息，借助三维建模功能，该城镇可以精确地可视化建筑物。建筑信息模型可以帮助团队在设计过程的早期确定成本和成功策略。随后，这些模型成为设计实践的重要组成部分，并努力提供最优质的客户服务。

机会：优化城镇快速反应的能力

即使在唯一的通道里发生游客拥堵这种情况，应急部门和公共工程人员都必须立即作出反应。这个团队的独特之处在于能联系上紧急服务专家。该团队开展了呼叫量研究，以帮助小镇确定最佳的车站选址，并用最佳管理方式来管理不断增长的呼叫量。该团队还协调了志愿消防公司的第一个战略规划过程，并为完成整个城镇的消防设施项目准备了方案和方案评估。

- 该镇的公共工程主管评论说："这些项目上到处都有我们的痕迹。我们的办公室和商店的设计和建造过程为我们提供了机会进行详细投入方案的规划，以满足我们现在的需求，并使我们在原有的范围内灵活扩展，以满足未来的需求。这个过程的好处是惊人的。我们做工作又快又有效率。这种方法能使我们查看和更新通常存储在许多位置和许多种媒体格式中的数据，以往这需要花费很多的时间。这些模型简化了对建筑数据的访问，并能将信息从设计和施工传输到设施管理。这个过程消除了烦琐、重复的任务。"

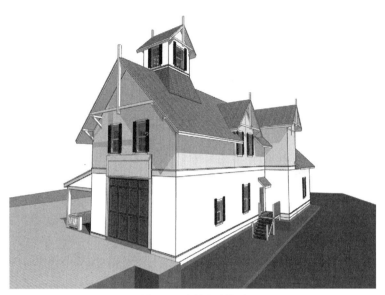

图 7-3　小镇车站模型

　　传统方式下，业主把对专业人士的奖励重点放在项目的完成上。奖励制度没有改变，但现在业主也在关注其资产的长期可持续性。这种关注点的变化取决于业主是否跟您就这个事实进行了沟通。人们越来越认识到，固定资产不仅仅是孤立的个体项目

图 7-4　市政设施示例

　　选址研究的结论是，该镇最偏远的车站是要优先考虑的，应该予以扩建，而且这种扩建是至关重要的，因为这个车站是由北向进入该镇的门户，可对出现的任何状况实施控制，直到其他车站的支援到达。由于发生交通堵塞的可能性很大，无法得到其他车站的支持，所以在相当长的一段时间内，这个车站的设计和装备都应该自给自足。

通常一个人最大的利益来自坚持一个为客户创造长期价值的大局观去接受项目。对于提高生命周期效益的需求常常是不言而喻的，这也是很少清晰界定小 bim 和大 BIM 之间界限的原因之一。通常起初像一个新的办公室和工作室这样简单设施的设计，随着时间的推移，会扩展到包括地理信息的主模型、基于网络的设施管理、战略规划、应急服务等。

305　　通过保持长远的眼光，小的项目可以带来更大的效益，这些事情会带来新的和不可预见的方向，为客户创造价值。市政投资项目提供了多种建设产品的组合。传统方式下，建筑工程项目的设计和施工都是一个一个孤立地做的，没有地理参照，且建筑物都是不一样的，因此项目经常延迟和超出预算。大 BIM 流程使市政当局能够在不牺牲效率的情况下纠正这些问题，即使是独一无二的项目。

306　经营您的强项

> 在建筑业，许多人都有反对管理信息的想法。我们经常听到这样的评论，比如，我不会涉足建筑学、施工或……管理数据。

计算机化并没有给建筑业带来好处。当其他经济领域转向以 APP 为重点、将软件与物理世界连接起来的方法时，建筑业仍然普遍倾向于文件交换，以及结合使用多个软件系统。这种偏见导致该行业在实现信息关联带来的生产力效益方面落后于其他领域。

二维 CADD 解决方案和电子表格是自动化工业过程的第一次尝试。研究表明，这些基于文件的工具非但没有提升行业，反而导致了整个行业生产率的长期持续下降。

CADD 文件几乎没有智能计算，不能互操作，需要复杂的管理控制。它们增加了出错的可能性。来自这些系统的经过改善和修改完成的文档，给人一种错误的高质量感觉，但其实这些系统并未提供更好的协调和清晰度。即使是小 bim 建模工具，在用于任务自动化时也只能提供很少的改进。在这种模式下，BIM 只不过是一种昂贵的电脑辅助绘图工具。

设计和施工总是需要处理大量的数据。任何设施的规划、设计、施工和运营都需要管理大量的信息。这个行业一直以数据管理为中心。

它可能有其他名称，但它仍然是信息管理。长期以来，人们一直需要整理所有可能相关的数据，然后使用笔记、书籍、通讯录和成堆的索引卡对其进行排序、筛选并将其转换为有用的项目信息。长期以来，我们为了完成任务而管理大量的数据。

现在的目标是利用信息简化和消除浪费，提升我们的努力效果。为了最有效地做到这一点，我们需要以开放的心态接近大 BIM。通常，当面对新技术工具时，建筑业的专业人士会陷入拘泥琐事的细节中。

307　　利用软件将如何绘制这种类型的线？如果我在墙上放一扇门，会发生什么？随着我们越来越深入地研究这些功能细节，我们似乎忘记了根本的需求。有时，我们是自己最大的敌人。我们推动软件商不断地增加功能，作为他们留住客户的主要方式，而不是迫使软件开发人员专注于重要的事情，比如数据交换。这种强调工具以新的方式完成相同的日常任务的做法，使一个没有生产力的生产方式永续下去。

我们最终得到的是逐渐变得更加复杂的小 bim 系统，而不是真正解决需要解决的问题。我们不能再允许供应商仅仅为了销售更多的软件而推出新功能。

此外，互联流程和建筑信息模型并不只是有关购买正确软件的事，两者都是关于在一个互联并反映现实世界的共享环境中采用新的管理方法，从而使信息更容易获得。

建筑业的许多专业人士并没有从系统的角度看待信息互联，而是花费了大量的金钱和时间来自动化他们办公室中的任务。他们增加了文字处理软件、电子表格、分析程序、日程安排、评估工具和计算机辅助绘图和设计（CADD）程序，以改进特定的任务。在许多办公室里，小 bim 采取了相同的做法。

随着时间的推移，自动化的东西越来越多，所用的工具也越来越多，人们发现任务自动化会带来一些问题。完全计算机化的公司使用十几种或更多的应用程序，从电子时间表到数字图像库，每一种应用程序都有一个单独的数据库，问题变得越来越严重。

今天的标准做法是将个人计算机上的软件和托管在本地服务器及云上的应用程序混合在一起。每台计算机运行的软件应用程序依赖于文件交换，很少或没有能力通过网络服务共享数据。

用计算机自动完成手工任务已经不能满足需要。把计算机当作一台强化的打字机是浪费时间和金钱的做法。用这种方法，不可能克服建筑业面临的挑战。建筑业需要将信息技术作为一种力量倍增器，以开发新的经营方式。

BIM 并不是任务的一种自动化。从任务自动化的角度来看，BIM 是另一种绘图工具——只不过是购买了另一种软件。这是一个更加复杂的工具，但仍然是一个绘图工具。通常，不管人们是否理解这一事实，任务自动化方法可能是失败或次优 BIM 部署中的主要因素。大 BIM 和互联实践需要很多不同的东西。这种做法完全超出了建筑业的常规做法。

- 使用文件交换方法，人们最终会为每个工具输入相同的信息，或者手动将数据从一个数据库传输到另一个数据库。这两种方法都是耗时且容易出错的实践，且在每次软件更新时需要对数据进行修正。

文件或信息?

如果工作符合生态系统的要求，一个人不必完全按照别人的方式做事。项目的可持续性和韧性是这样工作的副产品。

使用大 BIM，人们可以用标准化的方式互联信息，使用规范的和可共享的档案。随着新技术的出现，它可以读取和操作其数据，即使对于我们今天无法展望的技术，也是这样。

不是每使用一个新工具就要重新开始，而是进入读取标准化和可重用格式数据文件的循环。放弃一些控制后，作为交换，系统能够在我们花费大量资源之前提供更透彻理解决策的工具。

数据有许多来源，它表示了资产的状态及其与建成环境的关联。每一位数据都是整体的离散部分；它最大限度地减少重复。我们不再需要整理相同信息的多个版本，这消除了很多混乱和潜在的错误。权威来源支持每种类型的数据，您能充满信心地使用它。使这些成为可能就是标准如此重要的原因。

建筑业许多人士的关注点都在不同的愿景上，他们大部分精力和注意力都集中在定义交换和编纂标准上。由此产生的工具侧重于文件交换，而不是网络服务事务，需要大量培训或专家干预才能正常运行。

309 很多时候，这些努力掺杂了自身利益，因此需要控制所有的相互作用，以有利于实现互操作性。人们的关注点一直是在严格限制数据绑定的软件产品之间的信息交换上，而不是在建立行业规范的灵活和开放的标准上，因此他们就会回避问题而任由事情发生。

可互操作的数据交换本身并不能解决问题。就算明天我们一觉醒来，市场上每一个数据绑定的软件产品都能神奇地与其他产品交流，问题也不会消失。

- 有多少次，您发现在当前软件 X 版本能够打开的文件，却无法用最新的 Y 版本打开它？
- 您是否从桌面软件导出 COBie 文件并将其发送给业主？是否会接到一个电话，告诉您该文件包含重复的房间名称或号码，或者打不开？
- 您是否曾经找到过 10 年前完成的带有作业规范的软盘，但发现没有了带有软盘驱动器的电脑？
- 有多少次您试图访问一张 6 年前刻录的 CD，结果发现无法读取？
- 您是否从您的软件中导出 IFC 文件并将其发送给一位同事，以便将其导入她的软件程序？结果只收到一封电子邮件，抱怨说所有文件都没有成功导入，因而需要重新绘制？

这些都是一些常见问题，可能会给互操作性蒙上阴影。如果我们使用云计算进行基于网络服务的数据交换，而不是将其作为一个外置的文件服务器，那么这些电脑和文件问题就不那么重要了，因为云计算主导了当今的计算领域。

在日常生活的其他领域中，在多个来源存取数据的 APP 正在迅速使常见的基于文件的交换过时。然而建筑业的许多人并不这么认为。

当说到 BIM 时，建筑业的许多专业人士对三维图形显示、数据绑定的软件工具仍死抱着不放。他们不理解信息现在是，而且永远是他们工作中最重要的部分。对于这些人来说，小 bim 是一种商品，它能用更漂亮的图像取代 CAD。

基于云计算的大 BIM 服务器正在改变这种局面，一些面向文件的系统显示出了希望改变的迹象。建筑业中与 BIM 相关的文件和图形服务器开始响应与图形相关的信息管理需求。天宝（Trimble）的 SketchUp 等工具正开始寻找将面向图形的模型与基于云的对象和数据以更开放和共享的方式链接起来的方法。 310

信息是建筑业下一代变革的核心。不久，将有更多的人认识到这一紧迫性，并从基于文件的信息转向安全共享的网络信息，以允许信息在任何需要的时候，以任何时间、地点以及方式传递。

- 这是个悖论。那些坚持专注于图形和文件的人，他们的生活离不开移动设备。几乎所有会议上，他们都离不开智能手机和平板电脑。基于云的 APP 能在他们不自知的情况下用信息支持他们的个人和商业活动。

案例研究：业主先行改变

> 每次技术改变时，业主必须承担重新调研、重新输入数据和更换整个系统的成本。

大 BIM 的一个主要目标是让业主摆脱每次新技术出现就重新开始的循环。对于业主来说，以大 BIM 为代表的信息驱动方法可能是摆脱这种循环的最终方法，之前循环的方法长期以来一直被认为是与建筑业技术关联的特征。大 BIM 是一种实用的方法，业主可以在其建筑的整个生命周期内重复使用他们的信息。

在过去的 50 年里，业主花费了大量的时间和金钱实施新技术。典型的做法是，每当一种新的系统（或方法）流行起来时，他们就扔掉旧的系统，重新开始。业主及其代表的企业失去了活力、资源和信息。通常在实施过程中会出现半途而废的问题，另外持续存在的可用性问题也需要花费数年时间去纠正。施工文件的制作和归档过程中发生的变更就是一个例子：

1. 历史上，业主将用墨水在羊皮纸上绘制的图纸或者用铅笔画在白纸上绘制的图纸进行存档。当他们需要数据时，会在文件柜中搜索需要的图纸并现场核实纸质记录——这是一种经过时间考验的方法； 311

2. 在这之后他们开始在聚酯薄膜上绘图。这一变化的成本很低，因为对于业主来说这并没有什么大的变化。事实上，这种媒介提高了业主的存档能力；

3. 随后，开发并引入的铰接杆（pin-bar）合成系统，后来会变成复杂的 CADD 图层规范，则造成了相当数量的归档困难；

4. 然后，大公司购买大型机的 CAD（计算机辅助绘图）系统。每个工作站点都要花费很多钱，而促成这种变化的技术是如此之新，以至于很少有人考虑到归档数据的现实。由于格式不兼容而且软盘驱动器很快过时，数据变得不可访问；

5. 然后，标准转移到小型计算机上的 CADD（计算机辅助绘图和设计）。由于软件版本和格式不兼容、软盘和硬盘驱动器等原因，存档的数据不能继续使用；

6. 最近，这个标准变成了基于个人电脑的二维 CADD。由于缺乏互操作性、标准的复杂性和缺乏长期存储介质，归档数据容易出现数据腐烂。文件系统变得如此复杂和依赖于硬件，以至于很难快速访问存档数据；

7. 然后，一些用户转向了台式电脑上的三维 CADD。但这些数据不是数据库驱动的，不是智能的，通常不能互操作，也不符合统一标准；

8. 有远见的业主成为 BIM 的倡导者，他们期望这些工具和流程能够克服行业问题。小 bim 很快就成为行业关注的标准。大多数系统依赖于复杂的、约定的需求。由于可交付成果的数据交换是基于文件的，很多输出目前都受到数据腐烂的影响。来自这些系统的工作成果将不会在未来的以信息为中心的系统中继续使用。

312　　　9. 现在，业主正转向大 BIM 生态系统，它反映了大数据和面向网络服务的工具，用于互联决策和互联网上的电子商务。大 BIM 生态系统不依赖固定的软件，其目标是链接数据，为用户提供他们在建成环境资产的整个生命周期中作出决策所需的信息。

回顾与评估

> 没有计划的快速前进会与您想要达到的目标背道而驰。很多时候，那些 BIM 新手在这个过程中走得很远，却发现他们的大部分工作都是徒劳的。

互联业务流程使您的客户生活得更好，为他们省钱，并保持营利。当您创建一个流程时，它将帮助您更好地、更有效地工作——您将为您的客户提供更大的长期价值。

建立互联业务不是一蹴而就的。这并不是在用传统的方法工作了一天之后，第二天早上来就能用一种新的、更好的方法。这是一项重要的变革管理工作。

要提前考虑您的信息模型。有时必须添加一些今天不需要的东西，因为这些东西可能明天就会需要。这些问题可能看起来或大或小，但它们总会发生，会浪费您的时间和金钱。

我们每个人除了都必须决定如何继续创建我们的模型外，还要作出很多决定。如果打算分析建筑的可持续性，那么在一开始就要明确需要添加什么。如果忘记了这一步，那么在继续工作的过程中，有些事情就需要重新处理，这通常会带来大量的麻烦。任何分析工具都是如此，需要在前期构建实现工作最终目标所需的组件和细节。

用于设计施工一体化的模型不同于用于互联项目工作流的模型，运维管理的模型也不同于其他模型。要创建包含每种使用类型正确信息的原型模型，同时兼顾未来的需求。从整体过程来看，BIM 中的建模过程一般都比较快，但有时太快了。匆忙创建的设计模型，往往没有考虑未来的需求，会破坏项目。

设计师几乎没有理由只为手头的任务建模而不考虑施工或运维，施工人员也没有理由仅仅使用模型进行碰撞检测。毫不奇怪，通常是我们中效率最高和最激进的人沉溺于这种短视建模方法。

因为大 BIM 是面向长远的，所以在行动之前，需要专注于规划前进的道路。必须很好地设计并创建模型，以达到全生命周期可重用的标准。模型必须可以支持下游任务。

不要忽视风险，不要让自大驱使您在没有计划的情况下勇往直前。无论大小，您的成功都取决于您对行动后果的思考。要成功地过渡到信息关联的流程，您必须了解自己的目标，并为所有的变革制定计划。您所创造的变革可能是渐进的，但往往会引发一场革命。

所有形式的 BIM 都是关于早期决策的，每走一步都需要一个着眼于未来需求的计划。如果没有这种方法，就必然会陷入浪费资源的返工循环，因此要始终持续想着您的目标。

案例研究：快速评估

> 整个过程发生在一个早上。

使用面向大 BIM 的方法需要良好的商业意识，最重要的是，需要良好的常识。前段时间，我们被雇来为一群我们认识很久的律师改造地下室。事实上，在 BIM 介入之前，我们已经为他们的第一个办公室做过室内设计。

在这种规模的项目中，大多数有经验的设计师会给客户一个快速的项目评估，然后写一份协议，开始详细的设计。现在我们的工作方式不同了。即使是小项目也有细微的差别。

我们首先获得了一个最小验证过程的授权。我们做了一个快速的现场调查，并创建了一个基本的模型来充当数据容器。该模型只不过是一个空间对象，能够定义房间、家具、饰面和其他项目数据。

这个项目太小，不足以创建一个完整的原型模型。但是从有限的可用信息中，我们使用系统中的参数化、基于规则的数据创建了一个成本模型。成本模型依据项目范围、数量、工期和其他客户需求计算成本。

然后我们和律师坐下来讨论了项目的逻辑关系，以让他们了解问题和成本风险。他们现在可以根据有用的事实决定如何进行下去，并有把握地向前推进。在他们投入真金白银进行方案设计和初步设计之前，他们可以从数据来查看自己的选择结果，并积极参与决策。我们本可以只把我们的意见告诉他们，可是，我们向他们提供了事实，从而帮助他们作出决定。

这个验证操作是每个项目第一阶段可以开展活动的一个小例子。我们使用信息关联流程的一种方式是尽早向客户提供清晰和有组织的信息，我们甚至在传统流程开始之前就验证了每个任务的数据。这些方法推动了大 BIM 的进程。这是一个体现团队成员价值的协作过程。该过程致力于提高绩效和为客户创造经济价值。它满足了战略目标，为那些追随它的人创造了一个更安全、管理得更好的世界。

我们正处于一个行业正在经历革命性变革的周期之中。虽然并不是全新的，但是在这个时候，改变您看待项目的方式会给您带来很多优势。很明显，为您的客户提供更好的早期信息，可使他们更容易看到未来；也让您变得更有价值，可以成为让新事物成为可能的人。

改变焦点

> 不久以前，人们购买软件时可能不需要担心它是否可以与其他工具共享信息，或者通过互联网与班加罗尔的簿记员一起工作。如今情况已不再如此，大 BIM 工作流必须围绕着团队朝着共同的目标工作。

BIM 中的"I"是建筑业问题解决方案的核心所在。关键是要能在需要的时间和地点方便地获取信息。

315　　坐在任何一个大 BIM 专家的演讲现场，您都会听到这样一个观点：在系统、流程和人员之间交换信息的能力是至关重要的。当团队成员认识到他们所交付的价值时，他们的绩效就会提高。

当人们专注于 BIM 时，项目规划、设计和施工就会占用大部分的时间和空间。当他们得知这三个阶段只占整个建筑业的 18% 时，大多数人都感到惊讶，因为这些阶段得到的关注最多。这是为什么呢？

参加一个研讨会，参加一个讲座，或者拿一本 BIM 的书，就会了解到使用 BIM 进行规划的方法。书籍和博客中充斥着许多关于使用 BIM 工作流创建方案和施工图的建议和详细步骤。无论您在哪里，都能找到关于 BIM 在施工中应用的信息。

我们正在探讨将生命周期的其余部分重新纳入建筑业一同考虑。大 BIM 可以跨越行业所有阶段创造价值。有些人可能还没有意识到这一点。

把重点放在规划、设计和施工上有意义吗？另外的 82% 呢？收购、维护、运行、资本重组和处置也应该考虑吗？在这些看似异常的地方，蕴藏着巨大的机遇。为了满足整个建筑业的需求，我们需要改变整体的关注点，从仅仅开发建设项目到让客户满足其资产的生命周期需求。当每个人都接受这种注意力的转移时，美好的事情就开始发生了。

对于以项目为中心的任务，更多的是要服务于供应商的需求，而不是客户的需求。

建筑师的费用是多少？她能以什么样的费率赚钱？承包商要收多少钱？这个项目会按时完成吗？是否超出预算？虽然是由客户支付账单，但是重点要关注交付项目的人，特别是在使用 BIM 的时候。

通过聚焦资产，建筑数据在整个设施的生命周期中都是互联的和可访问的。从这些信息中，可以精确地模拟建筑物当前或未来的状态。关注资产管理是实现以客户为中心的最佳方式。

要想成功，需要做些什么？为了达到这个目标，业主应该预留多少钱？在浇筑混凝土之前，316我们发现潜在的问题了吗？我们要如何设计这座建筑，才能使业主能够在未来 30 年里维持运营？团队应该怎样做，才能使建筑在飓风中保持韧性？

仍然是由客户支付账单，但现在的重点是长期资产。这种焦点上的细微变化对成功的大 BIM 至关重要。帮助您的团队转向管理资产：

- 认识到变革是一项团队运动。让关注类似目标的人形成联盟，并让您的供应链参与决策。新的联盟只是大 BIM 硬币的一面，还应建立您自身的生态系统。

- 保持开放的心态，不要害怕尝试新事物。要探索新的和不断发展的技术，用设计、测试和应用工具来管理信息。APP 经济正在迅速改变游戏规则，昨天好用的工具今天可能不那么好用了。

- 把创新作为一种管理工具。开发新的想法，探索新的角色，理解新的观点。在大 BIM 中，建立思维和系统管理方法是必不可少的。

- 改变您的业务运作方式。营造一个积极变革的环境。记录信息，以确认决策或创造未来价值，而不是追究责任。创造价值，而不是从浪费成本中获利，坚定地朝着创造价值的过程前进。

- 创造终生学习的环境。增进了解，使每个人都能成长，满足工作要求。要想尽早发现问题就需要大量的知识和智慧。尽您所能建立一个基于大 BIM 需求的坚实的团队。

终身学习

> 许多人被困在一种方法里，再多的真相也无法改变他们的看法。他们害怕失去宝贵的创造力。他们只把计算机看作一种生产的工具，即使有证据表明并非如此。

关于 BIM 的误解比比皆是。许多最严重的错误都来自技术负责人。许多处于职业生涯中期或更晚的专业人士需要考虑，他们对变革的抗拒是否阻碍了企业的发展。太多的人仍然认为，有些人工做的东西不可能在电脑上做得那么好。他们大错特错了。

正是这些人没有努力学习如何使用不断发展的数字工具。他们坚信自己总是可以用手画出草图，然后让别人在电脑上帮他们画出来。他们不是解决问题，而是强迫人们采取惯常的做法。现在是他们改变的时候了，否则不管他们觉得自己的看法有多高级，他们都应该让路。

我们每个人以前都做过新事情，我们可以再次改变。在这个时代，我们每个人都必须终身学习

今天最好的工具是在消除不必要的工作时具有前所未有的自由度。如果使用正确，它们可以自由地覆盖约束条件。它们提供了打破规则的能力，知道规则是什么，知道决策的影响。它们消除了许多单调重复的工作，无论是对我们自己，还是对我们完成后必须继续进行的其他人。

我们必须要有充分的信心，去纠正行业问题。终身学习者愿意冒险去做他从未做过的事情。他们对未知充满了自信，这种自信促使他们能不断前进。

大 BIM 生态系统总是在不断发展，我们自身也必须发展。致力于学习和变革可能是那些在未来环境中工作的人的最大财富。作一个终生学习者，拥抱变化，享受终身学习的旅程。

318　**案例研究：BIM 发展的隐喻**

> 使用大 BIM，可以在许多数据存储库中存取数据，这些数据存储库可以对所有数据进行归档。将权威数据链接起来，以包括更多的信息源。应整合多源异构数据，便于理解事实并根据事实作出决策。

有许多方法使用建筑信息模型。有些人单独使用这些工具，就像 20 世纪 80 年代末的早期使用者一样。有些人更深入地进行了变革，并接受了协作过程。

这两种方法都属于小 bim 的范畴。一些人正在转向大 BIM，拥抱构成未来 BIM 世界的生态系统。在建筑业之外，类似情况比比皆是。会计行业发生的事件能引起许多人的共鸣。

……小 bim 就像是互联网出现之前和信息时代早期计算机的信息处理（约 1987 年），那时局域网并没有得到广泛应用

以报税为例：人们不再使用铅笔和纸张填报纳税单，而是改进准备报税的方式，并简化计算。人们依赖于在台式计算机上安装的软件，但不知道所用的数据库是否是最新的（实际上，是不知道所看到的内容后面有数据库支持），所以需要在软件有新版本时进行更新。人们可以通过软盘、U 盘等物理介质或纸张与会计师共享文件，然后打印并邮寄纳税申报单。

在建筑业中：您可以在个人电脑上用 Revit、Archicad、Bentley 或其他小 bim 建模工具替换 AutoCad。这些改进是在办公室和项目内部进行的。您的 BIM 只不过是电脑辅助绘图的增强版工具。您可为项目建模，然后开始研究基于模型数据的仿真软件。您可从使用正宗的三维 CADD 软件和其他软件中获益，慢慢变得精通虚拟建造。

这就是今天建筑业对 BIM 的大致的理解。在这种模式下，人们更关心应该使用什么软件，而不是工作做法和业务流程。

……小 bim 类似于使用文件和其他单一用途输出端的计算机信息处理（约 1996 年），这 319
些输出端与局域网相连，并正在向与互联网链接过渡

仍以报税为例：现在有了去年的相关报税文件，您和您的会计可以共享税单，这样更多的眼睛就可以发现错误。您的会计会帮您核对数据。您可以打印并邮寄纳税单，也可以尝试电子填报。

在建筑业的背景下：人们开始变得更愿意合作了，并正在学习如何以项目级别为基础共享信息，但仍受限于桌面软件和这些工具中嵌入的数据。由于局域网有了云计算的支持，信息得以流转，并在有关联的员工之间共享，从而可以在项目场景中开始进行冲突检查、成本建模和流程模拟。

这是大多数人努力的方向，也是大公司正在做的事情。人们仍然在担心他们应该使用什么软件，并且刚刚开始意识到他们需要改变他们的工作方式。

……大 BIM 就像一个网络化的企业，成为互联时代物联网的一部分

以完成报税准备为例：您可在其他人维护的外部数据库中访问您的税务信息。当政府通过一项新法律时，它会立即将其关联起来。在您访问了所有内容的最新版本后就可获知，后台数据是最新的。当您试图输入非法或不合逻辑的信息时，您马上会被告知。您可以添加您的信息，标准化流程会对其进行验证，并将其与中央存储库关联起来，系统就会根据需要以标准化的方式作出反应。

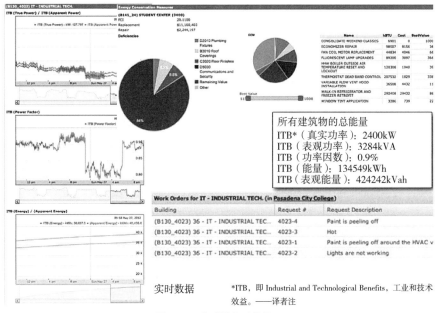

实时数据　　　　　　*ITB，即 Industrial and Technological Benefits，工业和技术
效益。——译者注

图 7-5　传感器实时数据图

在建筑业背景下：您正工作于在全球范围内拥有实时数据的环境下。您的项目不再隔离于任何事或任何人。您可以链接来自任何地方的数据。您知道您在一个大的世界背景下正做着什么，视野不再局限于周围的建筑或社区。您可以设置约束条件对工作加以控制，例如客户的业务需求会影响解决方案，因为您知道其对环境和其他资源的影响。

320　当分析选项时，结果是可重复的，且尽可能准确。所处理的是真实的信息，而不是假设、猜测或主观意见。要避开不可行的选项，以免耗费大量的时间于徒劳的任务。数据和信息才是王道。

可以使用最佳可用数据在适当的细节水平（LOD）上进行管理。您不需要看到（或需要看到）系统的潜在复杂性，就能拥有作出明智决策所需的细节。与信息交互不再必须是专家。

这些数据是可共享的、可互操作的，并且随着时间的推移不断增长，成为一种无价的资源。这个系统具有通用性和可持续性，可使我们的世界成为一个更美好、可更有效地生活、工作和娱乐的地方。大 BIM 是建筑世界的民主制度，它打破了这个行业的标志——碎片化。

第 8 章

初值敏感

由图像支持事实，并使用工具最大化地解析释义，是我们面前的互联时代的硬通货。在这个快节奏的环境中，拖延研究问题和几个月也作不了一个决定是不合适的。

图 8-1 基础设施事故示例

323　## 框架

> 我们所经历的问题影响着每一个与建筑物交互的人。我们发现各地的人们和组织都在为此苦恼。

我们意识到我们项目有原始问题。有一段时间，我们觉得我们在和所有人作战。不管我们做什么，似乎我们的项目总是超出预算和延期。承包商似乎每走一步也都在和我们作对。我们的设计师和工程师似乎已经停止协调他们的工作，每个项目都是一场战斗。我们需要做点别的来改善这种情况，但我们不知道该做些什么。

增加更多的人手监控这个过程似乎会使事情变得更糟。我们从惨痛的教训中认识到，不能在项目中间增加检查员，尤其是在他们不了解合同的情况下。显然，把问题抛给别人并不是解决办法，我们需要作出更大的变革。大多数人似乎并不关心或不理解问题处在何处，他们只是受够了结果。

我们要求业主根据图表、个案和经验知识作出决策。在没有经过深思熟虑的情况下，我们要求客户相信我们出色的、理性的逻辑，而不是真实的数据。我们要求他们用自己的判断来作决策，即使他们只有很少的实际知识或可靠的决策信息形成他们的观点。我们无意中致使业主作出了事后看来会产生意外后果的决定。

我们的客户发现，他们每次批准一项计划都要接受公众的监督。作为政治家，寻找一个安全的方向，或者替罪羊，往往比找到解决问题的方法更重要。掩护自己或者处理报信者比找到解决办法要容易得多。

我们的客户所代表的公众已经厌倦了存在问题的、预算超支的和发生事故的项目。他们希望每一个项目都能取得不可否认的成功，并清楚地显示出明智的支出和高价值的结果。我们如何做到这一点，很少受到公众的关注。

324　## 1996 年，我们决定正面解决这个问题

由讨论这些问题和一个开放的对话开启了解决问题的流程。我们做了研究，寻找新的做事方式和可能提供解决方案的新工具。我们的结论是，缺乏支持早期决策的系统，使我们无法解决这些问题。

在工程项目的早期，找到更好地理解问题的工具和流程，成为关键任务。如果我们能在项目开始时作出更好的决策，就能减少问题，增加客户对结果的信心，并从社会获得更多的支持。

在这个过程中，我们发现谈论技术会让人们把我们拒之门外，要么是因为人们不在乎，要么是因为细节太复杂。这些细节与大多数人无关，人们只想确保事情能够开展得顺顺利利。

人们更喜欢打开浏览器，点击图标，用简单易用的工具参与决策过程。"仅仅关注一下

事情，或者让事情处置简单化"是他们的初始反应。对建筑业来说，脸书或 Expedia 模式似乎是最好的选择。

为什么要浪费精力让人们去做他们不想做的事情呢？人们希望简单而容易地理解解决方案，复杂的策略只会给他们带来困惑和无聊。

既然我们有了方向，我们的第一项工作就是分析问题并找到解决方案。我们让人们讨论，从而得到大量的公众意见，进而我们知道一些项目产生问题的原因。我们有一种预感，我们的探索并不孤单，但我们不明白这个问题到底有多普遍。

有时候，人们只关注自己的那一小块世界，而忘记了关注全局问题。我想我们现在就是这样。在没有透彻了解的情况下，我们就投入其中，开始开发对我们有意义的解决方案。我们分别测试了数百个单体或者集成在系统中的软件和硬件工具。

我们创造了一个环境，可以尝试互联网上出现的任何东西。我们的测试目标是找到最佳和最有益的解决方案。我们保留了其中一些方案，至今还在使用；有些方案因为种种原因被我们丢弃了；有些方案从来没有用过；有些方案曾经用过；有些方案很精彩。

这些都是现实世界的探索，不是象牙塔式的测试。相反，我们在实际项目中使用了这些 ₃₂₅工具。如果成功了，那很好；如果失败了，我们就继续寻找下一种可能性。这次探索历时十年。这十年里，我们学习了大量关于管理技术的系统和管理人员的系统的区别。

- 我们认识到，我们需要改变教育人们的方式，以培养出适应能力强并能够将技术联系起来的终身学习者。
- 我们学习了互操作性和模型服务器。
- 我们学习了如何通过约束进行管理。
- 我们开始明白小 bim 工具可能会帮助我们做得更好，但是需要将大 BIM 流程与更广阔的世界联系在一起，才能解决我们的问题。
- 我们意识到，我们需要在教育和技术层面推动这一进程。

在一开始，设计和施工过程似乎是支离破碎的，没有固定的目标。人们抱怨这些问题：每次更换新的领导班子都不能解决问题，每次出现问题也很难找到一个替代的设计和施工团队，似乎没有人站出来解决问题。这就是为什么我们必须一开始就做正确的事情。您也能这么做。

- 人们希望一切都在掌控之中，他们想知道事情的走向，他们想要了解事物之间是如何相互关联的，从而改进决策。正确应用技术和系统思维为我们提供了实现这一目标的工具。

案例研究：重复的斗争

₃₂₆

一位朋友在听过一个负责 400 个床位的医疗中心的设施经理的故事后，打趣说："所有的

大问题都发生在第一天。"这是千真万确的。

- 设计是蜜月期，我们一直在建设中。我们聘请了一个设计团队，建筑师们创造出美丽的想法——每个人都喜欢这个愿景。

- 如果我们聘请了施工经理来控制设计过程，我们就能得到可靠的信息。如果没有，我们会向设计师寻求细节，以确保方案满足我们所有的需求。我们得到了"漂亮的图片"，但在这个阶段我们很少得到可靠的决策信息。这些图片让人兴奋。设计师让我们相信一切都已经解决了。作出继续前进的决定时，情感比事实的权重要大得多。

- 当我们能够理解细节时，设计师已经投入了大量的时间来完善方案。如果一切符合要求，生活就是美好的。如果不是，就会有人花更多的钱做出更正。不幸的是，自从我们批准了这些漂亮的图片后，后期改动所产生的成本需要我们自己来承担。现在的趋势是对图纸调整后继续前行，因为没有人愿意花钱或花时间重新开始。

- 当我们在这种环境下收到投标文件时，它们往往会大大超出预算。然后每个人都惊慌失措，设计师也开始自我防卫。项目会更换设计方案或对原方案进行价值工程分析，在此过程中损失已经造成……

- 建筑开工后许多变更都需要额外的资金。我们用不可预见费处理变更，所以不是所有的变更都能进行。最后，我们终于搬进去了，但是问题还没有解决，所以……

- 我们努力运行维护这个设施，但问题不断出现。然后，比较有自知之明的人会意识到，我们一开始错过了一些重要的事情，但没有人会承认，因为如果承认，会让他们看起来很难堪。

- 当我们做下一个项目的时候，大部分的参与者都是新手，那些曾经的参与者也很容易忘记上次发生了什么。

任何建筑业主都可能会讲这样的故事。创建一个大 BIM 生态系统，以使得早期的基于事实的决策能够避免类似问题的发生。处理项目第一天就该处理的问题，可以确保整个生命周期的利益。倾听并了解大 BIM 都可以提供什么帮助。

327   找一个建筑物的业主。和他或她坐下来，问一些问题，比如：

- 当您开始一个新项目时，您会采取什么步骤？
- 您如何制定预算？当事情发生变化时会发生什么？
- 您如何作出早期决策？您是有确凿的事实，还是必须依靠头脑中的知识？
- 花了多少时间来寻找决策所需的事实？
- 如果您失去了一位老前辈，不得不依靠一位新员工来作同样的决策，会发生什么？

一个互联的世界

> 今天，事物不再是线性的，与我们周围的世界的联系比以往任何时候都更加紧密。

自从《大BIM 小 bim》首次出版以来，越来越多的专业人士和利益相关者开始接触 BIM。这些建模系统在项目可视化和文档生成方面提供了重要的改进。这对用户有一些明显的好处，这也是用户最关注的。

这是人们看到投资快速回报的地方，也是人们滞留时间长、往往错失更大机会的地方。很少有人继续积极开发更多的互联工具和方法。

这种 BIM 方法延续了工业时代的流水线思维，工作依靠有经验的工人一步一步地进行。找到需要解决的问题，确定交付解决方案的工具或流程，实施方案，然后重复这个过程。

成为专业人士的一种能力是能够分享信息，并能够从链接和可访问的数据中获益。也有许多方法可以共享并从创建和访问的生命周期信息中获利。构思所需要的工具和流程，并使用它们来交换信息，这是如何与大 BIM 生态系统交互的核心部分。

移动世界和 APP 经济创造了数千种优秀的工具，可以积极维护实时信息的链接。除此之外，还有一种新的专用中间件系统，可以架起连接实时信息的桥梁并简化数据的使用。

今天，这些系统支持数据作为一种实时资源的能力，正在实现新设定的 BIM 服务器早期328版本的功能。这样的系统是任何大 BIM 生态系统中最早，也是最关键的组成部分。

信念

> BIM 是加强人与人之间的互动和协作的技术。它事关人们如何思考和使用技术，以及创造新业务方式。如果没有人、技术和物质世界之间的联系，我们可能永远无法学会克服初始错误带来的问题。

您可以买到市面上现有的所有软件。但是，如果不改变您对建筑业的看法和工作方式，您就不会显著改善境况。您必须适应这种变化中以人为本的一面，否则您永远无法充分发挥 BIM 的潜力。

当您阅读本书时，您已经了解了来龙去脉和所需的工具。最后，您决定如何使用它们。您可以选择如何、何时、何地介入。通过理解底层原则并坚持使用您所知道的，您就可以创建您的个人愿景，并推动您的业务走向互联实践。

有些变革似乎有悖常理，并且可能与您所学的知识相冲突。大 BIM 的变革将需要您检视自己的信念，并理解它们的底层逻辑。在这种环境下，固执愚昧会让您陷入麻烦，而一点点的自我反省，去理解您职业信念的根源，会让您走得更远，因为这种改变涉及您的整个业务范围。

这些变革可能需要您重新评估您所知道的很多东西。您需要重新考虑那些可能已经沿用多年的工作方式，有一些新技能可能需要培训才能掌握。您可能会发现很难适应它们。

保持积极的态度，进行自省，做些研究，同那些在变革的道路上走得更远的人一起，一切都会好起来的。大BIM的生态系统是如此的具有革命性，以至于有些变革很难让人们所理解。虽然看起来很难，但矛盾的是，大BIM比小bim更容易掌握。不要听信任何人说您不能进行这种转变，因为您能行！

329 引领变革

> 行动起来，帮助业主们厘清炒作和推销。向他们展示大BIM生态系统如何能够掌控他们今天所进行的，以及未来将会发生的事情。

建筑业主很早就明白，运行和维护成本占其物业整个生命周期成本的最大份额。许多其他人开始意识到，这是关联信息共享整体方法的一个主要领域。

即使为了最大限度地满足业主的利益，让业主们推动变革也十分艰难。供应商包围了他们，而其他专业人士则在利用根据文件绑定数据的软件产品的新版本推动业务照常进行。一些供应商了解这个市场，但为了保持营利，仍然死死抱住旧技术。其他人不了解市场，却大肆宣传那些只是能让他们赚钱的软件工具。没有一个能真正满足业主的需求。

想想大BIM带来的机遇。当关注资产时，就开始在很大程度上改变建筑业，为建成环境资产的生命周期节省资金和资源。

这种变化开始平衡该行业的周期性。随着重点不再仅仅关注美学和短期项目执行，就开始影响具有最大节省和效率潜力的领域。业主最终会拥有更高效的生产流程和设施。

引导业主不再将数据存储在文件中，而是让信息在移动设备上实时可用。通过将业主的业务需求与资产和基础设施联系起来，可以使他们作出更可持续和更具韧性的决策。为了有效地使用大BIM，您必须不是仅仅站在设计师、承包商、制造商或供应商的角度，而要像建筑业主一样去看待资产。

着眼长远时，应尽早解决机械间隙问题。关键设备要无缝连接，以确保可维护性。互联数据为业主提供信息并增强业主的决策能力，您和您的客户则不再在项目的不同阶段将信息传递给其他专业人员。正确的信息流能支持所有相关人员的工作。

330　　了解业主的核心使命和其他业务需求；寻找超越传统自身利益之外的价值，并以长远的眼光来看待建筑工程；成为广泛连接、获取和重复利用的倡导者；带领他人走向更具韧性和可持续发展的未来。制作三个列表：

- 列出 10 个您认识的，或者长期支持过您的人。关注那些对您所从事的领域有影响力的人。
- 列出 10 家与您合作过不止一次的公司。关注那些能与您合作，形成强大供应链的公司。
- 列出 10 个朋友、熟人或同事，他们可能是您前行的资源。关注那些您平常圈子之外的人。

评估名单上的每一个人或公司：

- 他们对互联业务流程了解程度如何？
- 他们是否理解并使用 BIM？
- 他们是否适应新事物？或者，固守传统而不肯改变？

将您的清单按优先顺序排列，以确定谁最有可能倾听并作出积极的回应。给他们打个电话，按照本书提到的工作流程和他们一起建立您的大 BIM 生态系统。

马上获益

> 从一开始就管理项目约束。这样做，您将开始控制您的早期错误。

您是否曾经梦想过有一天您可以实时查询一个新项目的现场详细信息？不雇勘测员？不用亲临现场？您是否曾经梦想过有一天，您可以打开一个文件，看到您刚刚中标的改建工程项目原先的竣工信息和运维细节信息？您是否曾经希望自己不需要进行几周的诊断和事实调查就能够了解新客户的公司是如何工作的？现在您可以了。

借助大 BIM，可以设计流程来利用周边的信息，可以让每个人都更投入、更有见识、更有能力作出明智的决定，可以看到人们的业务有显著的改善。

建筑信息模型作为一种理念，是如此宽广，以至于它可以包含能想象到的任何东西。如果应用到建成环境，大 BIM 可以让我们的生活更美好，让建筑业更可持续、更有韧性。

您（和您的客户）不能等待别人为您制订复杂的系统和标准。利用您现有的资源和可用的工具，您有能力在当今实现大 BIM 的好处。此外，以新的方式使用这些资源和工具，可以给您带来更好的结果和更满意的客户。为什么不开始呢？

有时候，一个人必须克服困难才能改变。通常有很多惯性需要克服。然而，如果您把实施大 BIM 看作一个提供更好的结果和更好的客户支持的商业决策，那么作出这个决策就变得容易了。关注您如何交付项目和适当地应用技术。

- 您今天就可以得到这些好处，这些工具已经有 20 多年的历史了。BIM 能够马上就取得成果。BIM 可以让您使用工具和流程，这些工具和流程在今天工作得很好。大 BIM 可以让您在其他技术商业化的时候充分利用它们。

第 9 章

更多案例研究

接下来的设计构思和案例研究旨在强调大 BIM 在需要进行早期分析和韧性规划的情况下所能提供的可能性和机会。这些材料有四个目标：

1. 在社区层面，每个人都参与其中。

2. 在组织层面，它们将业务需求与最先进的任务交付方法和可持续性联系起来，从而更好地支持社区。

3. 在系统层面，它们提升系统和团体未来的韧性和通盘策略。

4. 在设施层面，它们帮助利益相关方以一种将人与业务需求联系起来的方式作出设计决策。

在所有层面上，它们补充和加强了本书前面的材料。

图 9-1 设计构思图

335 ## 设计构思：科克点 BIM 风暴

> 　　创造一个系统，让人们毫无畏惧地寻求帮助、冒险和开发新事物。一切都围绕着这个概念推进。

　　科克点 BIM 风暴展示了使用 BIM 风暴在小型社区中规划和设计新的、灵活的、适应性强的医疗系统的过程，以应对人、环境和不断变化的条件。这是一个长期的，持续的 BIM 风暴，旨在与科克点健康综合体的开发并行。这个过程大体是这样的：

第一部分：准备和事实调查

　　为了让人们完全接受这个过程，需要透明化和开放。当参与者认识到流程是命令和控制驱动时，兴趣就会减弱，参与的人就会很少。随着时间的推移，一个真正的协作过程，允许人们无所畏惧地创新，将比采用任何线性命令驱动的方法相比，能完成更多的工作。

　　核心组开会以了解流程中涉及的关键资源。随着讨论的深入，营销和推广概念也得到了巩固。如果不让人们知道发生了什么，不让他们感到受欢迎，那么其他的一切都不可能发生。核心团队的计划旨在识别和管理整个流程，以便尽可能多的人能够以他们认为舒适的任何方式参与进来。

　　沟通交流系统在一开始就已到位了。团队成员开始使用嵌入在大 BIM 系统中的通信系统。目标是将所有通信链接到模型，这样就不会丢失任何东西。如果使用电子邮件进行通信，很容易破坏协作过程。

　　团队识别并记录源数据、现有资源和必须处理的进度问题。在核心组进行规划的同时，其他人正在编目和查询关于项目位置、社区、县和区域的现有信息。这些信息基本上都来自与大 BIM 系统相连的现有地理信息系统。

336 　　通过订阅政府和私人地理信息资源，该系统将物业信息、地形、水和其他自然资源、文化背景、现有设施、交通、公用事业、人口统计和其他公共信息提供给 BIM 风暴小组。

　　当地理信息资源可用时，该小组将本地建筑师过去创建的建筑信息模型与之关联起来。这些模型提供了关于现有和历史建筑位置的有价值的信息，这些现有和历史建筑可以随着进程的推进而重建。

　　当发现数据中的缺口时，风暴小组决定由专家输入所需的数据。在某些情况下，需要对手绘草图进行扫描和数字化。一些信息，特别是与现有设施和历史建筑资源有关的信息，必须进行激光扫描和标准化，或者从常规蓝图和其他文档中扫描或导入。

第二部分：参与

　　在制定计划和收集数据的过程中，BIM 风暴第二部分就开始了。在社区和地区内进行市场营销和推广，公开寻求大家的参与。脸书、谷歌文档和其他社交网络工具被部署和积极使用来创建兴趣和接受输入。我们的目标是用尽一切办法让人们参与进来。

这个过程开始于一系列的公开会议。会议有多种形式。有些是传统的开放式会议，核心团队成员会告知与会者正在发生的事情，并回答问题。这些会议与传统会议有所不同，因为其目标是与参与者进行对话，而不是说服他们相信科克点 BIM 风暴的立场。

我们的目标是倾听，而不是宣贯。每个会议都有一组核心成员。一个或多个成员充当会议管理者并主持讨论。同时，另一个小组使用大 BIM 工具来反映会议期间的讨论情况。当可行时，团队成员在会议现场操作大 BIM。在其他时候，此大 BIM 操作是在远程进行的。

当 BIM 风暴团队探索各种可能性时，参与者会看到自己的想法被瞬间展现出来。在讨论一项新的地产开发时，就产生了一个信息模型，其中包括成本和其他立即可用的信息。

讨论很快就集中在人们关心的问题上。参与者参与到这个过程中来，因为他们可以看到他们的观点正在被考虑并纳入模型中。这不是闲聊。每个人都知道，这是一个旨在取得成果而进行的讨论。鼓励参与者使用他们的移动设备向系统输入信息，所创建的信息也被展示给所有人并被共同讨论。

337

BIM 风暴会议有时也会在社会团体中举行，如扶轮社（Rotary）、商会和教会，目的是让尽可能多的人参与进来。另一些会议的重点是杰出人士，他们能招募其他参与者。战略规划、系统数据收集和协作参与使 BIM 风暴走上正轨。当团队专注于这些早期的任务时，接下来的一切都变得更加容易了。首先要创造一个环境，让 BIM 风暴有最大的成功机会。以正确的方式开始这一过程至关重要。

第三部分：组织

如果您参与了项目，您就能了解这个过程。您有不止一次的机会让别人听到您的声音。您知道，如果您参加会议或在社交网站上发帖，您的意见就会被记录下来。这个过程的范围和可能性也引起了很多人的兴趣。这些专业人士大多来自设计、工程和施工领域。许多环境科学家、社会系统专家和卫生保健规划人员也第一次参与其中。每个人都觉得自己是这个过程中的一员。

人们从学习使用基于 web 的面向服务架构的软件开始，这样他们就可以积极地参与其中。有些人会直接上手，但大多数人需要花一点时间来熟悉 web 流程。无论人们如何学习使用基于 web 的系统，都有可用的资源提供帮助。

举办一系列网络研讨会来说明参与者在此过程中需要了解的工作流程。一些人在科克点 BIM 风暴中使用的工作流程可能是这样的：

- 首先，使用模板创建电子表格，把构思的建筑空间、楼层和房间大小都添加到电子表格中。

338

- 有了这个电子表格，花一分钟进入系统，选择场景，添加和命名项目，添加和命名方案，以及设置工程位置（通过谷歌地球导入，或者通过经纬度或添加一个范围框来界定）。

- 另外用30秒，导入电子表格并用其创建空间和楼层。为该建筑物命名，并验证所创建的空间与电子表格中的空间的一致性。一个人在总共花费了90秒的时间后就拥有了一个信息体量模型。

- 接下来，开始布置空间。您开始设计过程。空间编号、空间区域范围、大小和成本都是自动生成的。5分钟到两小时后……这取决于您的模型所包含的信息的复杂性和范围……您有了一个完整的概念设计信息模型。

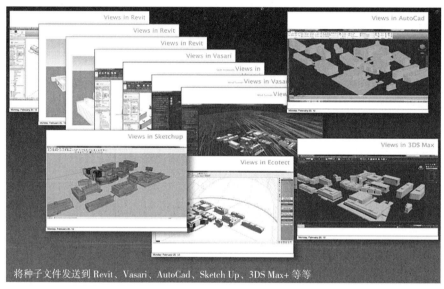

将种子文件发送到 Revit、Vasari、AutoCad、Sketch Up、3DS Max+ 等等

该模型可以导出到其他工具中进行更详细的分析和进一步的开发。模型不仅包含您添加的数据，还包含系统自动生成的数据

图 9–2 Revit、Vasari、AutoCad、SketchUp、3DS Max+ 模型示意图

即使在将您的模型导出到其他工具中供其他人操作之后，您还可以继续添加信息。当其他人的工作完成后，他们将重新导入他们的工作，并且添加的信息将自动更新并添加到您的模型中，使您的模型每次都变得越来越丰富。

339

您添加了包括场地、建筑和房间的详细信息。在房间层面，您可以从组件列表中以二维和三维的形式添加家具、固定装置和设备。您输入其他建筑系统数据，并定义空间属性、类型、安保区域、隐私和装修情况。您可以为房间添加供暖、通风和空调系统。同时继续其他设计任务。

在流程的任何阶段，您都可以输出详细描述模型中信息的报告。这些报告是动态的。当改变一个房间的大小时，其他的一切都会随着改变，以反映面积的变化。扩大面积会增加成本。当您生成多个方案时，您可以比较您的方案。通过比较，您可以评估能耗、成本、安全性、可持续性、运营和维护成本以及其他项目指标。

- 只需花费 10 到 45 秒，您的数据就可以直接以建设运维信息交换（COBie）格式从大 BIM 中导出，用于您正在规划和设计的建筑中设备的运营和维护。由于 COBie 数据是以多选项卡的电子表格格式维护的，所以再花费额外的 10 到 45 秒，可以让您在进行更改后将数据重新导入系统。

- 将您的信息导出到符合国际标准的其他信息建模系统只需要 20 秒。当您的导出模型在其他信息建模系统中打开时，它们会自动生成带有空间、设备和家具的模型。这些模型包含您创建时生成的信息。通过保留系统信息，这些模型可以导出后续开发生成的新数据。其他参与者使用类似的工作流可以非常快速地挑选备选方案。

参与科克点 BIM 风暴项目的大多数人都没有看到这个过程的复杂性。他们利用信息和图形来理解问题。一旦人们了解了背景事实，就更容易为他们面临的问题提供解决方案。一旦对解决方案进行了分析、检查和验证，社区就可以就如何进行达成共识。

人们如何使用这个系统是有基本规则的。正如人们不会向 Expedia 发送传真来预订机票一样，BIM 风暴需要动态协作，而不依赖于静态数据源。因此，参与科克点 BIM 风暴的规则是围绕着协作展开的。

- 当通信和信息不能被所有人都访问时，协作就变得困难。共享、透明以及所有人都能看到和使用的标准格式的信息是一切的基础，这为理解决策背后的原因和人们在决策时使用的思维过程提供了一种方法。领导团队必须确保在科克点 BIM 风暴开始时，尽可能多的人理解这些规则。这些基本准则使这成为可能： 340

- 这是一个数字化的过程。所有内容都使用信息模型以数字格式的形式记录下来。可以使用传统的工作方式，如手绘草图和笔记，但必须快速扫描并输入以便所有人使用。

- 参与者需要尽可能地在系统内工作，与他人的实时协作至关重要，尽量减少与系统断开链接的情况。

- 不要手动输入数据集。当在其他系统或软件中工作时，这些手工输入的信息会在从系统导出数据时传输。在其他应用程序中工作时，需定期将结果导回到大 BIM 服务器。应该避免长时间不从系统中导入和导出数据。这种应用程序之间持续进行的工作流减少了手工协调数据的时间。

- 目标是保持生态系统数据的连续性。在大 BIM 生态系统中保存您的工作，而不要保存到文件服务器或其他媒体上。目标是创建一个生命周期资源，让其中数据保持活跃状态。硬盘驱动器、DVD 或其他媒体上的文件从保存的那一刻起就埋下了发生数据腐烂的祸根。

- 可用多种方法与系统交互。有些人会查看信息并获取报告，其他人将完成规划和其他设计任务。还有一些人将手动输入详细数据，并从电子表格和其他数据库导入数据。有些将需要广泛使用系统，而另一些将只会参考其中信息。我们的目标是让人们以最舒服的方式工作，使用他们最熟悉的工具。如果每个人都在一个协作过程中使用相同的数据，那么 BIM 风暴就会成功。

BIM 风暴采用非常标准的流程。在准备工作结束时，大部分讨论过的内容都将被仔细考虑并组织实施。这个过程是一个互补但独立的相互作用的网络，而不是线性的。事情不会是从 A，到 B，到 C……那么简单。

- 通过预先做正确的事情，BIM 风暴创造了长远规划的能力，即使是在不确定的时期。这个过程本质上是稳健的，并可使企业找到与社区合作的最经济有效的方法。BIM 风暴不是默认使用成本最低的解决方案，而是让我们能够在不必做出什么牺牲的情况下，以最低的合理成本找到正确的解决方案。这个过程的目的是消除不确定性，减少误解。

341　设计构思：四天的 BIM 风暴

> 大多数参与者都是远程工作。这一过程的巨大优势是不需要一个大的场地，让每个人都面对面地聚在一起。远程工作能让每个人都聚在一起，但都是虚拟的。只有少数人在总部现场工作。

在科克点 BIM 风暴期间的活动，看起来是这样的：

第一天：人们很兴奋。他们做好了准备

参与者知道他们是改变社区的一员。核心团队期望大量的设计决策能很快出现。科克点 BIM 风暴网站开放的第一天令人兴奋。今天，规划和其他艰苦的工作将结合进行。每个人都准备好了，等到医院正式启动科克点 BIM 风暴的时候，大家都已经开始工作了。

规划团队为这个 BIM 风暴植入了尽可能多的现有信息。开工第一天，参与者查看了谷歌地图草图、谷歌地球边界，以及老式土地调查和美国大地测量局测绘的资料。在可能的情况下，社区目标和标准已经转换为覆盖谷歌地图的可视化表示。有关医疗保健和设施人员需求的背景信息已得到完善，以便所有人了解。对于那些熟悉数字的人，电子表格和数据库也被嵌入其中。BIM 风暴的好处在于，世界各地的专业人士也都在线，随时准备支持这一项目。

瑞典、东京、德国和爱尔兰的工程师已经准备好开始分析社区开发的概念方案。核心团队预计，这些工程师将与当地环境科学家合作，提供大量最复杂的能耗和环境分析。

韩国、挪威和芬兰的设计师已经准备好开始验证模型。他们还开发时间进度场景。

在布宜诺斯艾利斯、伦敦、巴黎、波士顿和康涅狄格州的新伦敦，平面设计专家准备在解决方案开发时提供可视化模型。

密尔沃基、丹佛和芝加哥的建筑师在核心团队的协调下，贡献他们的医疗保健专业知识。　342

有应急响应专家、交通工程师、成本管理人员、建筑工人、社会科学家、变革管理专家、商业规划师、城市设计师和许多其他专业人员参与。

每组专业人员都得到了 BIM 风暴认证专家的支持，他们的任务是将他们的知识运用到需要的地方，使信息畅通。世界各地专家的参与，并没有削弱当地团队的力量。当地的商会有自己的团队，由当地的建筑师领导。一些来自特拉华州、马里兰州和弗吉尼亚州泰德沃特市（Tidewater）的建筑师和工程师参与了这个过程。

医院的工作人员分为四个小组：

1. 其中一组由医生和专业医疗保健提供者组成；

2. 另一组由董事会成员和管理人员组成；

3. 还有一组来自老年护理中心；

4. 最后一组由设施和维护人员组成。

代表医院的四个小组是 BIM 风暴中仅有的由有偿专业人员直接提供支持的团队。在大多数情况下，为这项工作奉献时间的专业人士被认为在两个方面可以获益。一方面，这些专业人士通过亲身体验最新的技术而获益。专业人士的同行很少有如此幸运的。另一方面，专业人员受益于参与所带来的认可和荣誉。在过去，BIM 风暴在主流媒体和专业奖项上都获得了前所未有的认可。最重要的是，专业人士在这种环境下学到的东西要比他们教别人的多得多。

在加利福尼亚州和其他一些地方，也组建了一些团队支持这项工作。在接下来的四天里，这些团队将每天 24 小时监测和支持 BIM 风暴。在加利福尼亚州的帕萨迪纳市（Pasadena），现在是凌晨 4 点；在欧洲，现在是下午 2 点钟；在东京，现在是晚上 9 点钟。参与者很快就学会了如何在不同的时区之间切换。系统的跨时区协作能力，是 BIM 风暴能够如此迅速地产生如此多决策信息的因素之一。

当一个时区的参与者结束一天的工作时，其他时区的参与者才刚刚开始工作。在一组人　343 花一天的时间输入和解决一个想法后，这些结果在他们睡觉的时候被传递给其他人进一步推进。这样，建筑师就可以设计完一栋建筑后回家吃晚饭，美美地睡一觉，第二天早上再回来看由圣迭戈的环境工程师完成的能耗分析，由瑞典机电工程师完成的机电系统和由东京的一位结构工程师完成的结构系统。

第二天：漫长的一天
344

昨天，与会者探索了许多方案，并取得了很大进展。昨天深夜，当他们带着疲惫回家时，还不清楚他们的研究将如何推进。今天早上，每个人都很兴奋，想看看其他时区的人在自己睡觉的时候会创造出什么。今天的大部分工作将围绕对各种方案进行评价而展开。

各个小组可以看到方案的一些指标。为了进行分析，还设计了更多的建筑草图。在晚上，

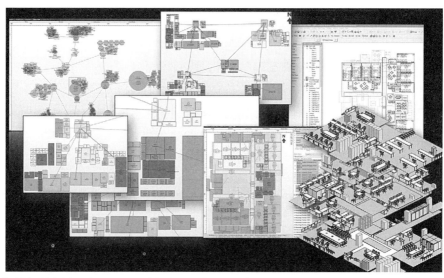

信息关联的概念同时出现在项目进展的许多阶段，它们共享并建立在相同的数据基础之上。这种循环在整个 BIM 风暴中持续着，并被许多不同的团队重复着。对于信息建模和协作实践的培训，没有比在 BIM 风暴中工作更快的方法了

图 9-3 信息关联示意图

当一些人睡觉时，他们被分配了特定的任务，作为最高层次细节研究的起点。到第二天结束时，选定的战略将分享给所有人，以便进一步推进。

- 欧洲的能耗分析师研究了其中几个方案。模型附带了大量的能耗数据。更棒的是，有一系列的能耗可视化图，展示了这些方案在一年的不同时间会有怎样的反应。瑞典能源分析师的工作引起了人们的兴趣。他们最初的建议表明，通过适当的规划，科克点有可能成为一个零能耗组织。事实上，该设施产生的能源很有可能比它所使用的能源更多。

- 加利福尼亚州的一位城市规划师和西雅图的一位城市设计师为最有前途的概念设计增加了细节。来自西雅图的想法特别有趣。他们关注的是许多环境问题，如果管理得当，这些问题将使科克点与众不同。今天下午，当这些西海岸的规划人员回到他们的办公室时，当地领导人计划与他们进行一次工作讨论，重点讨论布局。在此期间，该小组将研究其他一些替代方案。

- 当工程师们还在进行详细的分析时，一些建筑师正在细化模块和堆叠模型，以形成关于风格、围护结构概念和成本的早期构思。利用这些信息和正在开发的场地条件，他们已经把模型导出到天宝公司的 SketchUp 软件中，开始可视化项目外观的过程。

到明天早上，他们应该会有效果图和草图，帮助人们了解他们的提议。因为他们的目标是开发以人为本的场所，所以他们的草图将重点放在设施与水的关系、行人与车辆的交通运行，以及空间的格调上。从城市和建筑设计的角度，目标是确定科克点的精髓。

规划委员会成员现在就在现场，由芝加哥、奥斯陆、旧金山和华盛顿特区的医疗顾问远程支持。医疗顾问们在几个月前就开始对新的科克点组织进行定义。他们在第一天的会议花费了大量的时间就总体业务概念和实现目标所需的确切空间达成一致意见。

今天，医疗顾问正在使用模板将昨天讨论的内容全部转换为电子表格。他们想要创造的很多东西都涉及一个全新的方向。然而，新的方向是基于多年的医疗保健先例，他们定义的许多服务的需求是众所周知的。对手术室、检查室和门诊以及其他空间的需求很简单，不确定性来自数量和关系。

预测就诊人数以及所需的空间和人员一直很困难，特别是在医院正朝向由技术支持的分散化服务迈进的时候。令人担忧的是，创建一个仅仅基于健康管理的系统可能会扭曲数据。传统的只关注治疗病人的方式将会产生与关注健康截然不同的指标。

将交付模式的变化与传感器使用的增加、旨在早期识别问题的分析以及对直接交付到用户家中的服务的日益依赖相结合，历史信息可能不再准确。团队意识到潜在的问题，并对需求进行合理的评估。

系统使他们能够同时比较几个概念。随着选项的增加，系统允许团队直接同时比较不同方案的净面积和总面积、施工成本以及详细运行和维护成本。通过使用这些信息，团队淘汰了一些方案，添加了其他方案，最终聚焦于首选解决方案上。

首先，团队将房间名称和房间大小添加到电子表格模板中，并假设所有空间都位于同一层上。其次，他们将这个电子表格导入系统，给它起一个名字，并添加一个描述方案背后原理的执行摘要。

然后，系统将创建这些空间的信息模型，并将其布置在场地上。到这一步，空间关系和房间设计还没有完成。

这里没有所谓的楼层平面图，只有一组组的盒子布置在场地上。即使在没有通过正式布局生成楼层平面图的情况下，团队也获得了重要的决策数据。

系统创建单位成本数据，以及走廊、电梯和楼梯等支持空间布局的标准。团队立即得到关于总面积、成本和引导他们设计的其他因素的反馈。这个过程不断重复，直到团队对他们的大多数方案建模。每个方案都探索了不同的可能性。每个方案都允许团队评估不同的假设场景。

随着团队聚焦于首选的解决方案，医院设计师开始创建建筑的基本架构。第一个方案是将整个项目放在同一层上。但团队很快发现，一个单层的解决方案永远不适合现场，因此就迅速将房间按楼层重新分配，以形成多层建筑。

随后，医院设计师开始布置楼层。由于他们一直借助于实时地理信息系统绘图，能立即收到视觉反馈，因此能创建直接响应项目需求评估的示意图。

在这个工作结束时，规划师和设计师都同意两个最靠近需求的解决方案。这两个解决方案将被共享以供进一步深化。经过充满活力和富有成效的一天后，团队回家睡觉，知道其他

345

346

人会在夜间继续改进这两个方案。

- 工程师们已经在分析基础和结构体系。
- 基于两种方案的初步体量，能源专家正在进行零能耗分析。
- 建筑师已经将功能布局导出到桌面建筑信息模型系统并对建筑进行了细化。
- 夜里，世界各地的专家分析、深化并验证如何将这些方案结合在一起。到第二天早上，核心团队将有更多的信息要处理，并将进一步完善他们的决策。

第三天：今天的重点是及时决策

347

项目概述介绍勾勒出未来的方向，简短的工作会议使工作得到衔接，最终决定将在明天作出。今天，团队必须确保一切准备就绪。来自远程团队的输出似乎确认了前一天晚上共享的两个概念方案：两种方案都可行。由于两种方案都有优点，而且都没有明显的缺点，所以团队决定两种方案都保留。明天，它们将成为社区制定决策的基础。

- 在建筑设计团队通宵工作的基础上，设计师们正在开发方案模型。他们继续组织平面布局，并细化建筑体量。
- 昨晚工程师们在结构系统的设计上取得了进展。随着建筑设计和体量的不断深化，结构工程师很快就能对相关变化作出反应。
- 几位建筑师已经使用桌面BIM应用程序在夜里创建了外装修方案。建筑师的解决方案已经重新导入系统中，并且正在进行评估。
- 施工管理人员已导出面积和体量数据，使他们能够制定详细的成本估算。利用从模型中提取的数据，还可以进行结构混凝土和钢的成本估算。把这些详细的成本信息添加到系统中，可使方案之间的比较更加精细。
- 一天下来，方案变得越来越落地。结构系统开发到可以看到螺栓连接的程度；建筑外观包括特定的材料和开窗；城市设计方案将交通系统、景观、街景和照明联系起来。这些模型包括LEED检查表、能源数据和带有家具的空间布局。

在一天的最后两个小时，整个团队面对面讨论早期的概念。施工经理对预计成本进行介绍，并快速连接团队的反馈。工作将在夜间继续进行。焦点现在已经转移到第二天的公共决策过程。

第四天：新的一天阳光灿烂、炎热、潮湿。这是马里兰州东海岸夏天的典型天气

仍然有很多详细设计和文档需要完善，但是大部分规划和开发概念已经完成。

348

- 建设项目开发已经进展到传统上可以称为设计开发的水平。尺寸推测、功能布局和其他概念设计方面都已确定。
- 结构概算已经确定，建筑围护结构概算也已完成。完整的建筑外装修概算将在公开展示开始前完成。

- 施工经理正在根据设计构思、初步进度计划和大量数据，细化他们的项目预算。
- 场地、道路、邻近结构、环境、地基和居民住宅的模型被组合起来以进行快速评审和分析。

团队已经为最后的陈述作好了准备。科克点 BIM 风暴已经到了必须作出决定的时候了。核心团队首先回顾过去四天发生的事情，描述那些现场参与和通过互联网参与人员所付出的努力。

每个参与的人花费的时间并不多。由于工作强度很大，这个过程在一些人看来似乎是难以承受的，但事实是，即使在参与 BIM 风暴的过程中，大多数人仍然有时间完成其他日常任务。这个过程利用了许多人的技能和知识。

- 在为期四天的过程中，全球数千人共同定义了新的科克点。人们对自己的想法有了更广阔的视角和反馈。由于有许多人参与，这个团队创造了更多的成果。而且虽然参与者众多，但没有一个人拖其他人的后腿。

政府领导案例研究

接下来的案例研究代表了美国政府在实施大 BIM 生态系统时所采用的几个原型。所包括的每一个原型都面临一系列问题，这些问题影响到所有想在范围和规模上寻求改变的政府机构。

以下的案例研究原型是面向大 BIM 的分阶段开发的样本，这种开发在世纪之交之后不久就开始了，并继续在主要的政府机构中进行。

案例研究：综合决策

349

> "关于我们设施的数据，比实际设施本身更有价值。"
>
> ——美国海岸警卫队上将萨德·艾伦（Thad Allen）

这个案例研究的有趣之处是什么？
- 第一个明文规定的模型精细度等级概念。
- 独立的建筑信息模型开始与路线图中的地理信息系统和设施管理系统融合。
- 许多小 bim 工具和方法都是为满足企业级客户需求而出现的。
- 建立了业务系统与业务信息、建筑信息、地理信息、移动和固定资产信息以及更多系统近乎实时的连接。
- 证明了使用大 BIM 生态系统将决策数据与商业目标相连接可以提高对项目的理解并改进项目结果。

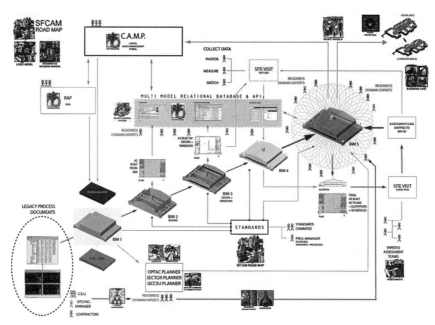

软件程序的发展支持集成决策（IDM）的探索和使用一个简单、易用的工艺基础类（IFC）模型服务器，以支持路线图原型

图 9-4 SFCAM ROAD MAP SFCAM 流程图

地点：全世界

350

美国海岸警卫队海岸设施资产管理系统（SFCAM）路线图具有 2.5 万多处不动产，包括建筑物、构筑物和公用事业设施等。在 420 个经过改造的地块上，有占地面积达 3000 万平方英尺的空间，平均使用年限为 37 年，价值超过 70 亿美元。此外，海岸警卫队租用了超过 300 万半方英尺的建筑空间。

全部存量由美国海岸警卫队土木工程项目组管理，该项目组由 1400 名军人和文职人员组成。美国海岸警卫队路线图的影响是全球性的，是建筑业大 BIM 思想的发源地。

未来的种子

海岸警卫队的海岸设施资产管理系统路线图项目和后续原型使大 BIM 生态系统商业化成为可能，并孕育了许多我们现在认为理所当然的小 bim 方法。

为了取得成功，美国海岸警卫队需要为企业的整个设施存量创建建筑信息模型。在对华盛顿州、南卡罗来纳州和新泽西州的美国海岸警卫队设施进行了小 bim 建模之后，团队意识到与这些模型相关的成本约束是巨大的。

关于大规模进行小 bim 项目的可行性问题导致了模型精度概念的建立，允许首先使用可容纳大量信息的非常简单的模型对所有设施进行建模。如何维护建筑信息模型？如何在没有小 bim 专家的情况下提取决策信息？小 bim 方法成为影响试点项目成功与否的主要障碍之一。团队如何在现有资金约束下在短时间内创建 23000 个设施模型？

团队建立了一个 BIM 精度的层次结构，使其能够在与可用数据相适应的精度级别上对每一个现有的美国海岸警卫队建筑进行建模和地理定位。数据、中间件混搭引擎和加载工具支持了互联决策需求。工具集和系统旨在减少冗余，并以易于使用和符合标准的方式互联开源和专有数据，从而支持未来的扩展。

通过关注支持决策所需的信息，而不是图形，这些模型以最小的成本快速地组合在一起。开发从低图形精度和高数据精细度模型开始，并受成本和时间的限制。这种方法允许快速生成简单的模型，而不是花时间创建高精度的可视化模型。随着时间的推移，这些模型会变得更丰富。 351

美国海岸警卫队成立于 1790 年，深受传统影响。他们的使命、设施、部门和个人创造了一个具有广泛的经济、社会、政治和环境影响的决策环境。

美国海岸设施资产管理系统（SFCAM）项目代表了美国海岸警卫队在快速变化的世界中的发展和成熟。由此产生的业务流程工程路线图改变并改进了美国海岸警卫队在资产生命周期中管理设施的方式。分析、制度和生成的原型成为现今许多 BIM 和互联业务流程实践标准的种子。

美国海岸警卫队的领导者们发现他们不得不面对重大的、影响项目生命周期的决策，而事实依据缺乏，预算紧张，对错误或失败几乎零容忍。更复杂的是，在 20 世纪后期，该组织失去了大量知识渊博的员工，而他们的任务仍继续增加，往往是在难以想象的最恶劣的环境中；而且，他们还面临着一个长期受到严格限制的融资环境的难题。这些限制导致他们寻求用投入少、见效好的管理方法。

海岸警卫队人员和顾问小组评估了现有技术，进行了深入的逻辑分析，并评估了数据流，以确定关键活动和资产之间的主要关系。

现有的美国海岸警卫队数据被规范化并加以验证，可在企业层级访问。这些信息随后可以在 BIM 和美国海岸警卫队内部的其他分布式系统中获得。

将这些标准化的数据引入一个大 BIM 生态系统，导致一个典型的美国海岸警卫队设施有 200 万个数据点链接到 BIM 中。手动将相同的数据点链接到独立的小 bim 将是一项不可能完成的任务。支持基于 web 数据共享的面向服务的体系结构方法对成功完成这一任务至关重要。

工具的生态系统必须具有评估决策对未来情况影响的能力。这些工具提供了一个灵活的决策过程，旨在帮助用户理解和探索可选方案。

重点是通过建立广泛的度量指标、规范和可视信息来理解决策的影响，并使这些信息对负责制定组织决策的人是可用的。 352

制定路线图让人认识到使用 BIM 和其他方法进行行业变革的潜力。团队不是通过开发软件（需要等待时间）响应已确定的需求，而是选择使用现成的商业软件和 web 数据工具的组合来响应海岸警卫队的需求。

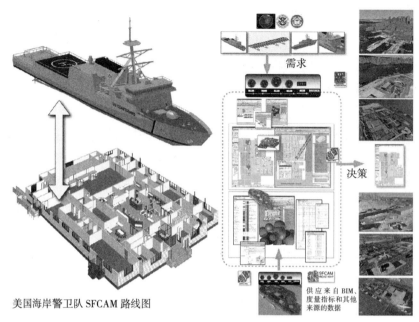

美国海岸警卫队 SFCAM 路线图

该团队记录了整个组织的规划、设计、施工和运维的工作流程和协调任务。目标是理解并连接需求、约束和任务，以支持集成决策

图 9-5 美国海岸警卫队 SFCAM 路线图

企业指标

海岸设施资产管理系统路线图团队开发了许多评估方法以及成果指数和标准指标。这些指标及其评估的部分列表和描述包括：

353

- **状态指数（CI）**：表示不同精细度的资产状况。这些指数可以根据其子元素的替换值进行加权，并叠加成更高级别的指数。

- **组件状态指数（CCI）**：分布于 1 到 100 分；它用于确定折旧率和制定对组件是否进行修复、替换或维护的决策。对 CCI 进行加权和叠加，生成系统状态指数。

- **系统状态指数（SCI）**：表示设备系统的状态。SCI 是通过加权和叠加构件状态指数来创建的。

- **设施状态指数（FCI）**：表示设施的状态。美国海岸警卫队将其设施资产划分为 14 个系统，每个系统又进一步细分为组件。FCI 是通过对系统状态指数进行加权和叠加得到的。

- **准备度**：任务准备度指数（MRI）来源于状态指数计算和系统在折旧曲线上的相对位置。折旧曲线对于每个系统都是唯一的。每个系统的曲线都有一个陡坡，在那里折旧开始加速。该倾角可以用来确定 MRI。

- **依赖度**：任务依赖关系指数（MDI）确定设施对指定任务的相对重要性。MDI 评估程序指南可在一个内部的、安全的网站上获得。除了其他重要用途外，MDI 还通过确定评估优先级来优化估计成本。MDI 较高的设施比 MDI 较低的设施得到更详细的评估。

● **利用率**：空间利用率指数（SUI）将实际空间使用情况与美国海岸警卫队或其他空间标准进行比较，以确定空间是否被过度利用或利用不足。

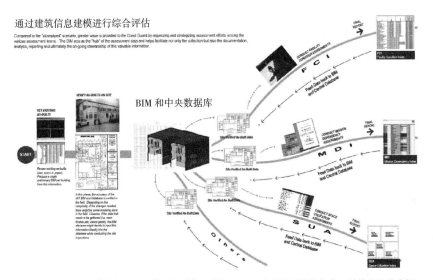

开发或升级设施评估指标，以收集准备数据。数据可用于支持描述设施状态和性能的设施指标

图 9-6 设施评估指标需要数据示意图

354

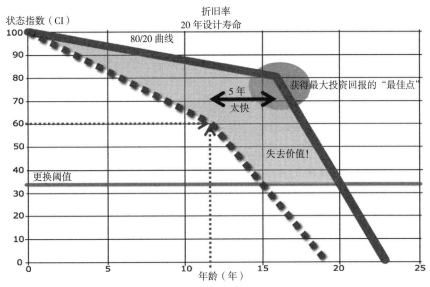

如果系统位于指定的 CI 值之上，则系统已经准备就绪。任意选择 CI 值（比如 85）并不是评估所有系统的合适方法。室外电机可能具有 90/10 的曲线，CI 值 85 远低于高 MRI 评级；而具有 80/20 曲线的屋顶，CI 值 85 就远高于状态指数。这个指数可以像 CI 值一样叠加。MRI 使美国海岸警卫队能够围绕可重复的、可审计的和有效的任务返回数据构建业务模型。对 CI 和 MRI 的影响在任何融资情况下都是可以预测的。通过以美元表示的惩罚成本或任务的降级，资产经理可以作出优化的决策，并将结果传达给客户

图 9-7 折旧率曲线图

- **临界性**：系统临界性指数（SKI）是对每个系统对于建筑物或基础设施资产任务重要性的度量。它要么是基于类别代码分组计算的，要么是用户定义的。像 MDI 一样，SKI 可以用于将评估资金集中在那些对任务准备有高度影响的系统上。

- **适用性**：适用性指数（SI）通过比较资产现有属性能力的预期用途和客户的需求，表示资产执行其运营功能的能力。SI 是修复或替换决策的优先考虑因素。

- **危险防护**：危险防护指数（FPI）通过全面威胁、脆弱性和损失分析来衡量保护设施执行任务的能力。评估提供了支持性的推理和照片，并表示为作为规划和决策基础的备选方案的投资回报率。

354
- **房地产**：房地产评估指数（RPA）为建筑红线、界限、场地数据和租赁信息提供了元数据审查。

- **规范**：建筑标准规范符合性审查（BCC）评估建筑和生命安全规范的符合性，以及可能导致处罚的具体缺陷。

355
- **环境**：环境合规评估（ECA）既评估建筑环境健康（含铅涂料、石棉或霉菌），也评估环境问题，如《国家环境政策法案》和历史问题，并说明处罚成本方面的不足之处。

度量指标的叠加，结合低精度图形和现有数据，使海岸警卫队能接近实时地生成决策所需的材料。目标是在整个组织中建立一个制度，变革管理流程。

作为工作的一部分，项目团队使用设计思维和规划技能、专家逻辑分析和互联实践战略的团队成员理念来确定支持这一级别业务流程变革的试点项目。首次使用系统将评估数据关联起来，并在设施的整个生命周期内有效地利用信息。

许多来自海岸设施资产管理系统路线图的美国海岸警卫队试点项目是使用大 BIM 生态系统实现互联资产管理的先驱。其他一些项目包括：

- 连接谷歌地球和开放地理空间联盟标准，在许多项目中链接 BIM 和 GIS，包括美国国家首都规划委员会的东南生态区。

- 协助美国联邦总务署辖下的公共建筑服务部门进行搬迁及改善空间使用效率的早期规划工作。

- 加州社区大学大 BIM 生态系统的框架。

- 搭建美国国防部、国防部卫生署和美国退伍军人事务部管理系统的基础和初始支持 iFM 和 SEPS2BIM 的倡议。

海岸设施资产管理系统路线图和由此产生的项目是本书许多大 BIM 问题的源头。海岸设施资产管理系统的一些好处包括：

- 支持全生命周期数据管理的适应性系统，是信息互联的最高形式之一。

- 提高访问和使用数据的能力，以便尽早作出更好的决策。

- 具有保留、获取和管理实时企业知识的能力。为新员工提供可靠、易于访问的背景数据，不受数据腐烂或经验丰富的员工退休或跳槽的影响。

- 具有使用设施状态信息和任务依赖度量预测何时何地花费资源以最佳支持任务需求的能力。 356

- 支持开放标准，并通过 web 服务与分布式系统相连，从而为智能和自动化施工现场提供多种解决方案。

- 能够创建和管理几乎可与任何库存、采购或制造商数据程序互联的家具、设备和材料对象数据库。供应商可以使用这些集中的数据自动生成深化设计图等。飞堡公司（Fypon LLC）等制造商使用了这类系统。

- 能够创建多设施企业实际情况的实时档案，更好地评估设施如何影响任务和业务流程。随着时间的推移，这样的数据库形成了完全连接的企业大 BIM 的基础。目前，这是少数几种管控小 bim 造成数据腐烂的方法之一。

- 具备在建筑、空间和组件层面生成大 BIM 的能力，并与业务需求和任务需求相结合。

- 能够自动化设计以加速组织的任务完成。用户与链接的数据进行交互，以便实时作出决策。

- 能够组合自动化设计与数据的仪表盘视图，而无需借助软件技术支持。

- 能够连接机构知识以支持自动化设计，并将其经验进行分类。

- 具有创建定制系统的能力，用于自动化流程，将数据库中的参数链接到可视化图像，以实现对复杂问题的多个解决方案的快速评估。

海岸警卫队的工具将数据链接起来，允许用户审查空间规划、设施管理和资产管理等问题。工具易于使用，适用于所有技能级别的用户。目标是使非专业人员易于使用大 BIM，同时尽量减少对外部专家的依赖，为大 BIM 生态系统奠定基础。

案例研究：快速规划系统

357

> 虽然这些工具很熟悉，且很少或不需要专家干预，但在底层，算法是复杂的，旨在处理复杂的任务，如规划、施工和管理一个项目（如区域指挥中心）。这些过程涉及许多专家，需要考虑和处理许多因素。

这个案例研究有哪些吸引人的地方？

- 支持美国海岸警卫队综合决策过程的大 BIM 规划系统。

- 系统使用历史数据将其链接到一个大 BIM 生态系统中，从而快速产生初步的解决方案。

- 早期安全与防护规划的衔接。
- 灵活处理既有及新建建筑已知及隐含的规范、人员标准及操作要求的工具。

地点：全世界

美国海岸警卫队区域指挥规划系统只是海岸设施资产管理系统路线图中所定义的集成决策（IDM）的一部分。路线图列出了满足 IDM 所需的必要流程，区域指挥规划系统帮助实现了许多流程。项目团队创建的快速规划工具是未来所有区域指挥中心实施总体战略规划流程的一个组成部分。

传统上，海岸警卫队的规划人员首先建立初步估算，并根据已公布的设计标准确定项目的可行性。最初的估算遵循线性设计过程，每个区域指挥中心平均需要 10 个月才能完成。新的快速规划工具极大地改变了这一点。团队只用了传统上创建一个区域指挥中心所需时间的 60%，就完成了 35 个区域指挥中心的规划。

开发始于团队与美国海岸警卫队人员的合作，定制适合于区域指挥中心设施类型的独特需求的工具。一旦定制完成，美国海岸警卫队的建筑师和工程师就接受使用这些工具的训练，很少或不强调 BIM。用户看到并响应的系统与常见的基于 web 的多用户系统非常相似。

358　　　这些项目在全球范围内迅速开展。需求范围从支持海岸警卫队任务到区域指挥中心的日常运维。这些流程和工具回答了以下问题：

- 檀香山（火奴鲁鲁）的区域指挥中心规划是什么样的？它和迈阿密的区域指挥中心有什么不同？
- 在新泽西州和阿拉斯加州的诺姆，这样一个项目的建设成本估计是多少？
- 通常需要多大面积？旧金山和纽约的面积需求不同吗？
- 需要什么样的家具和设备？指定的家具能否在安克雷奇市采购？
- 这些工具可以回答这类问题以及更多的问题。

区域指挥中心规划人员面临的一些问题是显而易见的。因为得到了更多的关注，所以对于这类项目来说，它们往往很容易解决。其他可能同样重要的问题很容易被忽视或疏忽。在传统的过程中，安全防护是一个被忽视的问题。

糟糕的设计或事后补救的安保系统有碍海岸警卫队完成任务，增加了应对威胁的脆弱性。安保的早期规划是任何海岸警卫队项目的基本要求，而反恐安保是在任何区域指挥中心设计中都容易被忽视的。

这些工具采用的反恐安保设计参数远远不止围栏和保安人员的范围，用于解决运营规划的连续性，以及对环境、管道、电气和通信系统进行保护，还包括采购饮用水、食品和其他可能影响任务的物品。

规划工具包括模拟情景和提出完成国家反恐战略和安保防护任务的可行方案的能力。情况远远超出犯罪行为和恐怖主义，还包括现实生活事件，如飓风、洪水、龙卷风和其他非恐怖主义事件。安全保护只是系统内的许多问题之一。这些工具允许设计和规划团队进行大量分析和灵活开发。关联的图形界面使团队能够在平面视图中快速生成图表，并可根据需要移动空间体块或定位家具。

359

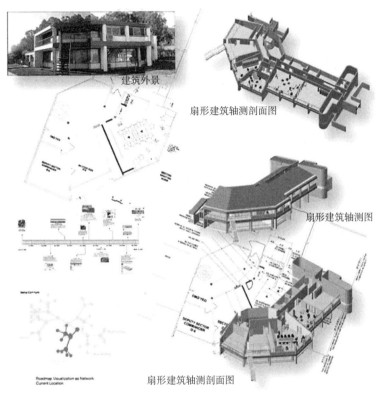

区域指挥规划工具远远超出了传统的建筑工程规划和设计流程，可考虑一系列的社会和环境影响，能够发现、减少或消除漏洞

图 9-8 建筑外景图及轴测剖面图

该系统还支持：

- 在模型中嵌入海岸警卫队规则，允许海岸警卫队规划师浏览 3D 设施模型。

- 输入数据自动生成模型，无需用户干预，数据不会受到系统中开发的任何解决方案的影响。

- 基于 web 的功能，允许具有不同 BIM 软件技能的用户轻松访问。同时，这些工具在独立的计算机工作站和笔记本电脑上仍然完全可用。

- 系统生成的决策与数据库相链接，根据需要生成费用和面积相关的详细报告。

360

- 在规划人员聚焦于他们的首选解决方案时，需要对场景的探索和构思、相关成本以及设施生命周期的影响进行呈现。

- 使用区域指挥中心模块进行建筑室内设计，嵌入邻接关系、人体工程学、设备位置、人员配备和装修。系统内可提供的模块包括：搜救行动中心、船舶交通中心、交流中心、港口业务中心、外勤情报支援小组、美国海军联合港口作战中心、港口合作伙伴、人员配置组件、会议室、办公空间、卫生间和休息空间。
- 使用一组齐全的数据对可选方案进行可视化，以分析潜在危害场景，剔除最可能失败的备选方案。

逐渐地，这些过程将重点放在能给海岸警卫队带来最大利益上。最后，所选的方案被认为是最适合每个地点的方案。

为了验证系统的有效性，区域指挥规划工具在真实项目中进行了测试运行。在测试过程中，我们使用这些工具对位于耶尔巴布埃纳岛（Yerba Buena Island）上的美国海岸警卫队旧金山站的设计文件研讨和需求建议书文档的快速开发提供支持。基于这次测试运行的巨大成功，这些工具被用于 35 个区域指挥中心的规划。

- 区域指挥规划系统，使用大 BIM 生态系统和开发的新功能支持快速规划，获得了美国建筑师协会的建筑实践技术奖和 FIATECH* 的工程与技术创新奖。

361　## 案例研究：住宅产品线

> 令人惊讶的是，前期工作量可以超过大 BIM 实施的实际工作量。清理过时和非规范化的数据通常是第一项任务。它通常需要花费数月时间，而大 BIM 生态系统也就使用几个小时。干净有序的数据是实现大 BIM 生态系统长期效益的基础。

这个案例研究有哪些引人注目的地方？
- 住宅系统开发以实现综合决策。
- 获取主题社区业务流程、信息需求以及应用标准的创意。
- 利用行业标准的综合战略报告和建议。
- 使所有资产对各级决策者可见，以便在实现任务目标的同时最佳地优化资源。

地点：美国

在企业层面，大 BIM 生态系统的应用可能需要在传统设计和施工过程之外付出巨大的努力。

---

* 一家由建筑公司、物料供应商、学术研究机构组成的非营利联盟，主要任务是推动建筑业先进技术的发展与产业化进程。由得克萨斯建筑学院、得克萨斯大学、美国国家标准与技术研究院、建筑业研究图书馆联合创建。——译者注

对于拥有大量资产库存、大量员工和大量信息的企业而言，实现这种转变的前期工作通常是巨大的。数据规范化、可访问性和韧性数据结构的规划以及其他准备和清理通常是首要任务。没有这些前期努力，大 BIM 生态系统可能无法实现其潜在价值和效益。有了它们，企业的经营和改进决策过程的能力得到显著改善。其影响会持续到遥远的未来。

总资产可见性

美国海岸警卫队进行了重大的管理调整，从区域指挥控制方式过渡到统一的国家管理方式。这些行动符合海岸警卫队土木工程项目的信息管理战略(IMS)原则。IMS 是建立必要程序、协议和标准的第一步，用于重新设计和更新海岸警卫队的当前流程，以利用海岸设施资产管理系统路线图中包含的概念。

该项目旨在全面分析海岸警卫队的业务流程和数据系统（包括 GIS 和 BIM 能力）。一个 362 关键的目标是使美国海岸警卫队实现总资产的可见性。总资产可见性指的是所有资产的存在、配置和功能变得可见和可访问。为了实现这一具有挑战性的目标，需要对海岸警卫队内的所有主要主题社区进行访谈，以建立关键的数据关系和工作流程。

2011 年，美国海岸警卫队的住宅系统成为首批向总资产可见性转变的产品之一。海岸警卫队的住宅产品线启动了内包和外包工作，重点是更新和维护现有的住房信息。

其目标是建立标准和开发统一的流程，全面收集影响住房购置、保留、剥离、经营和维修战略决策的所有信息和数据元素。美国海岸警卫队首先输入经过验证的数据库信息，包括住房库存状况、能源 / 水消耗、各地的可得性以及所有库存的家庭和单身住房的环境修复状况。

然后，项目团队使用大 BIM 生态系统收集当前的状态信息，并从原有系统收集标准信息。该系统可以吸收来自海岸警卫队的 Oracle 固定资产数据库的数据和他们的内部住房数据库——住房管理信息系统的原有数据。

- 根据为海岸设施资产管理系统路线图开发的概念，可使海岸警卫队的住房系统进入总资产可见的状态。随后的原型和概念验证依据信息管理战略（IMS）改进，从而美国海岸警卫队可以把他们的产品线设计为集成决策工具，以支持其未来的任务。

案例研究：实时整体规划

363

高等教育总体规划不仅仅是规划未来的过程，它们需要了解过去和现在的情况，并对未来进行预测，从而设想出最优的结果。使用大 BIM 生态系统制定总体规划可以使组织更好地理解决策的影响，无论是对现在还是未来。

这个案例研究有哪些引人注目的地方？

● 高等教育实时总体规划的路线图。

● 与机构的业务和学术过程相关联的广泛的设施指标、标准和可视化信息会产生更好的组织决策。

● 将设施的整个生命周期、业务需求和学术项目的需求联系起来，近乎实时地维护一个共同的运营愿景。

● 高速规划工具和其他基于高等教育总体规划资源信息建模的开发和应用。

图 9-9　美国康涅狄格州新伦敦示意图

地点：新伦敦，康涅狄格州，美国

实时总体规划需要在发生变化时及时捕捉并不断进行调整，而不是每五年修改一次的孤立活动。

364　　　长期以来，美国海岸警卫队一直在使用先进技术管理设施和运营方面处于领先地位。在完成海岸设施资产管理系统路线图和其他企业 BIM 基础项目后，美国海岸警卫队学院承担了几个大 BIM 项目。其中最主要是建立系统，以实时决策工具取代传统的每五年制定一次总体规划做法。

每天所作的决策在很多层面上影响着利益相关者。当一个总体规划准备就绪，且很少更新时，我们可能会失去许多细微调整，并削弱正确应对的能力。决策越来越依赖于传闻轶事或鹦鹉学舌，而不是根据最新的信息量身定做。

传统上，总体规划通过收集数据记录自上次总体规划以来发生的变化。根据收集到的数据以及利益相关方的期许、愿望和预测作出决定，确定组织未来五年的状况。这些工作产生了静态的、纸质的文件，而这些文件通常被放在权威人士的书架上，从来没有，或者很少使用。

现场调查、访谈和企业范围内的数据收集是每个总体规划都要进行的人员密集型工作。收集、筛选和验证信息的过程既昂贵又费时。做一次已经够糟心了，每五年都做一次，这将严重消耗资源。

人们很少以可重用的方式收集数据，也很少记录决策背后的逻辑，产生的建议也不是用可访问的数字格式存储。总体规划的工作方式类似于上网打印今天的航班时刻表，然后在两个月（或两年）后用打印出来的时刻表安排旅行。但这些总体规划收集的大部分数据和设定的大多数目标在打印和保存的那一刻就已经过时了。

每隔五年，这个过程就会重新开始，并伴随着新的人员、新的约束和新的问题遵循同样的轨迹。这一过程在整个高等教育中很典型。大家根据资金来源、认证组织和高等教育标准的要求创建静态的解决方案，定义未来的方向。在过去，由于技术的限制，这种方法可能不可避免。如今不是这样了。

美国海岸警卫队学院的总体规划路线图是一份带有说明的蓝图。这是一份带有数据的实时文档，可以在现在和未来使用，以提高与业务流程和学术需求相关的海岸警卫队学院设施数据的价值。该路线图连接了教育、使命和服务，使学院总体规划成为过去和未来的活记录。

海岸警卫队学院意识到技术限制正在消失，并借此机会改变他们制定总体规划、设计、施工和运营的方式。正如海岸设施资产管理系统路线图所定义的那样，学院从创建一个环境开始，通过大 BIM 实现实时规划。

理解这个过程需要将设施的全生命周期、业务需求和科研需求联系起来。为了达到这种信息连接的水平，美国海岸警卫队学院开始加速使用先进工具，如建筑信息模型、地理信息系统和相关数据，以记录和管理该机构。

接下来，学院上马了一个在大 BIM 生态系统中获取设施的项目。通过合并原有信息和当前状态信息，最终的生态系统将数据腐烂程度降到最低，并使用户能以多种格式访问生命周期数据。

有了学院建筑和其他基本数据，海岸警卫队创建了一个总体规划路线图文件来指导工作。这种电子交付物可搜索，并侧重于发现改变学院人员、学者和专家创建和使用设施数据方式的机会，以支持实时总体规划工作。

从总体规划路线图不难发现，大 BIM 生态系统收集和存储的数据带来了机会，这些实实在在的机会使学院的建设能够面向未来。有了一个坚实的实施起点，就可以从数据和工具中获得成功。路线图还包括：

- 识别和创建设施运行和决策过程，指导用户应用总体规划系统。
- 对链接数据所需的工具进行原型化和验证，以允许用户审查高等教育地理空间结构中的空间规划、设施管理和资产管理等问题。
- 提供了一个互联决策流程，在考虑决策对未来运营的影响的同时，灵活地理解和探索方案。

连接高等教育组织多个设施的实时总体规划能力是开创性的。提供实时系统的概念和能力正迅速成为大学校园设施和总体规划的标准。

- 与传统方法不同的是，建立一个高等教育生态系统能够实现实时变化的动态系统。大 BIM 正在推动一场实时动态总体规划的运动，以取代全美各地学校传统的以五年为周期的静态、基于文件的更新。

案例研究：现实世界的博弈

在 BIM 风暴中，人们学会了快速可视化和转换原有数据的方法。他们测试了数百种工具，为每项工作找到合适的工具；并得出结论：使用蛮力使技术工具在超出其能力的范围做事情，对资产生命周期管理没有好处。

这个案例研究有何吸引人之处？

- 利用大 BIM 对历史悠久的大学住宅进行改造。
- 如何协调涉及许多随机过程和程序之间复杂关系的决策，以获得最佳解决方案？
- 哪种解决方案最有可能成功？
- 哪种解决方案最不可能成为一场灾难？

地点：查尔斯顿，西弗吉尼亚州；西点，纽约州，美国

BIM 风暴已经被用于在有压力的情况下测试大 BIM 概念。当分布在世界各地的数百名专业人员专注于某一领域的需求时，问题就会暴露出来。事情停滞不前，或者不像人们期望的那样发展。相反，新的事情会发生，理念和能力上的突破会出现，会使用新的工具和流程来解决问题。西弗吉尼亚州早期 BIM 风暴提供了一个例子：

- 这场 BIM 风暴始于一个为期三周的公众评论过程。人们对社区、住房机会、娱乐、水上游艇等问题的担忧成了首要问题。这个过程包括一个实时的、面对面的小组和其他通过互联网连接的人员。
- 远程团队记录了讨论内容。当时的文本笔记投影给所有人看，每个人都可以在会议室的显示屏上看到他们的意见。人们听到了这些评论，每个人都看到了证据。
- 在第二周，评论集中在项目上。如果更多的老房子被拆除，取而代之的是高楼大厦，我们的邻里关系会如何？如果我们在卡诺瓦河（Kanawha）和埃尔克河（Elk）汇合处建造新的住房，它会是什么样子，需要多少钱？关于可能性的讨论在一定程度上帮助人们找到了答案，但也遗漏了很多东西。

- 团队部署了一个大 BIM 生态系统用于实时演示，由远程记录员操作。与讨论解决方案不同，团队能可视化地展示潜在解决方案，以及直接反映评议意见的讨论项数据。每个人都沿着电脑里显示的新的自行车道行走；团队模拟了一个新的水上航道系统的起点和终点；住房解决方案已经开发出来。当参与者提出担忧时，可以让他们在 BIM、在地理空间中看到有成本、面积和其他信息的潜在的解决方案。
- 会议和整个 BIM 风暴的风向都改变了。现在，这个团队不再只是记录文字，而是积极参与查尔斯顿未来的构想，并根据事实和解决方案作出决定。他们作为一个群体达成共识，消除了可能发生的灾难性事故。

西弗吉尼亚州查尔斯顿的这场 BIM 风暴提炼出了新的方法，使具有不同培训和经验的群体参与进来。BIM 风暴建立在原有数据的基础上，以提高对数据的理解，并实现集成决策，以反映与用户需求、资源等相关的设计、环境、时间和成本等的事实。

BIM 风暴是测试和完善如何在现实世界中最好地应用大 BIM 生态系统的工具。他们寻求改善老旧流程的最佳方法，并将专家和公众聚集在一起，以促进理解。他们在 BIM 风暴中学到了很多东西，然后运用到世界各地支持实际项目。有一个发生在纽约的真实案例。

美国西点军校营房

在西点军校这样的地方，项目管理本来就很复杂。其建筑有一种高贵的品质，充满传统和荣誉气息。利益相关者拥有不同的背景和技术专长。业务需求推动了业主的需求。西点军校学员宿舍紧密地布局于每天大量使用的学员聚集区周围，已被列入美国国家历史名录。

学校中几乎没有剩余的空间。在建筑物上或周围进行的任何工作都不得妨碍军校学员的活动，除非事先有充分的排练和计划。368

陆军对这些地区的设计和施工活动的规划历来是一个漫长的过程。理想情况下，在整个生命周期中与设施相关的各方都有投入：设计项目的建筑师和工程师、把项目整合在一起的建造商和供应商、负责整个建筑生命周期管理的设施管理人员都参与其中。由指定的项目代表缓和争端和处置混乱，以应对机构广泛变化的需求。

传统上，数据是从纸上和电子文件中获取的。在进行任何工作之前，这个过程需要准备369和审查许多报告。这个过程发生得很频繁，因此存在许多形式的支持数据：

- 在独立地理信息系统（GIS）中逐楼层、逐房间绘制学员住房；将 GIS 引入设施管理工具领域。
- 为各编队、个人、物流、操作工单、规范、标准程序、公用事业计划、派递路线、历史及支持日常运作的口头及书面约定提供详细指引的文件。
- 支持各个领域的个人标准和需求：医疗、食品、安全、日程安排、学术以及与高等教育和军事有关的各种形式的其他事项。

在美国西点军校的兵营重建规划中，BIM 风暴给我们带来了新的和令人兴奋的事情

图 9-10　美国西点军校模型示意图

- 设计和施工标准：抗震等级、历史修复和更新、无障碍、人身安全、施工程序、武力保护和安全等规范文件。
- 与其他因素相互作用的预算、融资需要、分配方法和立法程序。

团队部署了与这些现有数据源互联的系统，以快速创建规划工具，使陆军规划人员快速开发假设场景。系统能够对施工活动进行建模，覆盖了学员编队和活动区域，同时几乎实时输出成本和其他决策参数。整个过程是这样的：

链接独立的 GIS 数据，直接生成空间层面的大 BIM 模块叠加模型。在不到一周的时间里，110 万平方英尺的空间从 GIS 计划变成符合 IFC 标准的可计算的 BIM 模型。

与利益相关者和决策者会面，记录建设需求、短期和长期需求、资金、交通和拥堵问题。用大 BIM、思维导图和 web 协作工具获取输入信息。

根据现有投资创建项目阶段性概念方案。大 BIM 包括空间层面的三维框架、成本（施工、运行和能耗）、顺序（项目时间、施工场布、学员培训）、拥挤状况（翻修期间居住者协调移动的布局）。

370　　　随着项目进入审议、批准、融资、采购和实施阶段，陆军规划人员能够以多种格式从大 BIM 生态系统中提取数据，以满足内部和外部的需求。

团队创建的模型支持快速虚拟场景规划，从而使西点军校能评估决策的影响。如果我们在翻新工程的第四年再增加 100 名学员，在尽量避免过分拥挤的情况下，他们会被安置在哪里？

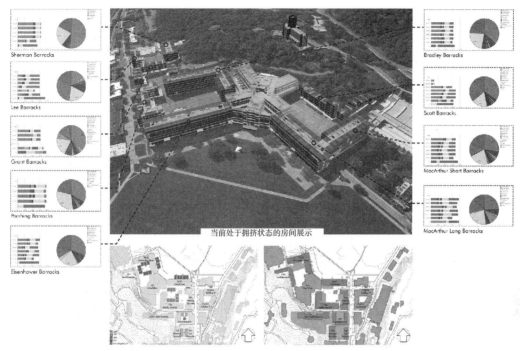

当前处于拥挤状态的房间展示

大 BIM 作为 BIM 风暴的原型，使西点军校的领导层能够在环境和关联场景中看到问题，因此主动规划学员宿舍区的改造，而时间只是旧流程所需时间的一小部分

图 9-11 不同营房的信息分析

如果第二年改造资金减少，对下游项目有什么影响？如果我们加快两栋楼的改造，调整后的费用是多少？

　　长期以来，军校决策者一直面临着如何整合信息和评估如何最好进行的方法的问题。在应用大 BIM 之前，完成这个过程需要很长时间，很多决策都是基于不完整的、脱离环境的信息作出的。传统的决策方法是线性的、不连贯的，被分割成不同的信息孤岛，容易造成效率低下和产生意外风险。

案例研究：培植生态建设区

　　大 BIM 生态系统被用来创建用户界面友好的地理空间工具，重点是获取现有信息，以支持下游城市设计和规划方案的生命周期控制。生态系统将规划和项目需求联系起来，以验证设计解决方案在现状环境中的有效性。

这个案例研究有哪些吸引人的地方？

● 建立生态建设区发展框架。

● 种子数据启动旨在创建一个多功能的生活社区和文化场所的复兴。

图 9-12 生态区示意图

- 规划组成结构，以引导社区的发展，使其与华盛顿特区的生态平衡紧密相连。恢复与毗邻的国家广场、波托马克河沿岸等的连接。
- 为生命周期的可持续性和韧性提供高性能环境展示的工具原型。
- 支持开发财务上成功的 PPP 模式的工具，这种伙伴关系模式因生态区而蓬勃发展。

372

地点：华盛顿特区，美国

第 13514 号行政命令规定，联邦政府建筑必须逐步遵守能效指导原则。从长远来看，行政命令要求新的联邦政府大楼全部为零能耗建筑。

- 行政命令规定：联邦政府必须以身作则……提高能源效率；测量、报告和减少直接和间接活动产生的温室气体排放……在可持续的选址设计、施工、运营维护高效可持续的建筑；加强联邦设施所在社区的活力和宜居性，告知联邦雇员并让他们参与实现这些目标。

西南生态区是一项城市设计和规划项目，由美国国家首都规划委员会（NCPC）提出，以遵守第 13514 号行政命令，将西南走廊及其周边地区改造成一个可持续发展的示范社区。已经证明，生态区域规划可比传统的大规模城市规划和建设战略产生更大的环境和经济效益。

西南生态区是一个系统工程，将美国首都的一个地区转变为一个令人难以置信的可持续工作场所和宜居社区。史密森城堡和国家广场西南方向的 15 个街区的区域以独立大道和缅因大道为界，位于第 7 街和第 12 街之间。生态区包括 110 英亩的公共和私人土地。

西南生态区规划制定了指导发展的路线图，为华盛顿的经济活力和环境健康作出积极贡献。该规划将社区和机构的目标结合起来，利用地区尺度的可持续实践，将土地利用、交通、带有高效能建筑的环境规划、景观和基础设施联系起来。

生态系统为那些将在生态区的生命周期中创建和管理该区域的人员提供基于事实的决策支持。其目标是改善信息获取，将城市设计和土地使用与公开确认的需求联系起来，并捕获、管理和再利用现场产生的大部分能源、水和废弃物。

大 BIM 嵌入了一种方法，用于识别对生态区实施改进的好处、机会和生命周期成本。使 373 用大 BIM 生态系统捕获和组织项目信息的决策很早就作出了，这是对传统流程的一种反应，因为传统流程是不互联的，阻碍了项目中许多工作的进展。

每个项目参与方都有自己的做事方式。利益相关者群体将大量的数据牢牢地锁定在孤立的工具和流程中。对相互冲突的方法进行协调和合并现有的背景数据所花的时间比产生结果所花的时间要多。对陈旧信息的僵化依赖阻碍了进展，并削弱了实现生态区既定目标的能力。

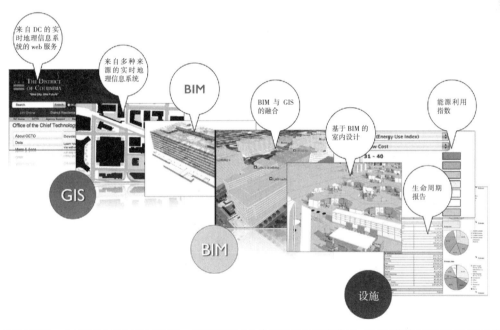

团队创建了一个实时的大 BIM 的生态系统，在项目的整个生命周期内是可互操作的，并且不依赖于以 BIM 或 GIS 为中心的方法。其他生态区项目则依赖于将 BIM 文件导入 GIS 系统中，然后使用 GIS 模拟实时交互。依赖这种基于文件的方法不是长久的解决方案

图 9-13 GIS、BIM 和设施管理数据实时互联图

西南生态区采用实时数据支持的实时互联，可以使用支持集成决策的实时信息视图。GIS、BIM 和设施管理数据可以互联。当建筑或场地的占地面积在 BIM 中发生变化时，系统会反映出 GIS 的变化。当 GIS 中的街道或人行道发生变化时，也会反映在 BIM 中。

支持生态区的工具和数据可以实时链接地理信息和 BIM 信息。来自建筑物、地理系统和 374

运营的信息相互联系，以支持决策。该系统为未来的规划和发展播下了种子，使大 BIM 生态系统成为所有生态区数据的长期存储和交换中心。服务器与其他服务器通信以减少冗余信息。权威数据从整个生态区的资源中推送和抽取，成倍地增加开发和管理成功的可能性和机会。

在施工单位浇筑混凝土之前，设计团队已经得到了他们需要的数据。规划师在制定规划之前会看到决策的影响。管理人员看到与实时数据相关的基本数据，从而作出更好的决策。公众利益相关方通过查看实时信息更好地理解他们所在的社区。

有许多需求和响应方法。在生态区，人们的反应是基于实时信息，而不是臆测和暗示。大 BIM 生态系统包含了生态区内所有既有建筑的实时模型。这些模型是基于美国联邦总务署提供的平面 CAD 格式文件和扫描文件创建的。很少有模型来源于小 bim。

- 在将传统文档转换并整合到大 BIM 生态系统中之后，模型中内嵌信息或与外部数据库链接，以包含空间信息、能耗信息以及其他环境和系统信息。
- 系统还包括外墙、屋顶、楼板、门窗、楼梯和其他设施信息，以支持城市设计和分析可视化。
- 一组小 bim 分析工具对所有建筑建立了原型并计算了能源基准。然后将历史记录和本地传感器采集的实际能源使用数据与基准数据链接，以实现电力系统的可视化和实时控制。
- 来自各种其他设施相关来源的数据使生态区的大 BIM 生态系统的模型成为真实的

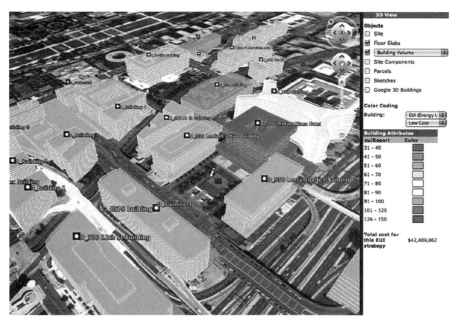

大 BIM 生态系统支持西南生态区规划，是美国基于事实的城市设计决策支持的全国性范例，是可以实现处理所有利益相关者需求的解决方案

图 9-14　大 BIM 生态系统实时建筑模型图

现状模型，可为下游开发提供支持。

● 有了许多数据集，就可以使用模型研究容量、当前使用情况且进行其他分析。用户可以访问大 BIM，添加信息层，并在与现实世界相联系的地理空间框架内与现有信息交互。

影响

位于华盛顿特区国家广场和东南高速公路之间的西南联邦中心是一个非常不适合步行的社区。占据该地区主导地位的粗野主义建筑和庞大的联邦政府办公大楼，长期以来掩盖了该地区对协调长期愿景的需要。

尽管首都的其他地方对行人来说是友好的，但这里却是汽车、办公隔间、混凝土和地面列车的聚集地。该地区需要一个长期的解决方案，以纠正不断变化的现状，同时满足现有基础设施和政府机构的空间需求。

有两项工作推动了西南生态区的建设：

1. **纪念性核心框架计划**。该计划建议最有效地利用联邦财产，并建议在国家广场南部地区建立新的文化场所和博物馆，以促进经济发展。

2. **第 13514 行政命令（联邦政府在环境、能源和经济表现方面的领导作用）**。这项规定由 376 奥巴马总统于 2009 年签署，为联邦建筑设定了能源、水和温室气体减排的具有挑战性的目标。

一个由联邦和地方机构组成的工作组指导了西南生态区的规划。成员包括：领导这项工作的国家投资规划委员会；哥伦比亚特区规划办公室、规划及经济发展副市长、环境部和交通部；所有建筑足迹 * 在生态区范围内的美国联邦政府机构。

2009 年启动开发大 BIM 数据支持规划工作。从 2010 年到 2011 年举行了旨在获得公众支持和意见的听证会，工作组于 2012 年发布了一份规划草案。西南生态区规划于 2013 年获得批准，2014 年又进行了修订。

● 人们使用他们认为最有效的工具，使用的工具包括电子表格、BIM、GIS、激光雷达、SketchUp 软件等。参与方在需要时可以访问满足他们需要的软件格式的信息。

案例研究：BIM 风暴年表

377

> 这些材料补充了第 2 章的"案例研究：BIM 风暴"内容。

BIM 风暴开始向人们展示大 BIM 的可能性。随着 BIM 风暴的成熟，它们已经发展到包括

---

* 建筑足迹是基本地理信息系统（GIS）数据组件之一，可用于评估能源需求、生活质量、城市人口和财产税。——译者注

社区服务和灾难恢复等内容。将建成环境与社区项目和个人行动相结合，可以加速重建工作，并帮助人们了解他们所处的世界。

BIM 风暴也成为向一些人所称之的地理设计（Geodesign）发展的驱动力。随着云计算中的建筑信息模型与地理信息开始结合，如伊恩·麦克哈格（Ian McHarg）和巴克敏斯特·富勒等一些具有远见卓识的学者详细阐述的地理设计的理念开始出现。随着建成环境复杂性的增加，这种结合产生了更好、更明智的解决方案。

决策是在流程早期作出的，基于更准确和可靠的数据。技术的各个领域不再是单独运作。多种技术和知识领域相互联系，使所有人都受益。与建筑所有系统和建成环境所有区域进行交互的能力是大量可用存储数据的最佳用途之一。

美国陆军和其他部队使用 BIM 风暴方法规划军事基地的搬迁和重组。各城市利用这一方法评估当就业和税收发生重大变化时对城市和社区产生的影响。加州社区学院系统、退伍军人事务部、国防部卫生系统和其他企业继续使用 BIM 风暴的要素改进他们的流程。

BIM 风暴时间表

378

> 荷兰鹿特丹市项目开发总监维姆·舍勒（Wim Scheele）评论道："我们甚至不知道有这样的解决方案。最重要的是，我们现在能够追踪我们的财务估算和设计之间的关系，因为两者都推动着我们的决策。BIM 风暴让我们作为客户参与到 BIM 流程中，这是我们之前没有做过的。"

2007 年：鹿特丹 BIM 风暴，第一个 BIM 风暴。

● 这一风暴是荷兰鹿特丹 BIM 案例周活动的一部分，由荷兰工程部和 VROM（荷兰版的美国联邦总务署）共同发起。来自加利福尼亚州和夏威夷州的虚拟参与者与荷兰的 CADVisual 团队合作。

2008 年：洛杉矶 BIM 风暴，展示了基于云的 BIM 力量。

● 该活动持续了 24 小时，来自 11 个国家的 133 名选手创造了 420 座虚拟建筑，总计 54755153 平方英尺。参与者的行程为零英里。该过程鼓励建筑师采用新的项目交付方式，扩展他们对环境的影响，并帮助他们提升业务和管理技能。

2008 年：西弗吉尼亚州 BIM 风暴，是西弗吉尼亚州查尔斯顿博览会的先导。第一次将概念扩展到公众的 BIM 风暴。

● 通过组织一系列公开会议，现场和远程团队捕捉社区问题，并利用工具吸引公众参与。在一个典型的会议上，一名市中心的居民表示有必要在埃尔克河和卡诺瓦河交汇处建设住房。然后，远程小组在近乎实时的情况下设想了项目选址并展示住房解决方案。

● 使公众能够看到他们的想法立即在谷歌地球得到体现，同时显示的建筑体量、面积、成本和其他信息令人印象深刻。人们在结束流程时就知道他们的想法被理解并体

图 9-15　国际 BIM 合作活动海报

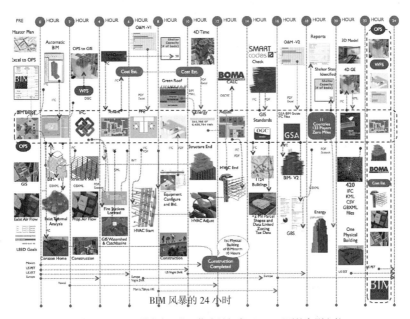

BIM 风暴的 24 小时

在洛杉矶 BIM 风暴中产生的工作成果相当于 280 万页的印刷文件

图 9-16　24 小时 BIM 风暴图

现在最终的解决方案中。

2008 年：美国新奥尔良 BIM 风暴，在新卡特里娜飓风后不久发生。

● 这场 BIM 风暴着眼于应急服务，将地理信息系统数据链接起来，以支持城市规划
和新的市中心建构。BIM 风暴能够让当地的人们与世界上各地的专家进行交流，
为灾难恢复提供了巨大的好处。

380 2008 年：加利福尼亚州帕萨迪纳市 BIM 风暴，签署了《信息独立宣言》。

2008 年：马萨诸塞州波士顿 BIM 风暴，400 名观众在 90 分钟内创建了 130 个建筑信息
模型。

2008 年：创建伦敦生活 BIM 风暴，是一场以伦敦格林尼治半岛为中心的国际竞赛。

2008 年：美国总承包商联合会 BIM 风暴，是在内华达州塔霍湖召开的总承包商联合会
BIM 论坛的焦点。

● 团队从设计一栋高层建筑开始，进行了一系列的施工审查，包括结构、机电和幕
墙系统的详细分析。在几天内完成了一个通常需要几周或几个月的流程，揭示了
传统线性方法可能永远不会知道的方案。

2008 年：加拿大温哥华，"连接建筑与地球"BIM 风暴。

2008 年：美国亚历山大·布拉克 BIM 风暴，关注美国联邦政府基地调整和关闭项目的
影响。

2008 年：南非茨瓦内（Tshwane）*，首都联盟 BIM 风暴。2008 年 9 月 15 日至 18 日，在
美国首都主要规划机构国家首都规划委员会（NCPC）的支持下，华盛顿特区举办了"2008
年首都联盟：绿化世界的首都城市"活动。

● 会议聚集了来自世界各国首都的规划师、设计师、建筑师和决策者，探讨首都城
市在创建绿色地球方面的作用。这一年，首都联盟将重点放在南非首都茨瓦内的
规划上。首都联盟 BIM 风暴允许来自世界各地的参与者观察和设计。

2008 年：华盛顿特区 BIM 风暴，是在华盛顿特区举办的 2008 年生态建筑大会的焦点。

2009 年：buildingSMART 联盟 COBie 标准 BIM 风暴，关注 COBie 在华盛顿特区生态建
筑建设中的作用和价值。

2009 年：洛杉矶地铁 BIM 风暴，是一个 Web2.0 协作项目，为加利福尼亚州洛杉矶研究
创新的交通解决方案。

2009 年：挪威奥斯陆，创建医院生活 BIM 风暴，与 buildingSMART 联盟合作研究了高
性能医院规划。

381 2009 年：海地规划 BIM 风暴，是一个实时 BIM 协作项目，支持海地地震灾后重建。海
地地震和日本海啸重建过程都是 BIM 风暴关注的焦点。

---

* 即比勒陀利亚。2005 年恢复其最早的名称"茨瓦内"，是南非的行政首都。——译者注

2009 年：美国加利福尼亚州圣克拉拉举行的 BIM 风暴连接周，聚焦于物联网领域的连接和大 BIM 的使用。

2010 年：低碳合作 BIM 风暴，旨在推广低碳合作的理念。

● 参与学校包括：南加州大学建筑学院（作为 2009 年春季为期五周的低碳合作 BIM 风暴课程的一部分）、南加州大学土木与环境工程系、弗吉尼亚理工大学 WAAC、宾夕法尼亚州立大学计算机集成建筑研究项目、天主教大学建筑学院，以及丹麦皇家美术学院建筑学院。

● 该项目强调了 BIM 风暴以惊人的速度实现协作过程的方式。它们最大限度地减少了面对面会议和旅行等传统的高碳交流的需求。建筑业正准备以可持续的项目管理方式推动"绿色实践"。

2010 年：华盛顿特区第 13514 号行政命令 BIM 风暴，是 2010 年生态建筑大会的焦点。该会议强调执行奥巴马总统于 2009 年 10 月 5 日签署的第 13514 号行政命令——联邦政府在环境、能源和经济绩效方面的引领作用。

2011 年：互联世界 BIM 风暴，是高通公司在加利福尼亚州圣迭戈举办的 BIM 风暴活动。

2011 年：用 BIM 使 BIM 风暴成为现实。计划在 90 分钟内使用 BIM、GIS 和设施管理程序完成伊利诺伊州芝加哥市价值 140 亿美元项目的规划。

2011 年：中国香港 BIM 风暴。是一个 60 分钟的规划过程，79 座建筑全部通过众包完成建模。这些模型是基蒙·奥努马（Kimon Onuma）在加利福尼亚州雷德兰兹市（Redlands）美国环境系统研究所公司（ESRI）*举办的地理设计峰会上做主题演讲时由 200 名观众现场提交的。

● 该 BIM 风暴以观众输入为基础，观众们使用 IPHONE、ANDROID 和 PC 来实时提交 BIM 模型，以便在演示开始时进行总体模型搭建。在 30 分钟内，观众提交了拟在中国香港某一场地建设的 68 栋新建筑，总投资达 136.7 亿美元。与此同时，弗吉尼亚州费尔法克斯市（Fairfax）的巴尔福·贝蒂公司（Balfour Beatty）向同一场地提交了 11 栋建筑，总价值 25.4 亿美元。

● 提交的所有建筑的总面积超过了 3600 万平方英尺。在这场 BIM 风暴中，奥努马团队的三名成员在加利福尼亚州帕萨迪纳协调和布置拟在中国香港某一场地建设的全部 79 栋建筑。

● 一个典型的设计和施工流程不会以这样的速度或由这么多人来完成。这一 BIM 风暴的目的是要证明，现有的技术可以实现这一点，即使那些对底层技术知之甚少的人也可以使用简单的工具进行实时交互。

---

* 美国环境系统研究所公司（Environmental Systems Research Institute, Inc., ESRI），成立于 1969 年，是世界最大的地理信息系统技术提供商。——译者注

2011 年：大 BIM 爆炸 BIM 风暴。聚焦于华盛顿特区的第一个生态区，以获取现有场地和设施图档、场地分析、能源数据、环境数据以及其他的信息，用于未来发展。

● 作为该项目的一个分支，出现了使用实时传感器数据进行实时设备控制的示例。随着该框架的实施，该地区成了环境和可持续性领域基于事实决策的全美示范场所。

2011 年：日本 BIM 风暴，为应对 2011 年 3 月 11 日地震和海啸的破坏而计划的。这次活动是由日本东京记者兼博主 Ryota Ieiri 协调组织的。

2012 年：俄克拉荷马 BIM 风暴，是由俄克拉荷马大学和俄克拉荷马城市规划办公室共同发起的，旨在寻找更好地管理城市未来的方法。

● 该项目将来自建筑、施工、规划和工程等学科的学生聚集在一起，与俄克拉何马城市规划办公室及行业参与者一起参加虚拟 BIM 活动。学生设计了可以在 BIM 中测试和分析的设计方案，以验证可行性和可施工性。

● 行业合作伙伴为学生提供了关于现实世界解决方案的见解。学生、城市官员和行业合作伙伴目标一致，干劲十足，对每个团队的信息共享、问题解决和解决方案测试都产生了潜移默化的影响。虚拟团队环境为俄克拉荷马大学的学生提供了一种与众不同的体验，这种体验对于大多数学生来说并不常见。

383   2012 年：美国建筑业主协会（COAA）BIM 风暴。在佛罗里达州迈阿密由美国建筑业主协会完成。重点是加州社区学院 112 个校区中的一个。

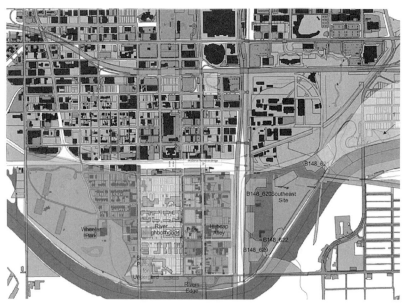

俄克拉荷马 BIM 风暴使用现有的 GIS 来展现 BIM 模型，使公共机构能够对城市系统进行高水平的管理

图 9-17   俄克拉荷马城市模型图

- 业主看到了他们的项目需求是如何通过使用 BIM 和开放标准（如 COBie、IFC 和 web 标准）从规划需求进展到设计和施工的。参与者了解了今天可做的事情，并可以在智能手机、平板电脑和计算机上实时查看结果。

2012 年：演示交流 BIM 风暴。为期 3 天，每天 90 分钟的交流包括：医疗保健；设施管理；教育；地理空间规划；开放标准、web 服务和模型服务器；COBie 标准和其他。

- 在 BIM 风暴剧院的展示区，向所有与会者免费提供了另外 16 个短期课程，展示了最新的技术进步、新产品和服务。该剧院重点介绍了软件开发人员、技术传播者和 AEC 公司，展示了他们的解决方案，以帮助与会者更好地理解流程，并积极参与业主驱动的管理新项目和现有设施与基础设施投资组合的场景。

2013 年：火星城市 BIM 风暴。在华盛顿，与美国国家航空航天局和美国联邦政府其他机 384 构联合举办。

- 强调了 BIM 和设施管理在生死攸关环境中的重要性，这将影响火星上的任何定居点。我们的目标是在迈出火星之旅的一大步之前，使用大 BIM 学习、探索和发现问题。

2013 年 +：生活 BIM 风暴，华盛顿特区。重点探讨了现在行业前沿问题的本质，与项目无关。站在利益相关者、社区、业主或者城市立场上进行决策。

- 今天发生的事情涉及生命周期和生态系统的所有部分。我们为什么要建造我们所建造的东西？我们如何降低风险？我们如何预测未来？或者，如何对未来的事件作出有韧性的反应？非 BIM 用户如何参与决策？我们如何才能适应这个生态系统？

2015 年：加利福尼亚州帕萨迪纳医疗系统开发 BIM 风暴。与 BIM AEC 黑客马拉松[*]联合举办。AEC（建筑、工程、施工）黑客马拉松的举办是为了让那些设计、建造和维护我们建筑物的人有机会与创新技术及其开发者和设计师合作。

- 这个黑客马拉松是一个论坛，旨在改善对在建筑中生活或工作的人们产生影响的行业，并迅速成为一个讨论建成环境所有元素创新者的全球社区。

2016/2017 年：数据独立 BIM 风暴。专注于让人们体验下一代建筑信息模型，使用 web 服务管理和处理先进工作流中的建筑数据，这对于终端用户来说是非常简单的。

- 参与者观察或直接参与并体验了这些新工具的使用方式。不需要任何经验，初次使用 BIM 的人、BIM 新用户、业主和建筑业的成员都看到了它的力量和可能性。
- 这场 BIM 风暴试图让施工和设计行业更接近现代的谷歌、亚马逊、脸书和推特时

代。在幕后，我们在这些现代技术中看到的许多高级功能是由一种叫作 web 服务的技术驱动的。虽然软件开发人员需要了解有关 web 服务的更多技术信息，但是作为 BIM 风暴的参与者对 web 服务技术的了解与否并不重要。

385 案例研究：地理信息与 BIM 融合方案

在理解技术、商业案例、文化、标准、建筑业及趋势，与定义一个成功的、具有战略性和可实施性的变革流程之间，存在着微妙的平衡。平衡是一定存在的。如果过分关注技术或原有数据，就会导致失败。目标是避免设施改造项目中出现的问题，同时引导企业沿着合乎逻辑的路径前行。

下面是在大 BIM 生态系统中定位一个企业的步骤。我们的目标是让业主更容易地承诺全面实施大 BIM 生态系统，在企业内部创造一个信息通达的环境。这个过程为企业的领导层提供了真实的以资产为中心的利益（这些利益来自在信息通达的环境中工作）；展示了成为大 BIM 生态系统领导者的权力和可能性。初步工作包括三个主要步骤：

1. 初期咨询

通过最初的咨询项目，为企业定制流程，以验证业主的需求和愿望。医生不会在没有正确诊断的情况下进行手术，初期咨询也是如此。最初的咨询是在理解企业现有系统和需求的基础上制定战略开始：

- 确定当前数据的可用性和易用性。
- 公开被外部供应商和软件约束控制的数据系统。
- 探索企业数据的外部链接。
- 评估人工操作的局限性和障碍。

这些评审可快速建立项目的发展轨迹。可以利用这些知识创建未来场景：

- 对当前状况和短期、长期目标有一个全面认识。
- 创建概念原型。
- 386   对支持向资产管理生态系统过渡所需的下一步行动提出建议。
- 根据企业的战略目标和所提举措的各种驱动因素明确未来的行动。

可交付成果

寻找具有专业知识的团队成员模拟未来的成果，并创建适当的项目发展轨迹。当团队指导项目时，他们为将企业需求与可能出现问题领域的知识成功地联系起来奠定了基础。准备一份简报，详细说明机会和可能性，包括：

- 以概要形式的潜在解决方案文档。
- 评估当前数据源、文档、系统类型和可访问性。
- 分析现有条件，确定进一步开发和实施的轨迹。

注意：如果此时所选择的团队明显不适合企业的需求，那么业主可以自由地将报告带到另一个团队继续这个过程。在复杂（甚至是简单）的项目中，总是需要随着项目的进展进行调整。

2. 开始实施

下一步是发现、启动和展示高级功能。在此阶段，战略信息被访问和标准化，其目标是快速使原有数据在生态系统中可计算且有用。对企业数据的审查总是通向未来发展的起点。在团队检查设施数据的当前状态时：

- 团队评估非标准或非规范化数据源的范围。
- 他们以各种用户需要的形式创建系统，最大化数据的可用性和可访问性。
- 此外，他们还寻求在不耽误大 BIM 工具实施的情况下最大化利用现有数据的方法。
- 清理和组织原有数据没有有效使用结构化数据重要。有时，必须决定采用新的信息结构，而不是强制使用原有数据。

许多数据集都以多种格式储存于大多数成熟企业中。这些数据集以电子表格、微软 387 Access 数据库、SQL 数据库、文档管理系统、会计系统和 GIS 系统形式存在，或者绑定在诸如 Revit、ArchiBus、Maximo 等软件系统里。由于这些数据大部分是基于文件的，因此很容易导致数据腐烂，而且通常没有什么长期价值。

大多数人熟悉地将数据绑定在一起的小 bim 系统仍然有用，尽管主要是在设计和施工领域。

通常，由于培训、使用权和许多其他障碍，任何企业中许多系统的访问权限都非常有限，只有少数人可以访问和使用一些数据，以达到他们的目的。很少有企业能够充分利用数据和复杂的工具。我们的目标是要改变这种模式。

可交付成果

- 创建系统的工作原型。该原型包含了中间件的部署，以显示系统的重要用途。
- 创建一个大 BIM 工作室，为企业创建品牌，旨在成为当前和未来发展的中心和信息存储库。
- 概述预算使用的阶段和金额。
- 概述监管问题和全球影响。

注意：在可能的情况下，使用现有的企业数据和文档，对其进行调整以适应变化。如果当前信息不可用，则部署占位图像、数据和文档来显示可能的内容。当今实施大 BIM 最好的项目一定是非常规范的，但也不能过于僵化而显得死板。要创造有利的结果，就必须在灵活性和刚性之间建立微妙的平衡。

3. 嵌入整个企业

现在是时候将新的项目和流程进行互联，赢得一系列小胜利和积累企业员工的经验了。我们的目标是使所有的系统都能正常工作，或者将来也能正常工作。所需的文化变革往往比技术本身更具挑战性。目标是确定在企业内发起和指导变革的催化剂。

- 创造一个系统方法，将业务流程、设施和运维互联起来。
- 与内部和外部团队合作，将详细的设计和施工流程与企业的大 BIM 生态系统相结合。
- 开发一个流程，以支持系统克服可能出现的障碍和问题。
- 该系统用于在小 bim 和其他系统中植入当前业主系统中的所有相关信息。随着设计的进展，对业主需求至关重要的信息可以被推回到生态系统中，使业主能够依此对设计性能以及其对未来财务需求的影响等内容进行评估。
- 当项目进入施工阶段时，系统也为承包商做同样的工作，此刻记录来自其他系统的信息和施工过程的数据结构。
- 当项目接近完成时，系统为调试提供支持，捕获调整信息，并随时将数据推送到设施管理系统用于运维。完工之后，无论是否有一个整合工作场所的管理系统，该系统都将继续汇总业主的信息。

可交付成果

该系统充当数据和图形的交换中心或"中立"存储库，旨在为用户提供背景信息，而不是直接提供包含细节的图形。正因为如此，传统的设计 / 施工人员可以继续做他们一直在做的事情，如果这是他们选择做的。这个系统几乎不对他们提出额外需求。然而，如果他们希望将视野扩展到物业管理、早期验证、运维等领域，该系统将事物联系在一起，给他们创造这样的机会。

人们可能会认为大 BIM 生态系统是设计之初作为设计和施工对快速建筑的程序要求，再加上有一个存储库，它能够捕获设计和施工过程中创建的数据。

生态系统是本地化的，且与企业的需求尽可能紧密地联系在一起。它能根据需求的变化和发展进行调整。部署时，生态系统应：

- 展示企业的外观、氛围和工作环境。
- 为规划可行性、组织理念和长期愿景制定策略。
- 发现和实施新的系统和项目。

- 在短期内将容易实现的目标转化为可实现的成果，向越来越长远的目标和解决方 389
  案迈进。

人们必须知道建筑业能在何处做出努力，避免实施过程中出现问题。团队必须在整个过程指导企业，使企业建立利用团队知识对每个人进行培养和认知的机制，并终身实施。

英国等国家倡导使用细节水平（LOD）描述图形精度，大 BIM 生态系统可以在开发的任何阶段使用任何精度的模型正常运行。在生态系统中，可以看到代表项目、建筑和空间的 3D 盒子。依赖于链接的数据源，这些盒子中的任何一个都可以（也确实）携带非常精确和完整的详细数据。

- 在导入一个包含房间名称、房间大小和楼层信息的电子表格之后，就可以从任何
  具有网络功能的设备上访问完整的工单管理功能。如果添加了房间号，用户还可
  以直接连接到空间，并可以立即进行设施管理。

案例研究：加州社区学院

> 本材料补充并延续了本书前面的案例研究"BIM-GIS-FM 融合"。

加州社区学院（CCC）每年招收 260 万名学生，分布在 72 个地区，包括 112 个校区、72 个经批准的校外中心和 23 个单独报告的地区办公室。该系统的资产包括 24398 英亩的土地、

390

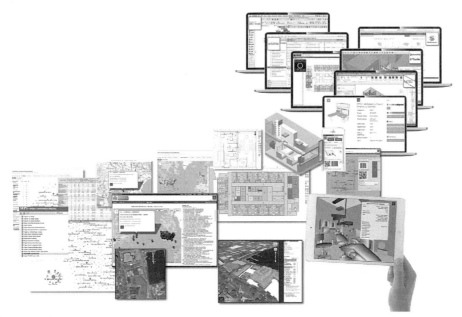

在加利福尼亚州社区学院系统中，人们现在可以看到诸如详细的建筑信息模型、在相邻窗口上叠加的流媒体直播等内容

图 9-18　加州社区学院系统构成图

5192 栋建筑、7240 万平方英尺的空间。

使用 ONUMA 系统作为规划和集成引擎，FUSION+GIS+ONUMA 平台允许将来自多个来源的数据融合在一起，讲述有关环境的新的、引人注目的故事。在此之前，信息通常处于断开状态，需要手动操作才能查看和使用。

加利福尼亚州社区学院通过授予领导权、倡导和提供支持赋予社区学院权力。学院的财务和设施规划部门负责监督地方援助款和基建投资资金的分配以及新设施的建设和既有设施的改造。该部门使用基于网络的工具来有效地权衡、协调、计划、评估和管理项目。

为了节省资金，促进教育的卓越性，并为全州学生提供学习机会，加利福尼亚州社区学院基金会（Foundation for California Community Colleges）开发了许多项目和服务。该基金会还通过个人资助、政府奖励和直接捐赠来支持该系统。在最初的九个月里，FUSION+GIS+ONUMA平台带来了许多好处。

用户界面的好处

- 该系统简单，便于管理员和用户学习和使用。
- 数据只需输入一次并可控制对该数据的更改。用户可以多种方式查看数据，以便更深入地了解和更有效地使用。
- 引导新员工更有效地进行设施管理。
- 轻量级实时数据可以在多种设备（包括 iPhone 和 iPad）上访问。为规划阶段提供了一个轻量级的 BIM 版本，在进行建筑设计和施工时，可以轻松地将其移植到功能更丰富的小 bim 系统中。
- 整个加利福尼亚州的详细目录在几秒钟内就可访问。

管理的好处

- 比购买一个全功能的企业规模的 BIM 系统要便宜。基金会的 GIS 服务器的 GIS 图层现在可以在所有地区都看到，并与 BIM 链接。在制定米拉科斯塔（Mira Costa）学院的校园规划时，有 56 个 GIS 图层与 BIM 链接。
- 定义准则，更客观地处理地区、校园或个别建筑物之间的任何公平问题。
- 制定采购策略和批量采购计划。
- 简化提交债券融资和贷款请求、赠款、变更请求以及保证开发和阶段文档的项目管理与跟踪和报告功能。
- 支持设施更新和修复的一揽子项目，确保关键的教学、研究和支持功能。
- 供应商正在开发新的解决方案，他们现在看到了将 web 服务链接到系统的简单方法。

391

决策的好处

- 进行情景规划，从而使规划更有效和健全。

- 格伦代尔学院（Glendale College）的传感器和楼宇自动化系统可链接到平台上，使学院能够直接从 BIM 中监控实时数据和控制设备。

- 传统上，教室的日程安排是用表格形式管理的。现在，我们可以在模型中以多种方式实现教室日程表的可视化。一些教室编程解决方案的提供商正在评估如何建立与该系统的链接。

- 许多地区都要求增加功能。该系统在 2011 年 3 月首次推出时有意保持简单，以尽量降低新功能给用户带来的风险。个别地区，如查博特 / 拉斯波西塔斯（Chabot/Las Positas），已找到支持其当前需求的特色功能。

资产规划的好处

392

- 在线准备项目规划和五年资产改善规划。依据项目规划需求，现在可以自动生成 BIM 模型。反过来，也可以使用这些模型检查设计是否满足规划需求。

- 在以企业身份登录时，可以在线更新、认证和跟踪空间存量状态、项目状态和预测工作状态以及每所学院的全职人力工时等。

- 监控、查看、解释和了解跨多个财政年度的各种资金流项目的整体表现，以主动管理风险。从系统中存在的数据生成法定报告。

- 接触最新的方法，例如来自 AEC（设计、工程、施工）行业的企业设施业务流程和最佳实践，这些方法有可能为设施管理工具集增加价值。

- 顾问们使用该系统作为制定动态总体规划的工具。各地区已经认识到拥有动态规划数据的价值。可以编辑假设条件以创建新的结果，而不是将它们锁定到以静态文档为中心的可交付成果中。能够维护随着企业发生变化而更新的实时总体规划。

- 加利福尼亚州投资者拥有的公用事业公司正在评估如何使用该系统来管理和降低能源消耗，从而基于他们的目标创建使用场景。

数据的好处

- 通过最小化文档和文件的使用来减少数据腐烂。

- 充分利用当前的互联网和云计算技术。

- FUSION 数据库中的错误变得显而易见且可编辑。

- 系统的高效使以简单格式管理复杂数据成为可能，可使团队专注于任务的增值。大 BIM 扩展了储存在现有管理系统和 GIS 系统中的信息的价值。

- 这一活动的副产品是所有项目数据都以 IFC 格式导入 / 导出系统。数据符合

COBie 标准，包括在 GIS 中，并可使用其他工具通过 web 服务来交换文件或进行实时数据访问。

率先实施的学区

圣华金三角洲（San Joaquin Delta）社区学院区

长滩社区学院区

柑橘社区学院区

洛斯里奥斯（Los Rios）社区学院区

兰乔（Rancho）– 圣迭戈社区学院区

山麓 – 迪安萨（Foothill–De Anza）社区学院区

红杉社区学院区

南奥兰治县社区学院区

2011 年 3 月至 12 月新增学区：

查博特 / 拉斯波西塔斯

洛杉矶社区学院东区

格伦代尔学院

佩拉尔塔（Peralta）社区学院区

马林学院

滨河城市学院

米拉科斯塔学院

参与设计和施工单位：

vbn 建筑师事务所 – 兰尼（Laney）学院，马林学院

巴尔福·贝蒂（Balfour Beatty）工程公司 – 滨河城市学院

HMC 建筑师事务所 – 米拉科斯塔学院总体规划

潘科（Pankow）工程公司 – 用于洛杉矶社区学院的 COBie 系统

布罗德斯（Broaddus）联合公司 – 用于洛杉矶社区学院的 COBie 系统

诺尔特（Nolte）联合公司 – 米拉科斯塔学院的 GIS 图层

所用技术：

FUSION 系统

加州社区学院 GIS 系统

Onuma 系统

参与的支持组织：

绿色能源 IRIS

拜克桑（Byucksan）能源公司

Lavelle FasBridge

Powersmiths WOW

系统采用的标准：

BIM——建筑信息模型

IFC——工业基础类（ISO/PAS 16739）

GIS——地理信息系统

OGC——开放地理空间联盟

COBie——施工与运营建筑信息交换

W3C——全球网络联盟

XML，GBXML，BIMXML

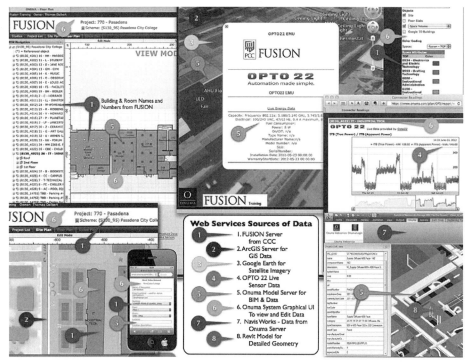

　　基于开放标准和 web 服务可以建立一个可扩展的平台，允许其他支持网络的解决方案进行链接。在执行开放标准的 FUSION 和加州社区学院 GIS 数据库中，用户可从世界视图到场地视图、建筑视图、空间视图访问和使用各种规划、管理和行政资源。可见数据是来自各种来源的数据的集成，可根据每个视图的需要进行筛选

图 9-19 FUSION 和加州社区学院 GIS 数据库示意图

SOA——面向服务架构

Web 服务——REST，SOAP

SQL——结构化查询语言

SVG——可缩放矢量图形

oBIX——开放建筑信息交换

BACNET——楼宇自动化与控制网络

OSCRE——房地产开放标准联盟

395 大 BIM 已经到来

接下来的变化是有趣的。我称之为"小 bim"的项目最初是一项草根活动，由头脑灵活的草根实践者领导。建筑信息模型最初是一种用于改进可视化和生成图档的软件。

早期用户发现了与绘图和绘纸几乎没有关系的新的意想不到的好处。很明显，BIM 可以成为一个力量倍增器，影响建筑业的各个方面。随着早期使用者对这个新工具的深入了解，他们改变了工作方式。

世纪之交后不久，一个粗略的理念开始形成，但一些实践者仍然深陷于上一代软件开发的逻辑之中。他们在设计和施工中专注于小 bim，使用数据绑定的产品，依赖文件进行数据的导入 / 导出。

其他人看到了互联网带来的革命性进步，并接受了我称之为"大 BIM"的东西。他们专注于应用程序之间的松散链接和面向服务的建筑业方法。

在这个过程中，很明显，如果没有一个强大的推力，这些变化将永远是微小的。这种推动必须自上而下，并涉及整个行业的人员。如果大 BIM 成为主流，那么小群体就不能再孤立地工作了。就在这时，美国海岸警卫队、美国联邦总务署、威斯康星州和其他机构站在了最前线。这些组织的领导人帮助建立了清晰而令人信服的证据，证明了大 BIM 的力量和益处。

多年后，许多人仍然只关注软件，不理解以那种方式使用 BIM 很少奏效。他们认为 BIM 就像软件的升级，不相信 BIM 应用是一种需要改变一切的新工作方式。他们犯了严重错误，导致利益受损，情绪沮丧，花费许多时间争论他们不理解的复杂技术。

有些人无法理解这样一个事实：在 BIM 中，最重要的是人。解决了人员问题，技术就变得简单得多。大多数人并不关心 BIM 是如何工作的，只想用最少的努力把事情做好。如果我们能做到这一点，我们就成功了。

附录

当人们不断要求证明 BIM 和互联流程有效时，就是在浪费时间和精力。这些流程已被证明适用于所有类型和规模的资产。您可以做任何研究来说服自己，但不要让它阻止您开始改变。否则，您就会落后。

2008 年，作为洛杉矶 BIM 风暴的一部分，科拉松家族一天之内建造出了房子。133 名选手创建了 420 个虚拟建筑，总计 54755153 平方英尺，并在马里兰州管理着这个位于墨西哥以志愿者为中心的房子

附录图 –1　一天之内建造房子的现场照片

401 术语和定义

建议不要就下面的维度术语（尤其是三维以上的）进行过多的讨论。之所以包括它们是因为在您应用 BIM 时要用到它们。

2D 二维：类似于绘画或手绘。相当于建筑师的文字处理。二维计算机图形主要处理几何实体（点、线、面等）。蓝图、施工图和任何输出（或绘制）的纸张都是二维的。

3D 三维：类似于雕塑。在计算机出现之前，建筑师手工创建透视图和物理模型（使用硬纸板、泡沫芯板、轻木）来展示项目的方案。今天，计算机具有自动化的方案可视化功能。这些三维图形可以导出给高效的原型生成系统，以创建物理模型。三维计算机图形与二维计算机图形在很大程度上依赖于相同的程序设计。

3.5D 3.5 维：在三维基础上附加了有限的物体功能 [最小的物体智能，不链接美国国家 CAD 标准（NCS）或工业基础类（IFCs）] 或三维基础上隐含了移动功能（肯·伯恩斯效应、风吹树木、移动的人体，等等）。不管别人怎么说，这都不是 BIM。

4D 四维：附加时间的建筑信息模型（带有时间进度的虚拟建筑模型）。

5D 五维：带有时间和施工信息的建筑信息模型（带有成本和项目管理的虚拟建筑模型）。

*n*D *n* 维："*n*"代表超出二维和三维所表示维度的其他数据的叠加，或建筑信息模型的可视化。通常是"BIM 洗脑"的标志。

AECOO：建筑、工程、施工、所有权和运营。

aecXML：面向建筑 / 结构 / 施工的可扩展标记语言。面向互联网的数据结构，用于表示 BIM 中使用的信息。

Agency–Construction–Management 代理型施工管理：一种交付模式，即聘请一个建筑专业组织专门支持业主，在项目的每个阶段为业主的利益服务。业主在施工经理的协助下聘请独立的设计和施工实体。

402 　　**Agile Development Environment 敏捷开发环境**：敏捷开发侧重于适应性规划、渐进开发、早期交付、技术卓越和持续改进，对变更作出快速和灵活响应，而不是采用其他人所青睐的严格监控和微观管理的开发方法。敏捷开发团队遵循《敏捷宣言》（Agile Manifesto）中列出的 12 条原则。有价值的工具的持续开发、接受变化、工作产品的经常交付以及以简洁为本极力减少不必要的工作量，这些都是其流程的特征。

AJAX：是异步 JavaScript 和 XML 的缩写。AJAX 不是一种技术，而是一组技术。它是一组 web 开发技术，用于创建异步（在后台）web 应用程序，以便从服务器发送和检索数据。AJAX 将数据交换层与表示层解耦。用 JSON 代替 XML 是很常见的，因为 JSON 是 JavaScript 的子集（根据维基百科）。

Asset 资产：对企业有潜在或实际价值的事物、用品或实体。资产可以是任何有形的实物，如贵金属、机械、车辆、设备、建筑物和土地，以及流动资产（如存货）；也可以是如专利、商标、版权、信誉、公司声誉和认可等无形资产（综合了维基百科和 ISO–55000 标准对资产的定义）。

Asset Life 资产寿命：从资产创建到资产寿命结束的时间。

Asset Management 资产管理：企业实现资产价值的协调活动。资产管理包括四个基本原则：1）价值：资产提供价值；2）一致性：用企业的任务和战略目标指导资源决策以优化绩效；3）领导能力：企业的价值观、目标和目的决定了价值如何实现；4）保障：保证资产能够实现期望它们达到的目的。

Authoritative Source 权威来源：有效或可信数据的托管存储库，由一组适当的治理实体识别并支持治理实体的业务环境 [来自美国国家标准与技术研究院（NIST）]。

Beyond Information Models 超越信息模型：使用当前可用的技术，并将它们与经过验证的业务管理技术结合起来，以在今天高效、经济地实现互联实践结果。除了信息模型，公司已经改变了他们的工作实践、方法和行为，以更好地支持他们的客户。他们通过践行"小就是大"取得了显著的实践改进。   403

BIG BIM，大 BIM：是业务流程变革和链接来自各地的数据所需的步骤，以便理解在大的世界背景下所做的工作。业务需求、建筑业数据、地理信息和实时运行相互交叉，以支持使用针对个人用户和需求定制的接口进行互联决策。数据和信息为王。大 BIM 在分布式、可共享和可互操作的存储库中存取数据，这些存储库相互链接，包含了有关资产的所有内容。可以使用几乎无限制的工具集在一个可持续的过程中创建或操作数据，该过程不再与任何事物或任何人隔离。

BIMStorm，BIM 风暴：展示了更快更好沟通、更全面的利益相关者参与和最新的……实时信息的强大能力。信息模型和链接的流程数据会随着时间的推移而增加……让设施的管理从头到尾……而不是在每个步骤中重新创建数据。通过使用 BIM 和互联流程，这些项目可以更好地协调需求、范围和预算。

BIM Wash，BIM 洗脑：又称为"BIM 忽悠"。用来描述夸大的（有时是欺骗性的）使用或交付建筑信息模型产品或服务的宣传。一个进行"BIM 洗脑"的企业通常是在推广其毫无根据的主张 [来自《BIM ThinkSpace，第 16 章：理解 BIM 洗脑》（*BIM ThinkSpace：Episode 16：Understanding BIM Wash*）]。

BIMXML：使用简化的空间建筑模型（拉伸形体和空间）描述建筑数据（场地、建筑、楼层、空间和设备及其属性），以实现 BIM 协作。XML 模式可作为完整 IFC 模型的替代方案，以简化各种 AEC 应用程序之间的数据交换，并通过 web 服务链接建筑信息模型。

BLOCKCHAIN 区块链：根据维基百科，区块链是一个分布式数据库，它具有一个动态记   404
录（或块）表，这些记录（或块）具有时间戳，链接到前面的块，并确保不被篡改和修订。

区块链是比特币的基础，是所有交易的公共账簿。任何兼容的客户端都可以链接、发送交易以及验证和竞争创建新块。

Building Information Model 建筑信息模型：定义 1：管理项目信息，包括数据创建和通过建筑环境价值网络进行数据交换的迭代过程：BIM 包括将正确的信息在正确的时间提供给正确的人的流程。BIM 为项目数据增加了智能，有助于正确解读数据，消除属性错误和假设。定义 2：创建或使用单一文档，其中每个事项只描述一次：包括图形表示——图纸和非图形文档（说明、进度表和其他数据）。对项目任何一个地方进行更改，更改将贯穿整个系统。定义 3：从概念开始，在可靠的资产信息档案中数字化表达资产的物理和功能特征：如果不采用开放标准，也不能共享数据，且它是专有的，不能互操作，那就不是 BIM。

CAD Object，CAD 对象：这些对象是静态的符号和三维表示（很少或没有智能）。这些对象是基于实例的，即每次使用都需要一个对象的新实例，以适应特定的情况。这种方法需要大量的对象库（例如，一个对象对应窗户的大小，另一个对象对应窗户类型，再一个对象对应窗口细节）。这种方法需要大量的存储空间和文件存储重复的和未链接的信息。

Complicated 复杂问题：难以理解，但是有一套可遵循的规则。如果遵循这些规则，一步一步地，就能解决复杂的问题。二次方程求解和波音 747 的建造是复杂的任务，但如果知道规则，就可以成功地解决问题。

405　　Complex 疑难问题：与复杂问题不一样。在其他事情发生之前，人们不知道事情的发展方向。事情很可能会发生，但不知道或无法控制。疑难任务的特点是未知和不确定性，这使得用传统工具很难解决它们。有了现实世界的经验，可以为在复杂情况下发生的已知和未知的事情做好准备。有些事情是无法控制的。而正是那些不知道的事情，让疑难任务变得如此难以解决。农业就是疑难工作的一个例子。很多事情是可以计划的：农民可以选择合适的时间种植，可以合理地使用土地，但是天气、害虫和其他无法控制的因素是成败的关键。

Composable Enterprise 可组合企业：一个高度链接的组织，其业务流程由按需服务支持，这些服务从云和应用程序接口（API）获得并使用，由外部供应商或内部数据中心提供。这些服务往往是小型和轻量级的，它们本身就是完整的系统，并且通过 API 以模块的方式链接到可组合的企业 [此定义版权为《福布斯观察》（*Forbes Insights*）和 Mulesoft* 所有]。

Construction-Management-At-Risk 风险型施工管理：在大多数情况下，在保证最大价格（GMP）范围内交付项目的交付过程。在项目前期阶段，施工经理充当业主顾问；在施工阶段，施工经理充当总承包商角色。

Construction Operations Building Information Exchange，COBie 施工与运营建筑信息交换标准：用电子表格形式表达的开放的数据模式。它包含了建筑相关信息的子集，聚焦于施工和

---

*　Mulesoft 是提供基于云的应用集成服务商。成立于 2006 年，总部设在美国旧金山。——译者注

设施管理之间的数据移交。COBie 是 IFC 的一个子集。COBie 允许使用工具进行信息交换，这些工具在计算机辅助设施管理系统中早就可用了。它是设计和施工 BIM 建模工具与传统计算机辅助设施管理系统在不必完全符合 IFC 要求的情况下，实现互操作的一个过渡方法。随着数据交换变得更加成熟和富有活力，或者随着面向服务架构方法取代当前将数据与软件绑定在一起因而需要互操作性的方法，COBie 可能会在未来的某个时点被取代。

Data Rot 数据腐烂：指存储数据的退化，特别是当时间推移而数据没有随之变化时，例如存储在磁盘上的退化数据在试图访问时无法读取。任何涉及文件交换或存储的情况都会发生数据腐烂，即使在仍然有适宜的硬件和软件系统时也是如此。当获取信息需要的硬件和软件不再可用，或员工不具备有效访问和使用信息的培训和设备时，就会发生数据腐烂。将实时信息保存到文件（无论是纸质文件还是电子文件）中的行为本身就造成了数据腐烂。传统上，纸质文件都是存放在文件柜和银行保险箱中"压箱底"，很少有人（而且要费很大的力气）访问这些文件。当前的文件系统存储在内部媒介或云上，通常使用复杂的索引系统，类似于在文件柜存储文件。这些系统与纸质系统有相同的问题。使用简单的人机界面在模型服务器上维护实时数据是减少数据腐烂的一种方法。

Design-Bid-Build，DBB 设计 – 招标 – 建造模式：一种交付模式，业主与独立的设计和施工企业分别签署合同。在当前环境中，这是采购设计和施工服务的传统方法，尤其是在美国。

Design-Build 设计施工一体化：一种交付模式，设计和施工团队作为一个整体对业主负责。

Design Fiction 设计构思：设计构思是一种新兴的技术，用于在社会快速变化和复杂性不断增加的时代为复杂的场景和机遇构建原型，以帮助人们理解如何与演进的生态系统以及其他组织和心智模式和谐共处。设计构思提出关于产品或理念在世界上的位置的问题，而不是描述最理想化的未来。它探究这种方法对我们的生活意味着什么？这种产品会帮助谁，又会给谁带来伤害？

Data Normalization 数据规范化：组织和重组数据表的过程，以便启用数据库之间的共享和 web 服务。可以创建名称和结构一致的表格，也可以创建数据表之间的转换表，以便在适当的位置和关系中对表格进行读写。

Ecosystem 生态系统：维基百科的解释说，生态系统是一个实时数据和规则的集合，与环境的非实时组件（如应用程序、文件、计算机等）结合在一起，作为一个系统进行交互。这些实时数据、关系和物理产品通过数据交换、发展周期以及信息流连接在一起。由于生态系统是由权威数据集之间以及实时数据与其环境之间的相互作用网络定义的，它们可以是任意规模，但通常包含特定的、有限的组合（尽管一些科学家说整个地球是一个生态系统）。当应用程序和相关流程允许通过实时数据交换共享信息，大 BIM 生态系统就形成了，可供专家和非专家利益相关者在一栋建筑或我们可以建造的任何东西的整个生命周期中使用。生态系统比原来的业主平台更大，通过使其易于链接或建立在一系列工具和流程之上来解决技术问题，

406

407

从而使新的和不可预测的应用可以解决行业问题。与生态系统相连的产品比单独使用的核心产品有更大的价值。

Emotional Intelligence 情商：情商是建立影响力、推动主动行为、培养对他人关心以及建立持久关系的能力。人们利用自己的情感，有效地借助团队的力量来解决我们建成环境和教育生态系统中的问题。

Enterprise Client or Customer 企业客户或用户：在 BIM 的背景下，企业客户是在同一环境中运行的组织、企业、公司或机构，其有多个资产、多个项目、大型多功能设施或其他需要协调的人员、场地、预算和其他资源才能正常运行的资产。

Facility Management 设施管理：根据国际设施管理协会（IFMA）的定义，设施管理包含多个学科，通过相关人员、地点、流程和技术来确保设施功能。

408　　Federated Model 联合模型：联合模型将来自多个专业的模型组合在一起，以允许协作和互联工作流。主模型充当参考框架，然后将团队成员的模型连接到主模型中。一旦连接起来，像欧特克公司（Autodesk）的 Navisworks 这样的工具就可以查询主模型元素与其他模型元素之间的冲突。通过将建模工作分解为更小的部分，这种方法能创建大型、复杂的项目。该过程通常依赖于高级硬件和软件资源。文件存储、版本控制和其他问题需要大量的资源和专业技能，随着项目进入运维阶段，这些资源和专业技能在开发环境之外很难维持。

First Order tools and techniques 一阶工具和技术：简单地遵循规则，专注于以正确的方式做事。它们是遵从专业知识和流程的基础。进度计划软件是一种一阶工具。

First-Principles 基本原则：基本原则包括假设和基本知识，它们是任何其他事业或活动的基础。数学基本原理称为公理或公设。基本原则是支撑社会义稿、论点、思想和主题的基础，也是在建筑业设计和实施工具、流程和解决方案的基础。如果不理解事物背后的原则，负责任和反思的行动是困难的，或者是不可能的。

Geometric Description Language，GDL 几何描述语言：一种可编写脚本的语言，使用其他建模对象的一小部分内存为智能对象编程。GDL 对象可以存储三维信息（几何形状、外观、表面、材料、数量、构造等）、二维信息（平面图表示、最小空间需求、标签等）和属性信息（序列号、价格、经销商信息、URL 和任何其他类型的数据库信息）。同一对象的多个实例，但具有不同的外观、材质、大小等，被保存在一个对象中。随着互联网作为建筑业最好的交流平台的出现，GDL 是重要的格式之一。

409　　Geodesign 地理设计：地理设计是 GIS 和 BIM 结合的一个新兴分支，专注于环境设计决策。地理设计是围绕 BIM 形成的生态系统的一个子集，它使全球范围的链接成为可能。根据维基百科，地理设计是一组应用技术，用于在一个链接的流程中规划建筑和自然环境，包括项目构思、分析、设计规范、利益相关者的参与和协作、设计创作、模拟和评估（以及其他阶段）。地理设计是一种设计和规划方法，它将设计方案的创建与基于地理环境影响的模拟紧密结合。

Georeference 地理参照：指的是通过坐标系统在虚拟世界中精确定位物体。设立地理参照的建筑与已建立的坐标系紧密相连，这样可以随时快速定位。纬度、经度和高程是标记位置的三个坐标。使用地理参照允许在现实环境中对关系、原因和影响进行深入研究。

GIS 地理信息系统：BIM 可以看作一个关注建筑尺度信息的地理信息系统。根据维基百科，GIS 是一个计算机系统，旨在捕获、存储、处理、分析、管理和呈现所有类型的空间或地理数据。该术语描述了任何链接、存储、编辑、分析、共享和显示地理信息的信息系统。GIS 应用程序是允许用户创建交互式查询（用户创建的搜索）、分析空间信息、编辑地图数据和显示所有这些操作结果的工具。GIS 是一个广泛的术语，可以指几种不同的技术、过程和方法。它依附于许多业务，并有许多应用，涉及工程、规划、管理、运输／物流、保险、电信和商业。因此，GIS 和位置智能应用程序可以作为许多依赖于分析和可视化的位置服务的基础。将 GIS、BIM 和设施管理链接在面向服务架构的模式中，这三个学科结合在一起，为纠正建筑业的问题提供了最大的希望。

Granular/Granularity 颗粒度：指某物可以被分解成更小的部分的程度。粗粒度的项目被认 410
为比细粒度的项目拥有更少的部分或选项。对于数据，粗粒度数据可能类似于：地址是 1402 S Dogwood Drive，Suite 200，Tempe，AZ，54321，USA。相同信息的细粒度数据可能类似于：街道名为 S Dogwood Drive；街道地址编号为 1402；房号为 200；城市为坦佩；州为亚利桑那州；邮政编码为 54321；国家为美国。更细粒度的数据可能增加输入工作量和存储空间，但是更加灵活。

Hyperbolic discounting 贴现率：对先出现的进行奖励。对之后出现的也给奖励但会因为延迟大打折扣，无论延迟多少时间。这反映了一种"我现在就想要"的偏见，以及在考虑未来情况时作出不一致选择的严重倾向。

International Alliance for Interoperability，IAI 国际互操作性联盟：国际互操作性联盟是如今被称为 buildingSMART International 的前身。由于认识到这个名字并没有引起大多数行业从业者的共鸣，IAI 更名了。IAI 是国际标准组织（ISO）的一员，负责制定软件标准化表达数据的标准。

Information Delivery Manual，IDM 信息交付手册：该手册是一个映射建造流程的文档，标识结果并描述流程中所需的操作。信息应该在需要时提供，并保持在商定的质量水平上。《信息交付手册》标识了一组施工流程，并定义了每个阶段所需的信息。ISO 29481-1 规定了生成 IDM 的方法学。IDM 和 IFC 构成了 buildingSMART 互操作性模式。

Industry Foundation Classes，IFCs 工业基础类：定义了如何描述结构、门、墙和风扇（以 411
及空间、组织、信息交换和过程等抽象概念），以便不同的软件包可以使用相同的信息。尽管 IFC 以中立的方式构建数据，但该标准仍然侧重于单一文件和流程。IFC 是用于施工和设施管理行业数据共享的 ISO 官方文件（ISO 16739：2013-Industry Foundation Classes，IFC）。现行版本为 IFC 4，正在替换 IFC 2x3（ISO/PAS 16739：2005 Industry Foundation Classes，Release 2x，Platform Specification）。IFC 2x3 是目前最常用的版本，IFC 4 刚刚开始获得关注，目前还没有认证程序，但很快就会有。

IfcXML：数百种基于 XML 的文本数据格式之一。由 ISO 10303-28 STEP-XML 定义。派生自中立的、开放的基于对象的 IFC 文件格式。这种格式适用于 XML 工具的互操作性和部分建筑模型的交换。

Information Model 信息模型：用于描述关系、概念、规则、操作和其他方面的可共享、有条理的事物模型的通用术语。可以表示单个组件或高度复杂的系统。可以专指建筑（建筑信息模型）、业务流程、软件工程、数据、语义和许多其他事情。

Integrated Practice 集成实践：通过应用新技术使用早期贡献的知识，允许团队在整个项目生命周期中扩展他们所提供价值的同时，实现最大的潜力。

Integration 整合：引入工作实践、方法和行为，创造一种个人和组织能够高效合作的文化。

412　　Intelligent Object 智能对象：这些建筑组件可以表现得很智能，也就是说，它们可以适应不断变化的条件。用户可以通过界面轻松地定制它们。这些对象是基于规则的，也就是说，它们包含了定义对象如何适应其他对象、数据库调用和用户输入参数的规则。由于有了规则库，每个对象可以表示一个实体的全部子集，例如，一个窗户对象可以代表一个制造商的整个窗户产品线，并可以生成所有的二维或三维的细部、饰面、形状和轮廓。这将显著减少存储同等信息所需的空间，并使保存结果的文件非常小。

JavaScript Object Notation，JSON JavaScript 对象简谱：是一种简单的存储和传输结构化数据的方法。它是一种轻量级的、开放标准的数据交换格式，人类很容易读写，机器也很容易解析（分解为组件）和生成。JSON 结构紧凑，易于使用，可以很容易地映射到大多数程序员使用的数据结构，并且与所有编程语言兼容。它是异步（后台）浏览器 / 服务器通信中最常用的数据格式，取代了 AJAX 中使用的 XML（根据维基百科等）。

Lifecycle 生命周期：资产管理涉及的各个阶段，包括获取、使用和处置阶段。

The Level of Detail or Level of Development，LOD 细节水平：为信息模型定义了长期计划，可以像实现通信录数据库一样随着时间的推移实现该计划。随着建筑物从规划、设计、施工、运行、维护、再到翻修，模型积累了越来越多的信息。LOD 表示每个阶段在模型中积累的数据量和数据类型。按着计划依次添加数据，可以简化建模过程，以最高效率和最小成本建模。如果管理得当，就可以根据之前每个 LOD 的数据创建一个新的建筑物的虚拟表达，并将浪费降至最低。在 BIM 执行计划中，LOD 已经成为定义每个项目阶段建模元素精度和类型的一种手段。

413　　Lifecycle Assessment，LCA 生命周期评估：也称为生命周期分析，是对已建资产进行从摇篮到坟墓的环境影响评估。使用的能源和材料，以及从产品或活动中产生的废物和污染物，在整个生命周期中被量化，以确定一个更平衡的产品、系统或资产的总成本。

小 bim：是基于统一的产品线、转换器和导入 / 导出使用文件进行数据交换的先进软件和流程的应用。在联网的计算机上用 BIM 建模和 / 或分析工具取代平面 CAD。小 bim 改进了工作成果和效率，但改进限于项目内部。小 bim 是计算机辅助绘图的升级版。相对于图形，数据是次要的。小 bim 能进行先进的图形显示、冲突检查、成本建模和流程模拟，但都是针对每个项目的实践。关注于软件产品和眼前的营利能力，经常会忽略或误解全生命周期应用的好处。

Mash-up 混聚：混聚是一个使用多个来源信息在一个图形界面里创建新服务的 web 应用程序，可轻松快速整合数据，常常使用 API 基于数据源创建丰富的成果。例如，设施状况数据、空间使用、施工状况、基本成本和平面图都可以与谷歌地球视图进行混聚，在地理空间背景中显示设施信息（根据维基百科等）。

Model Server 模型服务器：模型服务器允许集中存储实时信息模型，允许通过互联网访问和修改这些模型。模型服务器是长期管理建筑信息的关键设施，在整个建筑生命周期中，大量用户将托管、添加和处理这些信息。

Multi-file approach 多文件方法：多文件系统使用松散耦合的文档集合，每个文档代表完整模型的一部分。这些文档通过各种机制链接在一起，以生成建筑物、报告和明细表的附加视图。问题包括管理这种松散耦合文档集合的复杂性，以及如果用户在绘图管理界面之外操作单个文件可能出现的错误。

National BIM Standard-United States，NBIMS-US 美国国家 BIM 标准：信息如何通过 BIM 414 呈现的标准，目前正在与 AIA、CSI 和 NIBS 合作开发中。美国国家 CAD 标准是 NBIMS 的一个子集。2201 页的《美国国家 BIM 标准》是一份共识文件，将许多想法汇集在一起，呈现给代表行业不同领域的各种人，进行讨论、辩论，并通过民主程序确定哪些想法可以达到为大家所包容的高度。

National CAD Standard，NCS 美国国家 CAD 标准：信息如何通过 CAD 系统显示的图形标准，由 AIA、CSI 和 NIBS 合作开发。

National Institute of Building Sciences，NIBS 美国国家建筑科学研究院：一个非政府组织，由美国国会 1974 年通过的《住房和社区发展法案》（Public Law 93-383）授权成立。NIBS 支持美国的 NCS（美国全国通信系统）和 buildingSMART 联盟。2014 年 12 月，NIBS/buildingSMART 联盟不再是 IAI/buildingSMART International 的美国代表。

Normalization 规范化：根据维基百科，规范化是组织关系型数据库的列（属性）和表（关系）以最小化数据冗余的过程。

Object-Oriented 面向对象：一个计算机程序可以是相互作用的程序（对象）集合。每个对象都可以接收消息、处理数据并向其他对象发送消息。对象可以被视为扮演不同角色的独立的小机器或演员。

Open BIM 开放 BIM：一种基于开放标准和工作流的协调设计、施工和运行的开源方法。开放 BIM 是软件供应商使用 buildingSMART 数据模型的一个举措。该模型通过 IFC 文件格式（ISO 16739）整合数据，使用《国际词典框架》（ISO 12006-3）映射具有相同含义的技术术语，并按照《信息交付手册》（ISO 29481-1）整合过程。

Parametric 参数化：反映现实世界行为和属性的对象。参数模型能够感知组件的特性和它们之间的交互。在操作模型时，它维护元素之间的一致关系。例如，在一个参数化的建筑模型中，如果屋脊高度改变了，墙壁就会自动跟随修改后的屋顶线作出调整。

415　　Platform as a Service，PaaS 平台即服务：根据维基百科，PaaS 是一类云计算服务。它提供了一个平台，允许客户开发、运行和管理应用程序，而不需要创建和维护通常开发和运行应用程序所需的相关基础设施。

Prototype 原型：在物理实施之前，用于快速测试概念、影响和想法的工作模型。为降低风险和成本而创建的系统设计过程的组成部分。可以增量开发，以便每个原型都能继承先前原型的优势，以解决缺陷、改进解决方案或增加理解。当原型开发到满足项目目标的级别时，就可以开始实施了。

Sandbox 沙箱：在计算中，沙箱是一个在线隔离环境或虚拟空间。在这里可以运行不受信任的程序，测试代码更改，而不会对主机或操作系统造成风险。根据实施的不同，沙箱可以采取多种形式，从严格限制空间（严格限制可能发生的事情）到模拟完整的主机或计算系统（只限制直接访问主机资源）。

Sapience 智能：根据维基百科，智能通常被定义为智慧，或者在复杂、动态的环境中作出适当判断的能力。

Second-Order techniques 二阶技术：使用一阶工具和更高水平的技能来适应、修改和即兴创作，以专注于做正确的事情。其目标是实现最终目标。谷歌工具和 Onuma 系统是二阶工具。

416　　Service-Oriented-Architecture，SOA 面向服务架构：可以描述为比尔·盖茨称之为数字神经系统的宏大愿景的一部分。OASIS[*] 将 SOA 定义为：组织和利用可能在不同所有权域控制下的分布式功能的范式。它提供了一种实现提供、发现、交互和使用功能的统一方法，以产生与可测量的先决条件和期望一致的预期效果。SOA 支持独立于供应商、产品和技术的工具松耦合，从而支持可重复的业务流程。SOA 允许在 web 环境中跨多个平台链接广泛不同的应用程序。SOA 中的服务是定义的协议，描述如何组合数据来创建主要由现有软件服务和原有数据构建的特别应用程序。在 SOA 框架中，用户将看到一个简单的关注他们需求的界面，用户可在不了解服务平台或底层复杂性的情况下访问和交互。

---

* OASIS：（Organization for the Advancement of Structured Information Standards）结构化信息标准促进组织，是一个推进电子商务标准的发展、融合与采纳的非营利性国际化组织。——译者注

Single model approach 单一模型方法：围绕与建筑相关的所有信息使用单一的、符合逻辑的、一致的数据库。所有建筑解决方案在单个虚拟建筑中表示，该虚拟建筑捕获关于资产的所有信息。从这个数据库中可以提取所有的项目视图以及分析和管理信息。人们发现，单一的建筑模型方法变得笨拙且模型大到难以维护，因此，除了最小的小 bim 项目，其他所有项目都不喜欢这种方法。

Super-wicked problems 超级难题：这类难题的附加属性包括：1）时间不多了；2）没有中央权威对问题进行控制或负责任；3）寻求解决问题会造成问题；4）未来成本和影响的贴现趋势强烈。

Tame problems 简单问题：用简单明了的问题陈述能很好定义的问题。它们可能很复杂。您知道什么时候会得到一个解，这个解决方案要么是对的，要么是错的。您用相似的方法解决了大多数的简单问题，并且结果可以被测试和测量。我们今天使用的大多数项目管理工具都只能解决一些简单问题。解决简单问题的能力是职业发展的一部分，是走向熟练的一步。用于管理简单问题的工具可以称为一阶工具。

Value network 价值网络：价值网络为价值链的概念增加了一个额外的维度。价值网络维护当今组织和环境的复杂性、协作性和相互关系。价值链是线性的，价值网络是三维的。 417

Wicked problems 艰巨问题：解决该问题通常需要大量的人改变行为和心态。一个艰巨问题是一个活动的目标。当您认为您已经解决了一个艰巨问题时，通常您所做的又造就了一个新的问题。甚至定义一个艰巨问题本身也是一个艰巨问题。艰巨问题没有终点。艰巨问题的解决方案没法测试。解决艰巨问题通常只能用"更好"或"更坏"来描述，而不能用"对"或"错"来描述。每一个艰巨的问题都是独特的，可以被认为是另一个问题的表现。

Writeboard 写字板：基于 web 的协作文本开发系统，允许编辑、版本控制和更改比较。

注：定义来自多种来源，包括维基百科、技术供应商、NIST、OASIS、NBIMS 等。

想要了解更多相关信息，推荐阅读：

Alexander，Christopher et al. A Patten Language. NY：Oxford University Press，1977，ISBN 0-19-501919-9.

American Institute of Architects and Dennis J. Hall，FAIA，FCSI. Editors. Architectural Graphic Standards，12th Editon. Wiley. ISBN-13：978- 1118909508，2016.

Branko Kolarevic（Ed.），Architecture in the Digital Age – Design and Manufacturing，Spon Press 2003.

Caudill，William Wayne. Architecture by Team. NY：Van Nost Reinhold，1971.

Cheng，Renee，Questioning the Role of BIM in Architectural Education，AEC Bytes Viewpoint #26，July 6，2006.

Cohen，Michael；March，James；Olsen，Johan，A Garbage Can Model of Organizational Choice，418 Administrative Science Quarterly 17，JSTOR 2392088，1972.

Cotts，David and Lee，Michael. The Facility Management Handbook. American Management Association，NY，1992，ISBN 0-8144-0117-1.

Dettmer，H. William. Goldratt's Theory of Constraints：A Systems Approach to Continuous Improvement. NY：Asq Quality Press，1997.

Deutsch，Randy. BIM and Integrated Design：Strategies for Architectural Practice. Wiley. ISBN 978-0470572511.

Deutsch，Randy. Data-Driven Design and Construction：25 Strategies for Capturing，Analyzing and Applying Building Data. Wiley. ISBN 978- 1118898703.

Duran, Rick. Understanding and Utilizing Building Information Modeling（BIM）. NY: Lorman Education Services, 2006.

Eastman, Chuck and Teicholz, Paul. BIM Handbook: A Guide to Building Information Modeling for Owners, Managers, Designers, Engineers, and Contractors. Wiley. Apr 19, 2011. ISBN 978-0470541371.

Elvin, George. Integrated Practice in Architecture: Mastering Design- Build, Fast-Track, and Building Information Modeling. Hoboken, NJ: Wiley, 2007.

Feldmann, Clarence G. The Practical Guide to Business Process Reengineering Using IDEF0. NY: Dorset House, 1998, ISBN 0-932633-37- 4.

Forbes Insights, Mulesoft, Opportunity on Demand-The Rise of the Composable Enterprise, 2016, Jersey City, NJ, http: //www.forbes.com/forbesinsights/mulesoft/index.html.

Forsberg, Kevin; Mooz, Hal, and Cotterman, Howard. Visualizing Project Management: Models and Frameworks for Mastering Complex Systems. Hoboken, NJ: John Wiley & Son, 2005.

Friedman, Thomas L. The World is Flat: A brief history of the twenty-first century. NY: Farrar, Straus, and Giroux, 2005, ISBN 978-0-374-29279-9.

Fuller, R. Buckminster. Operating Manual for Spaceship Earth. Carbondale, IL: Southern Illinois University Press, 1969, ISBN 671-78902- 3, Lib of Congress 69-15323.

419   Fuller, R. Buckminster. Intuition: Metaphysical Mosaic. Garden City, NY: Anchor Press/ Doubleday, 1973, ISBN 0-385-01244-6, Lib of Congress 72-182837.

Fuller, R. Buckminster. Buckminster Fuller: Anthology for the New Millennium. NY: St. Martin's Press, 2001.

Fuller, R. Buckminster. Critical Path, NY: St. Martin's Griffin, 1982.

Gallaher, Michael P.; O'Connor, Alan C.; Dettbarn, John L. Jr.; and Gilday, Linda T. Cost Analysis of Inadequate Interoperability in the US Capital Facilities Industry. US Department of Commerce Technology Administration, National Institute of Standards and Technology, Advanced Technology Program Information Technology and Electronics Office, Gaithersburg, MD 20899, August 2004, NIST GCR 04-867, Under Contract SB1341-02-C-0066.

Gladwell, Malcolm. The Tipping Point: How Little Things Can Make a Difference. NY: Back Bay Books, 2000, ISBN 978-0-316-31696-5.

Goldratt, Eliyahu M. What is this thing called Theory of Constraints and how should it be implemented, Toronto, North River Press, 1990, ISBN 0- 88427-166-8.

Hamilton, Kirt, et. al. National Institute of BUILDING SCIENCES. The Academy for Healthcare Infrastructure, Collaborative Research Program, 2015, ow.ly/8OmW303rot8, AHI_WhitepaperTeam1.

pdf. USA. The American healthcare industry is facing overwhelming uncertainty in every segment. This collaborative research program focuses on issues that are vital to improving the performance of the healthcare facilities industry. Includes traditional Capital Project Management Process plus two enhanced Processes and (12) Principles and Observations for the future of healthcare Capital Projects.

Hatch, Alden, Buckminster Fuller, At Home in the Universe. NY: Crown Publishers Inc, 1974, Lib of Congress 73-91509.

Heery, George T. Time, Cost and Architecture. NY: Mcgraw-Hill, 1975, ISBN 0-07-027815-6.

Hino, Satoshi, and Jeffrey K. (Fwd) Liker. Inside the Mind of Toyota: Management Principles for Enduring Growth. Portland: Productivity Press, 2005.

IFMA and Teicholz, Paul (editor). BIM for Facility Managers. Wiley. ISBN 978-1118382813.   420

Koch, Richard. The 80/20 Principle: The Art of Achieving More with Less. NY: Bantam, 1998.

Kunz, John and Gilligan, Brian. 2007 Value from VDC / BIM Use survey, Center for Integrated Facility Engineering (CIFE) at Stanford University, 2007.

IfcWiki-open portal for information about Industry Foundation Classes (IFC), List of certified software.

Jantsch, John. Duct Tape Marketing, Thomas Nelson Inc. Nashville, TN: 2006, ISBN 978-0-7852-2100-5.

Jossey-Bass. Business Leadership: a Jossey-Bass reader, Jossey-Bass, San Francisco, CA, 2003, ISBN 0-7879-6441-7.

Kieran, Stephen, and James Timberlake. Refabricating Architecture: How Manufacturing Methodologies are Poised to Transform Building Construction. New York: McGraw-Hill Professional, 2003.

Kotter. John P. Leading Change, Boston: Harvard Business School Press, 1996, ISBN 0-87584-747-1.

Kymmell, Willem. Building Information Modeling (BIM). New York: McGraw-Hill Professional, 2007.

Liker, Jeffrey K., and James M. Morgan. The Toyota Product Development System: Integrating People, Process, and Technology. Portland: Productivity Press, 2006.

Liker, Jeffrey. The Toyota Way, McGraw-Hill, NY, 2004, ISBN 0-07- 139231-9.

McKenzie, Ronald and Schoumacher, Bruce. Successful Business Plans for Architects, McGraw-=Hill, NY, 1992, ISBN 0-07-045654-2.

Nisbett, Richard E. and Ross, Lee. The Person and the Situation. Philadelphia: Temple University Press, 1991.

Osterwalder, Alexander, et.al., Business Model Generation. Hoboken, NJ: John Wiley & Sons, 2010. ISBN 978-0470-87641-1.

Osterwalder, Alexander, et.al., Value Proposition Design. Hoboken, NJ: John Wiley & Sons,   421

2010. ISBN 978-1-118-96805-5.

Redmond, A., Alshawi, M., West, R. and Zarli, A., A Critical Review of BIM Assessment Practice for Construction Management Students, CIB W078 2013, International Conference on Information Technology for Construction, Tsinghua University, Beijing, China, 2013.

Redmond, Alan, Smith, Bob and West, Roger, Evaluating A Cloud BIM Model 'Situation Analysis' Based on a Usability Review, Anglia Ruskin University, Tall Tree Labs, Trinity College Dublin, published in BIM Academy Proceedings, 2016.

Ritchey, Tom; Wicked Problems: Structuring Social Messes with Morphological Analysis, Swedish Morphological Society, 2007.

Rittel, Horst, and Melvin Webber; Dilemmas in a General Theory of Planning, Policy Sciences, Vol. 4, Elsevier Scientific Publishing Company, Inc., Amsterdam, 1973.

Rogers, Everett. Diffusion of Innovations. NY: New York Free Press, 1995.

Roundtable. The Construction Users, WP 1202 Collaboration, Integrated Information and the Project lifecycle in Building Design, Construction and Operation, pub Aug 2004 and WP 1003 Construction Strategy: Optimizing the Construction Process, pub 2005, 4100 Executive Park Drive Cincinnati, OH.

Dana K. Smith, Michael Tardif. Building Information Modeling: A Strategic Implementation Guide for Architects, Engineers, Constructors, and Real Estate Asset Managers. Wiley. ISBN 978-0470250037.

Smith, Ryan, Integrated Process and Products, Assembling Architecture, Building Technology Educators' Society Proceedings, 2009, p.67.

Toffler, Alvin. The Futurists, NY: Random House, 1972, ISBN 0-394- 31713-0, Lib of Congress 70-39770.

Toffler, Alvin. The Eco-Spasm Report. NY: Bantam Books, Feb 1975. Toffler, Alvin. Future Shock. NY: Bantam Books, 1970.

Toffler, Alvin. The Third Wave. NY: Bantam, 1984.

Watson, Donald and Crosbie, Michael J. . Time Saver Standards for Architectural Design: Technical Data for Professional Practice, 8th Ed. McGraw-Hill Education, ISBN-13: 978-0071432054, 2004.

Wilfrid, Thomas Nelson, The Garbage Can Model reopened: Toward improved modeling of decision-making in higher education, dissertations available from ProQuest, paper AAI9026670, 1990.

422

特别补充

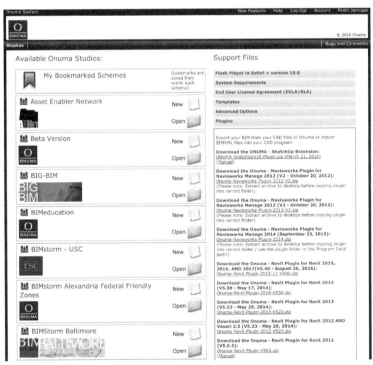

Onuma 公司通过慷慨地提供免费试用的许可证，为读者提供了探索系统和体验大 BIM 所需的工具

特别补充图 –1 Onuma 系统初始界面

　　接下来的操作使用 Onuma 系统作为一个专家系统来创建和可视化建筑业数据，并通过 web 服务将实时数据与决策系统连接起来。

425   **现实世界的大 BIM 步骤**

按照以下步骤开始您的探索：

1. 发送电子邮件到 BIG-BIM@onuma.com

● 系统收到后，将会给您发送一封电子邮件，其中包含密码和关于如何注册一个免费的有时间限制的许可证的说明。在完成注册流程后，您就可以成为大 BIM 工作室的正式成员了。一切准备就绪！

● 一旦登录，您就可以上到工作室的页面。此时，您应该只看到一个大 BIM 工作室。查看右侧的"支持文件"下拉框。在这里您可以找到上传数据的模板、带有通过 web 服务链接说明的高级选项以及 Revit、Archicad、Navisworks 和 SketchUp 的插件。

2. 点击大 BIM 图标进入项目列表页面

特别补充图 -2   大 BIM 项目管理系统入口图标

● 当您进入系统时，您会发现每一层级的页面组织都是相似的：

● 顶部黑色菜单栏包含一般信息，如"帮助"和"新功能"按钮。该区域的按钮提供了使用该系统的详细建议和视频。

● 第二条水平黑色菜单栏包含用于在系统中移动的控件。左侧包含到系统层级结构的链接。在系统中，方案按层级组织：

　　1）总平面图：该层级可访问整个场地，允许您同时查看所有的建筑。

　　2）楼层平面图：这一层级可以进入一栋建筑的某一层，让您看到那层的空间。

　　3）空间规划：这一层级每次进入一个区域，让您看到该空间的所有组件和家具。

您会发现每一层级都使用了类似的控件和按钮，并根据每一层级细节所需的数据进行调整。也就是说，您会在总平面、楼层平面和空间平面上看到不同的信息。

426   ● 右侧是指向设置、报告、比较的链接，以及一个用于报错和注释的按钮。

● 第二条水平黑色菜单栏下方是工作区。在这里，您将看到附加的控制按钮、我的项目和其他与您开展工作所在层级相适应的信息。

3. 创建您的第一个项目

● 单击第二条水平黑色菜单栏左侧的"添加新项目"（Add New Project）按钮，"创建项目"窗口将打开。给您的项目起一个标题。项目编号、预算和描述是可选的。点击"继续"按钮。

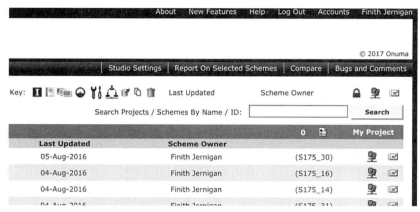

特别补充图 –3　大 BIM 系统工具栏

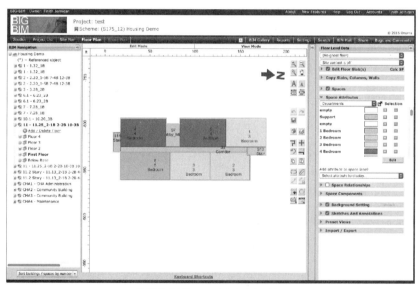

特别补充图 –4　空间规划示例图

- 项目可以起一个名字, 如"新高中"。项目内的方案可用于在不同地点对项目进行　427
  评估。项目还可以用来管理一系列现有的建筑, 如南加州大学现有校园。此时,
  项目方案可以是校园内的每栋现有建筑。

4. 接下来, 单击蓝色"添加方案"(Add Scheme)按钮

- 接下来, 有一个用于创建新方案的选项列表。根据您所拥有的信息, 这些选项中
  的每一个都将能创建一个大 BIM 模型。现在, 从一张白纸开始您的探索。稍后您
  可以使用其他选项。

5. 单击蓝色的"添加空方案"(Add Empty Scheme)按钮, 打开"添加空站点"(Add
Empty Site)窗口

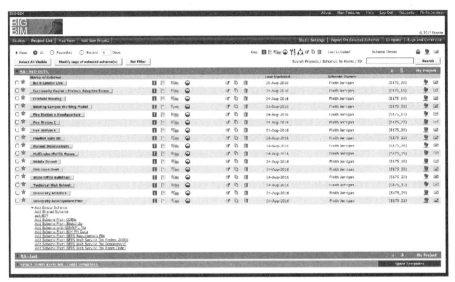

特别补充图 –5 方案列表界面

- 给您的场地起个名字，选择首选的度量单位和货币名称。组件类别和值列表是可选的。接下来，输入一个地址，在地图上找到您的场地位置。使用位于地图顶部中心的工具快速设置场地角点。使用手动工具在地图上移动，使用多边形工具添加场地角点，使用矩形工具创建具有平行边的场地。

6. 创建了围绕场地的封闭多边形后，单击"继续"按钮

- 系统将为您的场地创建地理索引，并将您带到场地规划页面，准备开始添加建筑、空间和组件。分享项目和方案，如果您希望其他人看到它们。有关发送和共享方案的更多信息，请参见任何"帮助"菜单中的"发送和共享方案"。

7. 系统对变更的反应很快，而不是依赖于固定的更新模式

428

- 系统不断更新。为了发挥最大的优势，用户应该使用与网站链接的多层帮助工具。"帮助"以各种格式提供。用户可以自学，"帮助"、"错误报告和注释"、"视频"和"BIM风暴"按钮，也可将系统工具和流程结合起来进行实时现场测试。

- 有关在线帮助、用户手册以及文档获取方法，请访问 onuma 的网站。系统的功能经常更新，在线帮助可亮显最新信息。

- 系统中的"错误报告和注释"按钮可直接链接到技术支持，疑惑或问题应该通过这个按钮提交。从问题发生的地方提交问题可以提供背景，以利于快速获得正确回答。描述性的评论和相关截图也有助于获得更好的回答。

- 视频记录了许多在系统中创建价值的工具、功能和流程。对于许多人来说，视频是了解系统最佳和最有效的方式。这些视频包括技术帮助以及如何使用系统的演示。

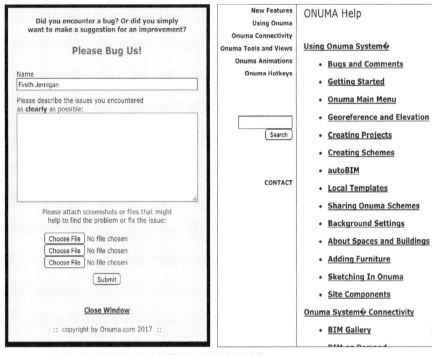

BIM Tube 网页：包括许多概念和实际使用的系统实例的链接。
Vimeo 频道：包括项目和循序渐进的操作步骤。
YouTube 频道：提供了更多的操作指南和演示，介绍系统的一些更详细和具体的用法

特别补充图 –6 系统页面示意图

从无到有创建大 BIM 步骤

在"现实世界的大 BIM 步骤"中的工作流中，您加入了大 BIM 工作室并创建了您的第一个项目、方案和场地。您已经准备好体验一些大 BIM 的魔力——您将凭空创建一个建筑信息模型。

大多数项目都是从以各种方式列出业主的需求起步。有些人把清单写在纸上，而有些人则把清单记在脑子里，还有一些人将清单以电子表格的形式列出。对于建筑项目，清单通常用电子表格表达，包括房间名称、房间编号、居住者类型、所需面积、顶棚高度和许多其他数据。对于房子来说，清单可能很简单明了。对于其他项目类型，清单可能很长且复杂。

如果格式正确，这些电子表格中的数据可以转换成数据丰富的三维模型，并登陆谷歌地球。

一个正确建立的大 BIM 生态系统可从标准格式的电子表格中获取种子数据，从而创建简单的体量模型，帮助人们对项目有一个基本的了解。体量模型的作用是在空间中定位，并包含嵌入的种子数据和您在电子表格中输入的其他数据。

您可以为可能非常复杂的工作创建一个简单的起点。随着时间的推移，这个种子数据可以增长和变化，且现在有了原始清单的电子记录，就可以在整个生命周期中进行比较。让我们为您的项目添加建筑和空间。

1. 首先用 Onuma System Studio 页面的"支持文件 / 模板"（右上角）按钮下载 MS-Excel 导入模板

File from https：//www.onuma.com/plan/helpfiles/Onuma_XLS_Import_V13.zip

特别补充图 –7　MS-Excel导入模板示意图

2. 解压 .zip 文件夹

430

- 在这个工作流中，您可以使用 Onuma_XLS_Import_Simple.xls 电子表格，并用这个文件添加和编辑您需要在大 BIM 空间中使用的信息。此电子表格使您可以上传空间或创建包含空间的新建筑。

- 您还可以发现终端用户许可证和 Onuma_XLS_Import_Advanced.xls 文件可用于具有许多数据点的项目。将来您会需要它们。Onuma-Excel-Import_readme.pdf 包含关于导入 MS-Excel 文件的额外帮助。两个电子表格中的选项卡包含了简单的使用说明。您也可以在网上获取使用 MS-Excel 导入的数据手册。

3. 系统中的电子表格要求以明确的方式组织数据，以便正确地导入系统。这个电子表格的规则是：

- 单元格 A ：1 中的 X 表示电子表格数据使用英制（英尺 / 平方英尺）单位。如果以公制单位输入信息，请删除 X。不要更改第 1 行到第 3 行中的任何其他项。

- 在数据中不要留下空白或不完整的行。

- 黄色的单元格是强制性的。每一行必须包含楼层编号（B 列）和空间名称（C 列）数据。

- 在淡蓝色的单元格中输入空间面积（E 列）或 X、Y 方向长度（F/G 列）。

- 所有剩余的列都是可选的（A 列和 H 到 N 列）。

- 从 J 列开始，可以用自定义文本替换"在此处输入列标题"（type your column header here）。每个方案最多可以有 15 个文本列。

- 您还可以添加值列表。格式示例：值列表：地板覆盖。这将添加一个名为"地板覆盖"的值列表。值列表中的数据可以是楼层平面的颜色代码，总共可添加 30 列值列表。

4. 从第 4 行开始添加关于空间的信息

- 包括楼层编号（数值）、空间名称（文本）以及空间面积或空间长度和宽度（均为数值）。使用现有的建筑，在另一个电子表格中工作，跟踪您当前的空间，复制电子表格示例中的值，或者编写一些要测试的内容。包含尽可能多的空间行。系统中的许多方案包括数千个双向流动的空间，可用电子表格导入 / 导出。

5. 将电子表格保存为 .xls 文件

您做的大多数操作，都需要系统处于编辑模式。但在视图模式中，许多系统功能都被锁定了，以防止那些只有视图权限的用户不小心做了更改。 431

6. 将包含数据的 .xls 文件导入您的方案中，以创建一个新的建筑和空间

- 从总平面层级开始。在浏览器窗口顶部附近查找：Scheme：（系统分配的编号）您的项目名称。总平面按钮在下面的黑色菜单栏中亮显。

- 如果您看到覆盖在地图窗口上的"红色视图模式"（Red VIEW MODE）文字，请点击地图上方白色菜单栏中的"编辑模式"按钮。

- 点击位于地图和添加对象窗口右侧的"导入"按钮，可打开一个导入窗口。选择"使用电子表格导入新建筑和空间"。使用弹出窗口选择 .xls 文件并单击"导入"按钮。

- 然后导入流程将打开一个确认窗口，列出您的每个空间。在底部附近输入新建筑名称，然后单击"继续"和"关闭"按钮完成导入。

7. 一旦系统完成导入，您将在地图窗口看到蓝框表示的新建筑和左侧的 BIM 导航窗口

- 单击加号图标，您将看到第一层。点击一层的加号图标，您会看到新空间的链接。双击一层图标，您将看到您的空间是一个块体，可以进行配置和重新排列。双击

432

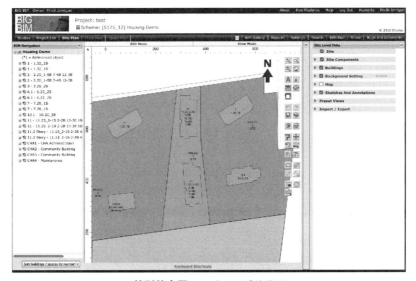

特别补充图 –8　大 BIM 系统截图

地图窗口里的蓝框，将会引导您访问总平面层级的数据。您可继续探索系统中的多种链接和工具。您现在已经有了包含空间和数据的大 BIM 建筑模型，为进一步的开发做好了准备。

● 单击中央窗口底部的"快捷键"链接，可以获得操作绘图窗口工具的备忘单。

433 **以全球视角进行探索**

让我们进行一个简单的探索。通过访问相关网站，您会发现自己处于一个被称为红点模型的中心。

特别补充图 –9 在地图上显示的红点模型

点击任何一个红点，您就会被带到项目位置，并显示出面积、能源使用预测等数据。单击侧边栏中的任何其他链接，可以看到带有附加项目信息的总平面图。在每个红点的侧边栏的底部，都有一个提供实时规划、详细报告和下载功能的项目 BIM 库的链接。点击周围。可查看 BIM 库上的链接。

● 当您探索 BIM 库时，需要使用在"现实世界的大 BIM 步骤"中收到的用户名和密码。如果您错过了前面的这一步，请参阅"特别补充"中的"现实世界的大 BIM 步骤"。

动动手指，感受一下您可以用这样的项目信息组合来做什么。考虑通过网络共享数据所带来的影响和好处，以支持可视化决策。请注意 BIM 库中的"报告"选项卡。

在项目中，可以以项目所需的格式使用这样的文件启动项目计划和需求定义。自动生成   434
实时报告有什么好处？您可以用您当前的软件工具轻松地做到这一点吗？

● 把红点想象成您从太空中看到的资产视图。根据需要逐步放大，以支持需要完成的工作。查看场地，以了解周围区域的环境。查看建筑，理解空间和空间之间的关系，找到通道。查看各个房间及其包含的组件。应始终了解这种数据对每一步都是一致的。

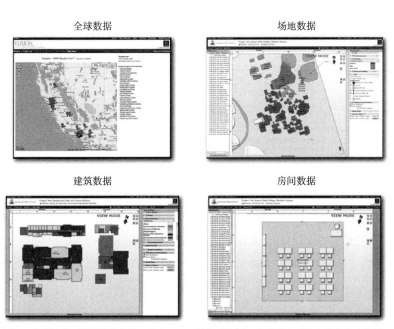

Onuma 系统包括一系列插件，使您能够使用各种小 bim 工具处理数据。应考虑在系统中维护实时数据。小 bim 工具还可以用于资产在运维阶段的模型维护

特别补充图 –10 全球、场地、建筑和房间在不同视图下的数据展现方式

435 支持文件

| Flash Player in Safari > version 10.0 |
| System Requirements |
| End User License Agreement (EULA/SLA) |
| Templates |
| Advanced Options |
| Plugins |

Export your BIM from your CAD files to Onuma or import BIMXML files into your CAD program:

Download the ONUMA - SketchUp Extension:
ONUMA-SketchUpV16-Plugin.zip (March 21, 2016) (Manual)

Download the Onuma - Navisworks Plugin for Navisworks Manage 2012 (V2 - October 20, 2012):
Onuma-Navisworks-Plugin-2012-V2.zip
(Please note: Extract archive to desktop before copying plugin into correct folder)

Download the Onuma - Navisworks Plugin for Navisworks Manage 2013 (V2 - October 20, 2012):
Onuma-Navisworks-Plugin-2013-V2.zip
(Please note: Extract archive to desktop before copying plugin into correct folder)

Download the Onuma - Navisworks Plugin for Navisworks Manage 2014 (September 23, 2013):
Onuma-Navisworks-Plugin-2014.zip
(Please note: Extract archive to desktop before copying plugin into correct folder / use the plugin folder in the 'Program Data' path!)

Download the Onuma - Revit Plugin for Revit 2015, 2016, AND 2017(V5.40 - August 26, 2016):
Onuma-Revit-Plugin-2015-17-V540.zip

Download the Onuma - Revit Plugin for Revit 2014 (V5.30 - May 17, 2014):
Onuma-Revit-Plugin-2014-V530.zip

Download the Onuma - Revit Plugin for Revit 2013 (V5.23 - May 29, 2014):
Onuma-Revit-Plugin-2013-V523.zip

特别补充图 –11 支持文件

后记

自从 1996 年年底发行初版的《大 BIM 小 bim》以来，世界上发生了很多事情，这些变化 影响着建筑业的每一件事和每一个人，BIM 应用已成为大多数设计师和建筑公司的必选项。许多公司尚未实现这一飞跃，但大多数公司都知道，在某个时刻，它们必须做出改变。所有专业都在讨论并试图确定它们如何融入 BIM 生态系统。

我真诚地希望，本书——《大 BIM 4.0 ——连接世界的生态系统》将能够帮助人们规划一个可持续、有韧性的未来。

我早期的著作侧重于建筑师的新工作方式，其他专业人员则必须自己在字里行间进行揣度，才能弄清自己应该如何工作。我完全重写了这本书，以适于普通读者阅读，因为大 BIM 影响着我们所有人。如果您在建成环境中生活、工作和娱乐，那么大 BIM 现在和将来都会继续影响您的生活。对它可以有许多种不同的叫法，但它仍然是大 BIM。

当我写《大 BIM 小 bim》时，大 BIM 还只是一个概念。协作系统、可持续生态系统和模型服务器当时才刚刚开始出现。本书以《大 BIM 小 bim》为基础，重点在于建立一个生态系统，使您的计划与实现大 BIM 目标所需的小步前进相匹配。

我们需要系统的和动态的方法，将技术和当今的业务流程结合起来，以改进我们的工作方式。这样的决策流程已经在许多行业中应用，旅游业、医疗保健、金融市场、音乐发行、住宿、个人交通等行业正在转变其核心业务流程。基于 web 的移动设备上的信息使人们能够更快、更明智地作出决策，从而提高他们的生产力。

很多事情已经变了。互联网继续改变着我们与数据、系统和软件的关系。实用的模型服务器存在于云中，人们现在可以访问和使用它们。web 服务支持我们每天使用的许多工具。这个复杂的系统影响着我们所有人，影响着我们每一天所做的每一件事。我们再也不能忍受那种充斥于建筑业中的扭曲思维了。

现在是努力看清这个世界的时候了。成为大 BIM 专家的基础是基于现实的证据，而不是情感或欲望。即使现实有时与最初的信念相矛盾，我们也应使用批判性思维评估和使用新的工具和流程，以改善建筑世界。

397　　在过去，我们依靠专家来帮助我们去处理那些我们缺乏训练或把控力的事物。这些专家是我们处理复杂性的关键。只有摆脱我们对专家的依赖，BIM 才能进入主流。

使用简单、易用的工具不再是梦想，而且不需要成为专家。这些工具可使任何有见识的互联网用户受益，并且今天人们正在使用它们。

加利福尼亚州社区学院、美国退伍军人事务部和国防部医疗保健系统等组织都在应用大 BIM。他们对资产的生命周期管理采用了更系统的方法，他们的方法反映了数据在互联网上的运行方式。如今，他们发现这种变革是有效和有益的。您也可以！

最诚挚的问候

菲尼斯·E. 杰尼根，美国建筑师协会会员

致谢

我并没有试图引用在准备编写本书时参考的所有权威机构和专家的观点以及查阅的原始资料。这样做将需要更多的篇幅。权威机构和专家包括联邦政府机构、AIA 分会、客户、图书馆、机构和许多专业人士。

向贝丝（Beth）致以我最特别的感谢和全部的爱。没有她的支持，这一切都不可能。

我要感谢我的朋友兼同事基蒙·奥努马（Kimon Onuma，美国建筑师协会资深会员，加利福尼亚州帕萨迪纳市 Onuma 公司总裁），感谢他的洞察力，感谢他的支持，他提出的概念和提供的案例贯穿全书。奥努马先生长期以来一直是 BIM 世界的思想领袖。他的对象基因组的概念，规划了支撑 BIM 技术的对象，帮助许多人理解了这一流程的复杂性和强大威力。奥努马先生主持的美国海岸警卫队基于 web 的 BIM 项目获得了 2007 年美国建筑师协会 BIM 奖；美国海岸警卫队区域指挥规划系统获得了 2007 年 FIATECH CETI 奖。大西洋设计有限公司（Design Atlantic Ltd）与奥努马先生共同参与了这两个项目。奥努马先生对建筑业信息化领域的开创性贡献将在未来许多年影响着我们所有人。

我要衷心感谢那些花时间对本书进行评审的美国及其他国家的专家——爱尔兰：Alan Hore 教授、Alan Redmond、Paul Sexton、Ralph Montague 和 Shawn O'Keeffe；德国：Alexander Malkwitz 教授、Oliver Lindner 和 Volker Krieger；美国：Chip Veise、Deke Smith、Devin Jernigan、Josh Plager、Kevin Connolly、Michael Chipley、Michael Scarmack、Paul Adams、Peter Cholakis、Thomas Dalbert、Yong Ku Kim、Forrest Huff、Hugh Livingston、Jared Banks 和 John Roach；英国：David Churcher；西班牙：Farid Mokhtar Noriega 教授；荷兰：Joost Wijnen。请相信，他们的贡献为本书增辉，而任何错误都应完全归咎于我。

作者简介

菲尼斯·E. 杰尼根（Finith E. Jernigan）是一位建筑师、教育家和作家。他对 BIM 工具和技术的研究使其成为该领域的专家。他主持研发了世界领先的 BIM 信息系统并有自己的设计公司。他的研究推动了 BIM 技术的进步，得到了各方的认可。菲尼斯以创新方式使用经过实践验证的系统和技术，帮助世界各地的人们迈向一个更加可持续和互联互通的世界。

他视野开阔，其独特的风格弥合了新手和专家之间的鸿沟。尽管他的论述十分专业，其创造性的写作风格使技术信息对各层次专业水平的用户都通俗易懂。建筑行业变革文献的受众通常是专家用户，几乎所有的讨论都集中在技术上，很少有人关注那些刚刚起步的人。菲尼斯是一个例外，它将新工具和流程引入主流业务，让每个人都清楚地了解关于建筑环境未来的复杂构想，使信息建模对人们来说触手可及。菲尼斯的论著还清楚地指明了如何实现信息模型所带来的好处。

他在第一本书《大 BIM 小 bim》中，提出了许多复杂概念和适用于建筑行业的可提高设计、施工和运维效率的业务流程；在本书——《大 BIM4.0——连接世界的生态系统》中，他继续对这些复杂概念进行了丰富而精彩的论述。

由于全球 40% 以上的资源都集中在建筑施工和运营上，许多行业领导者预测，有效利用 BIM 技术将有助于应对全球气候变化。本书阐述了体系化、数据开放、相互关联建筑信息模型工作理论、实践、方法和系统的内容，以帮助人们充分利用资源，在全球设施的规划、设计、施工和运营方面更加熟练和高效，以有效应对全球气候变化。

译者简介

赵雪锋

博士，北京工业大学副教授，博士生导师。历任中国土木工程学会工程数字化分会副秘书长，中国建筑学会建筑施工分会理事，中国建筑学会施工 BIM 专业委员会秘书长，中国图学学会 BIM 专委会委员，中国图学学会土木工程图学分会委员。国家注册一级建造师，国家注册造价工程师，国家注册咨询（投资）工程师，国家注册监理工程师。出版《建设工程全面信息管理理论和方法研究》《BIM 原理总论》《BIM 建模软件原理》《建筑业人工智能应用》等专著，发表学术论文 30 余篇。曾获得北京市科学技术二等奖、住建部华夏科技奖二等奖和中国建筑学会科技进步三等奖，参与国家 BIM 技术及推广政策制定。主要研究方向：BIM 体系研究、BIM 软件原理及实现方式、建筑拓展现实（XR）、智能建造、数字孪生、城市信息模型（CIM）。

鲁敏

中铁电气化局集团 BIM 中心副主任，高级工程师。本科毕业于郑州大学计算机专业，维多利亚大学（澳）MBA。主要从事铁路工程，特别是铁路四电工程的 BIM 标准编制、项目实施和理论研究。

刘占省

北京工业大学教授级高工，博士生导师。研究方向：智能建造与智慧运维、数字孪生与 BIM 技术、建筑工业化与绿色建造、大跨度钢结构等。

李业

北京交通大学工程与项目管理博士，绿色建筑技术北京市工程研究中心主任，北京数字人间孪生科技有限公司总经理，长期研究装配式建筑、BIM 辅助生产体系、产业互联网和建筑元宇宙，在"板"式装配式建筑、被动房、低碳建筑的工程施工与建造管理方面有丰富的经验。

有关菲尼斯著作的评论

"北美的 buildingSMART 联盟正在研究大 BIM 议题，我相信这是一个功能强大的工作平台，可以让我们的业务方式发生重大转型。菲尼斯提出的这一概念，为我们的行业作出了巨大的贡献。我衷心推荐这本书成为您必读的书籍。"

——戴娜·K."德克"·史密斯（Dana K."Deke"Smith），美国建筑师协会资深会员，被称为美国国家 CAD 标准之父，是 buildingSMART 联盟的退休执行董事，致力于建立 BIM 标准，以帮助推动强大的 BIM 工具集的采用

"作为合伙建立了一个 20 人的建筑设计事务所，然后成为业主的人，我强烈建议所有客户阅读这本书。尽管作者给人的第一印象是在与设计顾问交谈，但这对设施经理和其他客户高管也特别有用。"

——杰拉尔德·戴维斯（Gerald Davis），国际设施管理协会会员、美国材料与试验协会会员、美国建筑师协会会员、国际设施中心有限公司 CFM 总裁

"这是一本很棒的书，它平衡了 BIM 的未来梦想和行业冷酷的现实。它使我找到了在过去四年中遇到的许多挫折和烦恼的原因，并将我偶然发现的许多解决方案提升为正式方案。非常鼓舞人心，同时也非常实用。"

——凯尔·波拉德（Kell Pollard），美国建筑师协会准会员、LEED 认证专家，本德建筑师事务所（Bender Associates Architects）

"菲尼斯是这个领域真正的先驱，多年来他一直在实践他在《大 BIM 小 bim》中所宣扬的理念。这本书可帮助您在脑海中将规划、设计、施工、运行和维护关联起来，并向您展示电子设计思维（即小 bim）与智能建筑和智能基础设施思维之间的区别。如果您还没拥有这本书，那就赶紧去购买。"

——詹姆斯·萨蒙（James Salmon），协同施工公司总裁兼协同 BIM 倡导者公司创始人

"菲尼斯·杰尼根的《大 BIM 小 bim》，简单地说，是我们今天对如何使用 BIM 的最准确的描述。这本书将建筑信息模型的概念分解为作为软件建模工具的'bim'，以及作为互联设计和项目数据交换——建筑信息管理的'BIM'。您不能仅仅依靠 bim 来实现 BIM。如果您只使用 bim，就像使用 CAD 一样远离 BIM。"

——奈杰尔·戴维斯（Nigel Davies），AECO 专家